# LE LIVRE

# DE PATISSERIE

PARIS — TYPOGRAPHIE LAHURE
Rue de Fleurus, 9

GATEAUX VARIÉS

# LE LIVRE
# DE PATISSERIE

PAR

## JULES GOUFFÉ

OFFICIER DE BOUCHE DU JOCKEY-CLUB DE PARIS

OUVRAGE CONTENANT

10 PLANCHES CHROMOLITHOGRAPHIQUES
ET 137 GRAVURES SUR BOIS

D'APRÈS LES PEINTURES A L'HUILE ET LES DESSINS

### DE E. RONJAT

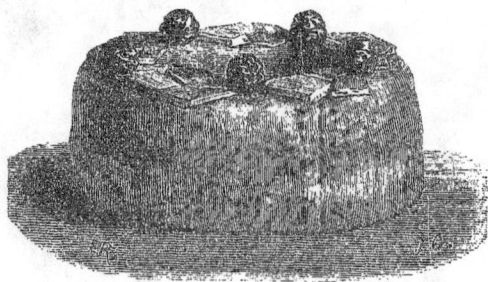

## PARIS

LIBRAIRIE HACHETTE ET Cⁱᵉ

BOULEVARD SAINT-GERMAIN, 79

—

1873

# TABLE DES CHAPITRES

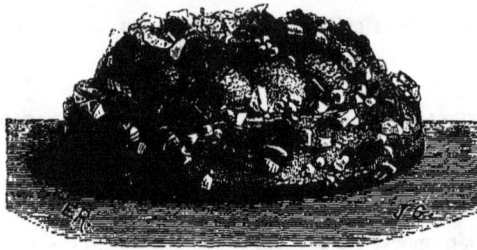

Gâteau des trois-frères (p. 96).

JULES GOUFFÉ.

# PRÉFACE.

L'accueil favorable fait à mon *Livre de Cuisine* m'a engagé à entreprendre un travail qui en est le complément nécessaire. La pâtisserie joue en effet un rôle important dans notre alimentation : ses entremets variés, ses gâteaux et ses petits fours sont une précieuse ressource pour les repas de famille; ses pièces montées et ses solides pâtés rehaussent la richesse et l'éclat de la table des grandes maisons. Aussi la pâtisserie a-t-elle été en honneur chez tous les peuples civilisés.

Cet art remonte du reste aux premiers âges de l'humanité. Du jour où l'homme a eu à sa disposition de la farine, du beurre et des œufs, il en a fait différents mélanges propres à flatter le goût : c'est l'origine des gâteaux et des brioches. Peu à peu il y a ajouté le miel, le sucre, les fruits; il a donné aux préparations les formes les plus diverses, et, dans les chaumières comme dans les châteaux, le gâteau traditionnel a orné la table du festin à la fête du roi ou du patron du village.

Ce n'était donc pas sans raison que la corporation des pâtissiers se vantait d'être une des plus anciennes de Paris. Ses maîtres prenaient la qualité de « maistres de l'art de patissier et oublayer ». En 1566, Charles IX leur donna de nouveaux statuts, dans lesquels, entre autres priviléges, il leur confirma le droit de mesurer eux-mêmes leur blé à la halle, par le motif que « le plus beau blé n'est pas trop bon pour faire pain à chanter messe et à communier, où le corps de Notre-Seigneur est célébré ».

A cette époque, la confection de certaines pièces de pâtisserie faisait partie du programme d'éducation des jeunes personnes : nobles châtelaines, riches bourgeoises, religieuses du couvent, toutes savaient mettre la main à la pâte et préparer des chefs-d'œuvre de bon goût.

Ces traditions du bon vieux temps ne sont pas entièrement perdues : il n'est pas rare de rencontrer de nos jours des maîtresses de maison qui déploient un véritable talent dans ce genre de travail et qui savent mériter les éloges de leurs convives. C'est pour elles autant que pour les hommes du métier que j'ai réuni les matériaux de ce livre; c'est à elles aussi que s'adressent les conseils que ma vieille expérience m'autorise à donner aux jeunes gens qui débutent dans la carrière.

Comme introduction à la pratique de l'art de la pâtisserie, j'adresse, dans des Considérations préliminaires, quelques conseils aux jeunes gens qui se sentent du goût pour cette profession : j'énumère les aptitudes qu'ils doivent réunir, et les études préparatoires auxquelles ils doivent se livrer.

Dans un chapitre que je considère comme le plus important de cet ouvrage, je traite du four et de la cuisson. En pâtisserie encore plus qu'en cuisine, la conduite du feu, l'appréciation des températures, est une condition indispensable de succès.

Ce livre se divise naturellement en deux parties.

La première partie comprend les Préparations, c'est-à-dire la transformation des denrées qui entrent dans la composition des pièces de pâtisserie. Toutes les matières employées doivent être de premier choix, car si l'une d'elles était avariée, ou simplement de qualité inférieure, elle communiquerait un mauvais goût à toutes les autres. L'ouvrier devra donc apprendre à juger de la qualité des diverses denrées, d'après leur aspect, leur odeur, leur saveur, leur degré de fraîcheur ou de maturité.

Dans la seconde partie, qui traite des Grosses Pièces de pâtisserie et des Entremets détachés, je décris, avec les plus minutieux détails, les diverses phases de chaque opération. Comme dans mon *Livre de Cuisine*, je donne la détermination exacte des quantités à employer et des durées de cuisson : toutes mes indications ont été faites l'horloge sous les yeux et la balance à la main. Bien plus : plusieurs pièces d'une exécution plus difficile ou d'un usage moins fréquent ont été préparées et montées par moi uniquement pour les besoins de la description des procédés du travail. Les pâtissiers et les maîtresses de maison peuvent donc accorder toute confiance aux nombreuses recettes contenues dans cet ouvrage. En outre, toutes celles qui sont

figurées par la gravure ou par la chromolithographie, ont
été dessinées ou peintes d'après nature, par M. E. Ronjat,
l'artiste habile et consciencieux qui a donné aux illustrations du *Livre de Cuisine* un si rare cachet de vérité
et d'exactitude. L'exécution des planches chromolithographiques a été confiée à un artiste distingué, M. A. Pralon,
qui a rendu l'œuvre du peintre avec la plus scrupuleuse
fidélité de dessin et de couleur.

Un chapitre spécial a été consacré à la pâtisserie étran-
gère. On y trouvera une riche collection d'entremets et de
gâteaux d'une composition originale, qui ont conservé, en
Angleterre et en Allemagne, leur caractère de mets na-
tionaux.

Je rappelle dans cet ouvrage un grand nombre de vieilles
et excellentes choses qui étaient autrefois fort en honneur
dans les grandes maisons et qui n'auraient jamais dû être
oubliées, telles que tourtes aux épinards, aux rognons, à la
moelle, flans de fruits au riz, et autres préparations tombées
en désuétude. Je suis persuadé que, si quelques bonnes
maisons de pâtisserie voulaient les faire revivre, la faveur du
public encouragerait leur tentative. Ce n'est pas fermer la
porte au progrès que de remonter quelquefois aux anciennes
traditions et d'emprunter à l'office de nos pères des mets
qui ont joui d'une vogue séculaire.

Avant de terminer, qu'il me soit permis de rappeler
ici le souvenir de mes anciens maîtres, de ceux qui ont été
tout à la fois mes guides, mes conseillers et mes amis.

En première ligne, viennent Hubert Lebeau, Antoine

Carême et Louis Gouffé, mon père, trois grands ouvriers dans des genres différents. C'est à leurs conseils, c'est à leurs leçons que je dois ce que j'ai pu acquérir d'habileté dans mon difficile métier.

Un bon souvenir aux cuisiniers qui ont utilisé mes services dans leurs extras. Pour arriver à la parfaite connaissance de son art, il ne suffit pas d'être animé de l'ardeur du travail et du désir de se faire un nom et une position : il faut encore trouver l'occasion d'exercer son talent. Ces circonstances favorables, j'ai été assez heureux pour les rencontrer sous la direction d'hommes de grande expérience : Bernard, Carême, Léchard, Michel Hollande, Louis Cholet, Montmirel, Thyou, Caruette, Leclerc, Villart, mes bons amis Adolphe Gilet et Adolphe Seugnot, Drouhat et Chabot, tous grands cuisiniers, bons camarades autant qu'habiles ouvriers.

Comme milicien, j'ai travaillé pour la pâtisserie avec les Penelle, les Garin, les Adancourt, les Lemaire et autres, tous renommés comme cuisiniers et comme pâtissiers. Presque tous ont été officiers de bouche chez des grands seigneurs. Un bon pâtissier devient aisément habile cuisinier, tandis qu'on n'a jamais vu de cuisinier devenir grand pâtissier. De même, un bon pâtissier sera bien vite un bon rôtisseur; contrairement à l'aphorisme fameux de Brillat-Savarin : « On devient cuisinier, mais on naît rôtisseur. » Car, en somme, toute la science de celui-ci consiste dans l'observation de la pendule : c'est une question d'horlogerie plutôt qu'un don de la nature.

En refusant à Carême la qualité de grand cuisinier, ses contemporains ont été injustes envers un homme qui, pendant vingt ans de laborieux efforts, avait reculé les limites de son art. Carême était parvenu à traiter parfaitement le froid et il excellait dans les parties qui exigent la délicatesse du goût et la pratique du dessin : c'était un chercheur, qui a eu souvent le mérite de trouver; il a pu même devenir supérieur en cuisine, car il est plus difficile de parer la pâte d'office ou d'amandes et de faire cuire de grosses pièces de fond que de faire un garde-manger ou un fourneau. Carême a été le cuisinier du prince Régent d'Angleterre, ensuite de la princesse de Bagration, et en dernier lieu du baron de Rothschild : personne n'ignore que dans le service de cette trinité princière il s'est acquis une juste célébrité.

C'est sous la direction de cet habile maître que j'ai fait mes débuts, à l'âge de seize ans. Ayant remarqué à l'étalage de la boutique de mon père deux corbeilles de pastillage et une pièce montée en pâte d'amandes qui étaient mon œuvre, l'excellent homme s'intéressa à moi et m'emmena avec lui. Je commençai ma première campagne lors du grand bal que la ville de Paris donna, en 1823, au duc d'Angoulême, à la suite de l'expédition d'Espagne. Dans cette mémorable soirée, nous servîmes 7000 personnes. La partie de Carême était le froid, composé de 100 grosses pièces, dont 18 sur socle, et de 300 entrées froides, dont 20 sur socle. Nous étions dix-sept ouvriers et notre travail dura quatre jours. Cédant à une curiosité bien légitime, je trouvai le moyen d'aller voir le chaud, qui comprenait 200 grosses pièces et rôts, 400 entrées chaudes et 200 entremets de légumes chauds. Michel Hollande était le chef des entremets froids, au nombre de 300. Les entremets sucrés étaient faits par Penelle, également au nombre de 300.

Un pareil début fait ouvrir les yeux et révèle des horizons nouveaux, surtout à un jeune homme animé de l'amour de sa profession. Depuis cette époque, j'ai travaillé successivement à toutes les parties dans les grands extras. Dans ma longue carrière de cuisinier et de pâtissier, je n'ai jamais été exclusivement attaché au service d'une maison, et c'est peut-être cette circoustance qui m'a permis de pratiquer toutes les variétés de notre travail. Aussi, lorsque je me suis décidé à écrire mon *Livre de Cuisine*, j'ai tenu à prouver que je connaissais à fond toute la matière : c'est le premier livre de ce genre où l'on ait posé des principes fixes, fondés sur l'expérience.

La même pensée a présidé à la rédaction du présent ouvrage.

De leur côté, les éditeurs n'ont reculé devant aucune dépense pour le rendre digne de la faveur du public : ils ont tenu à ce qu'il fût, non-seulement le complément, mais le digne pendant du *Livre de Cuisine*. ·

# LE LIVRE

## DE

# PATISSERIE.

## CONSIDÉRATIONS PRÉLIMINAIRES.

Avant d'aborder la matière qui est l'objet de cet ouvrage, j'ai cru devoir passer en revue les conditions que doit remplir un jeune pâtissier, s'il veut réussir dans la pratique de son art. Quoique ces indications s'adressent spécialement à des hommes qui se destinent à la profession de pâtissier, elles ne seront pas moins utiles aux personnes qui peuvent être appelées à s'occuper du service de la table. Les questions d'art et de goût sont de tous les temps et de tous les lieux, et si elles président à l'exécution des pièces de pâtisserie faites par des praticiens, elles sont aussi la règle et le guide des maîtresses de maison qui veillent à l'ordonnance d'un repas.

En second lieu, pour faciliter l'intelligence d'un texte qui, comme tous les ouvrages spéciaux, renferme certains mots techniques, je donne, par ordre alphabétique, l'explication des termes de pâtisserie.

1

Je termine par l'étude du four et de la cuisson, qui, de l'avis de tous les praticiens, est de la plus haute importance : c'est en effet de la connaissance et de la conduite du feu que dépend, en pâtisserie comme dans la plupart des industries, le bon résultat des opérations.

# I

## CONSEILS AUX JEUNES PATISSIERS.

Pour réussir dans l'art de la pâtisserie, il faut avant tout être intelligent, c'est-à-dire doué de certaines facultés qui rapprochent l'ouvrier de l'artiste : l'imagination, qui invente, qui fait du nouveau, ou qui, à un moment donné, répare les fautes commises et remédie aux accidents imprévus; le goût, qui saisit les justes proportions des denrées employées et en fait un mélange agréable; le sentiment artistique, qui donne aux petites pièces comme aux grandes des dispositions qui flattent les yeux. A ces qualités on peut joindre la fermeté de caractère qui commande l'obéissance, et par-dessus tout l'exactitude, qui est la politesse des pâtissiers aussi bien que des rois.

Le pâtissier doit connaître les éléments du dessin, de la sculpture et de l'architecture. Une fois ces connaissances acquises, il étudiera les bons modèles, soit pour les imiter, soit pour s'inspirer de leurs perfections. Pour exercer son imagination et former son goût, l'ouvrier intelligent n'aura qu'à choisir parmi les nombreux objets qui s'offriront à ses regards. S'il lui arrive de rencontrer dans les musées, dans les jardins publics, dans les étalages, une coupe, un vase, un trophée, il ne négligera pas d'en faire un croquis et d'en préparer un modèle. Il examinera avec attention les chalets, les chaumières, les fontaines publiques, les clochetons et les rosaces de l'architecture ogivale, il en gravera les détails dans sa mémoire ou les esquissera sur le papier, afin de pouvoir à l'occasion les reproduire et en faire l'ornement des grandes tables ou des fêtes de famille.

Ainsi préparé par l'étude et l'observation, l'ouvrier habile ne sera nullement embarrassé quand on fera appel à son esprit d'invention. Dans les solennités de la vie intime ou publique : baptêmes, premières communions, mariages, fêtes patronales, banquets officiels, il lui sera facile de créer des pièces montées allégoriques qui, en rappelant de touchants souvenirs ou des faits glorieux, associent le cœur aux jouissances du corps.

La nature même offre à l'homme intelligent une mine inépuisable d'observations. Un pâtissier qui aime sa profession trouve partout à moissonner, même dans les accidents du sol ou dans les caprices de la végétation : des constructions en ruines, des amas de rochers, des groupes d'arbres, des massifs de feuillage, sont autant de modèles pour l'ornementation des socles et la décoration des pièces montées.

Toutefois je conseillerai d'être réservé dans l'emploi des figures ou des statuettes, car l'exécution de ces accessoires présente d'assez grandes difficultés. Quand je pose en principe que le pâtissier doit être dessinateur et sculpteur, je ne prétends pas exiger de lui le talent nécessaire pour faire un tableau ou une statue ; ce que je demande, c'est qu'il apporte dans son travail des goûts et des habitudes artistiques, qu'il sache concevoir un plan et le réaliser sans choquer les règles élémentaires de l'art. J'ai vu de très-bons ouvriers commencer des socles ou des pièces montées sans idée bien arrêtée, sans but bien défini ; faute de ce guide indispensable, ils se tourmentaient dans les détails, perdaient un temps précieux, et, en fin de compte, ne produisaient qu'un objet sans cachet et sans élégance. Et cependant c'est de la réussite de ces pièces que dépend presque toujours la réputation des jeunes débutants, et par suite leur avenir. Ceux qui voudront étudier ce genre de travail, qui pour le moment est un peu oublié, mais non tout à fait perdu, trouveront dans cet ouvrage une riche collection de modèles et de préparations choisis avec le plus grand soin et dont l'exécution satisfera à la fois l'amphitryon et les convives.

A la connaissance des éléments du dessin, de la sculpture et de l'architecture, le pâtissier doit joindre la pratique de son art. Tout métier exige une certaine habileté de main; mais c'est surtout en pâtisserie qu'il est vrai de dire que, pour devenir bon ouvrier, il faut mettre la main à la pâte. Les jeunes gens qui voudraient connaître à fond toutes les parties de la cuisine, feraient bien de consacrer huit ou dix ans à l'étude pratique de la pâtisserie; ce seront des années bien employées: cette perte apparente de temps sera amplement compensée par une connaissance plus sûre et plus approfondie de toutes les ressources et de tous les secrets de leur métier.

# II

## TERMES DE PATISSERIE.

ABAISSE. — Pâte aplatie avec le rouleau. — *Abaisse de pâte d'amandes*. Petites croustades de pâte d'amandes que l'on garnit de crème.

ABAISSER. — Aplatir la pâte au rouleau.

1. — Rouleau.

ALLUME *pour glacer au four*. —Mince éclat de bois bien sec, avec lequel on obtient une flamme très-vive.

APPAREIL. — Mélange de farine et de beurre, œufs, sucre, amandes, etc.

ATRE. — Surface plate du four. Quand on dit : *cette pièce manque d'âtre* ou *a trop d'âtre*, cela veut dire qu'une pièce mise au four n'a pas été assez cuite, ou qu'elle a été trop cuite.

ATTEINT. — Une pièce de pâtisserie est *atteinte*, lorsque la cuisson en est parfaite. Elle *n'est pas atteinte*, lorsqu'elle n'est pas cuite à l'intérieur. Cela arrive également pour les fruits que l'on fait cuire trop vite dans le sirop.

BANDER. — Mettre des bandes pour faire les tourtes. — Ce mot s'emploie aussi pour désigner le grillage des flans, tartelettes et autres gâteaux.

BOUCHE DU FOUR. — Mettre en bouche, c'est ne pas dépasser de 20 centimètres l'entrée du four.

BOUCHOIR. — Feuille de tôle armée d'une poignée. Le bouchoir sert à fermer la moitié du four.

CANNELER. — Découper avec des coupe-pâte dentelés. — On dit *canneler un gâteau fourré* pour indiquer qu'on doit faire des côtes tout autour avec le petit couteau.

CHEVALER. — Ranger des gâteaux, en couronne, les uns sur les autres.

CHIQUETER. — Pratiquer des fentes avec le couteau sur la coupe des vol-au-vent, des tourtes, des gâteaux d'amandes, de roi, de plomb, etc.

CORDER. — Détremper une pâte trop ferme : défaut qu'il faut éviter avec le plus grand soin.

CORNE. — Ustensile qui sert à ramasser les appareils dans le mortier et aussi dans les terrines.

2. — Corne

COTOYER. — Tourner une pièce dans le four pour que le côté qui est au fond se retourne sur le devant. Cette opération se fait avec la pelle à four, en ayant soin de ne pas secouer la pièce de pâtisserie, ce qui pourrait la faire retomber.

COUCHER. — Diviser une pâte en parties égales et la ranger sur plaques ou sur du papier. On dit coucher les meringues, les biscuits, les macarons, etc.

CUIRE AU BOULET. — Lorsque le sirop a dépassé 48 degrés, on y trempe le doigt et on le plonge immédiatement dans l'eau froide : si le sirop a assez de consistance pour s'arrondir en boule, on dit qu'il est au *petit boulet*. — Quelques bouillons de plus, il se prend en boule solide : c'est le *gros boulet*. Celui-ci précède le *petit cassé*; le dernier degré de cuisson s'appelle le *grand cassé*. Lorsque le sucre arrive à ce dernier degré, il faut redoubler d'attention, car il suffit d'une ou deux secondes de plus pour le colorer et le mettre hors d'usage.

DÉFERRER. — Retirer une épaisseur sur les gâteaux qui ont trop d'âtre.

DÉTENDRE. — Ajouter œuf, lait ou eau dans un appareil trop ferme.

DÉTREMPER. — Mêler l'eau ou les œufs avec la farine et le beurre.

DIAMÈTRE. — Largeur d'un cercle.

DORER. — Étaler avec un pinceau de l'œuf battu sur les pâtisseries qui doivent être colorées et glacées.

DOUBLER. — Mettre double plaque ou plafond pour empêcher que la pâtisserie ne prenne trop d'âtre.

ÉCHAUDER. — Faire prendre une pâte dans l'eau très-chaude. On échaude les gimblettes, les échaudés, les amandes, les pistaches, pour en enlever la peau.

FERRER. — Laisser prendre trop d'âtre.

FONCER. — Garnir un moule de pâte. On dit *foncer mince, foncer épais*.

FONTAINE. — Creux formé dans la farine après qu'elle a été passée sur le tour.

FOUETTER. — Battre pour faire mousser ou gonfler. On

fouette les blancs d'œufs, la crème avec un fouet. On fouette les pâtes avec les mains.

FRAISER. — Bien presser la pâte entre les mains et la table pour mêler le beurre, l'eau et la farine (fig. 3).

GLACE DE SUCRE. — Sucré pilé et passé au tamis de soie.

GLACE ROYALE. — Mélange de sucre passé au tamis de soie et de blanc d'œuf.

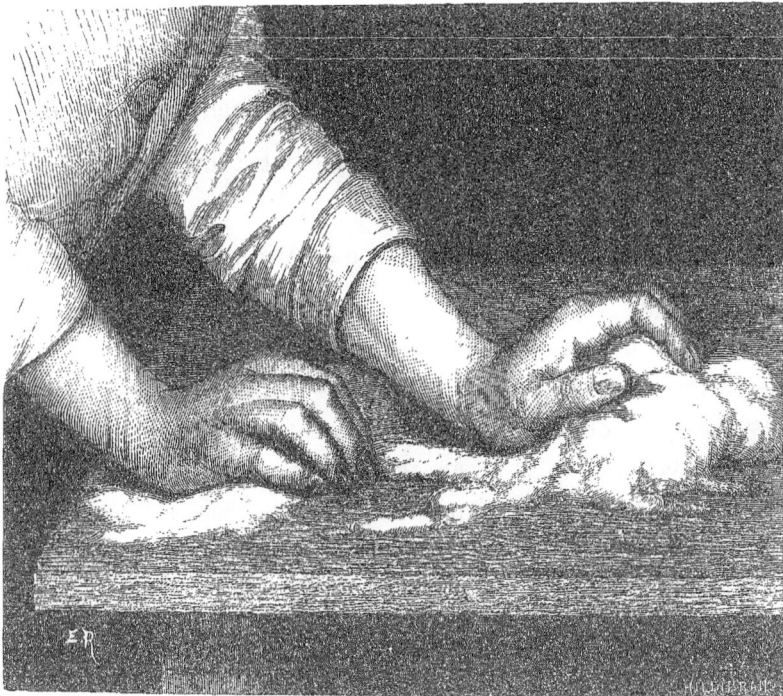

3. — Manœuvre du fraisage de la pâte.

GLACER A VIF. — Saupoudrer la pâtisserie de sucre passé au tamis de soie avec la boîte à glacer et ensuite la passer devant une flamme claire pour fondre le sucre, ce qui donne du brillant aux gâteaux.

LANGUIR. — Se dit d'une pâtisserie qui n'a pas été mise à four assez chaud.

MANIER. — Pétrir le beurre qui est trop ferme, afin de lui donner le degré de mollesse convenable.

MARQUER. — Préparer les appareils. On dit : marquer la pâte à biscuits, à génoises, à manqués, etc.

MASQUER. — Couvrir des abaisses de meringue, d'appareil à condé, de glace royale, etc.

METTRE EN BOUCHE. — Retirer la braise à 50 centimètres de la bouche de four, lorsque tout le bois est brûlé.

MONDER. — Retirer la peau qui recouvre les amandes, pistaches et autres denrées.

MOULER. — Se dit de la pâte que l'on tourne et aussi de la pâte que l'on met dans les moules. — On dit aussi mouler de la pâte pour l'abaisser. — On moule également les brioches.

NOYER. — Mettre trop de mouillement à une pâte en commençant.

PASSER LA FARINE. — Faire passer la farine à travers un tamis pour en retirer les grumeaux.

PRALINER LES AMANDES. — Lorque les amandes ont été hachées, les mêler avec sucre et blanc d'œuf. — On praline les biscuits, les manqués et les génoises en dorant ces gâteaux lorsqu'ils sont cuits; on étale dessus une couche d'amandes pralinées d'un demi-centimètre d'épaisseur ; on les glace avec la boîte à glacer et du sucre passé au tamis de soie, et on leur fait prendre une couleur blonde au four.

REMPLIR. — Mettre de la glace à une pâte, afin qu'elle soit assez ferme et puisse se travailler convenablement.

REPÈRE. — Le repère se fait avec du pastillage ou de la pâte d'amandes détendue avec de l'eau.

RESSUYER. — Une pâtisserie est ressuyée lorsqu'elle a une parfaite cuisson.

RETOMBER. — Une pâtisserie retombe lorsqu'on la retire du four avant qu'elle ait atteint son degré de cuisson.

RETRAITE. — Rétrécissement de la pâte. Pour l'éviter, on abaisse la pâte, le feuilletage ou le pastillage et on laisse reposer avant de couper.

REVENIR. — Faire revenir des fruits, par exemple des abricots, c'est les mettre dans du sirop que l'on chauffe à 30 degrés afin de les rendre moelleux.

ROMPRE. — Mettre la pâte à brioche sur la table, l'abaisser avec les mains et la ployer en quatre.

SABLER. — Couvrir de sucre de couleur la pâte d'office, après l'avoir masquée avec du blanc d'œuf fouetté.

SÉCHER. — Mettre à l'étuve les pâtes qui ont été masquées.

TOUR. — Table sur laquelle on travaille la pâtisserie. — *Donner un tour*, c'est abaisser le feuilletage et le replier en trois. — *Donner un demi-tour*, c'est replier la pâte en deux. — On dit aussi *fraiser la pâte trois tours*.

TOURNER LE FEU. — Retirer toute la braise qui est dans le four et ensuite bien nettoyer celui-ci.

TRAVAILLER. — Remuer fortement l'appareil avec la spatule.

VANNER. — Remuer avec une cuiller un appareil liquide pour éviter qu'il ne fasse peau. — On vanne les confitures avec l'écumoire pendant la cuisson pour les empêcher de renverser.

# III

## DU FOUR ET DE LA CUISSON.

### FOUR EN BRIQUES ET EN GRÈS.

Rien jusqu'à ce jour n'a pu remplacer le four en briques et en grès chauffé au bois.

J'ai examiné bien des appareils nouveaux et recueilli l'avis des hommes compétents : tous m'ont déclaré que le progrès était encore à faire de ce côté.

Les fours de fonte et de tôle peuvent être très-utiles pour

les armées en campagne, parce qu'on a la facilité de les faire
voyager sur des trucs ; mais je ne leur reconnais aucune qualité
pour faire de la belle et bonne pâtisserie. Je dis *bonne*, parce
qu'une grosse pièce mise dans un four en briques cuit à
mesure que celui-ci perd de sa chaleur, et s'atteint régulièrement, parce que la buée s'échappe et ne retombe pas sur la
pièce, ce qui arrive dans les fours de fonte.

Le four au bois n'aurait-il que cet avantage, il serait par

4. — Pelle à enfourner.

cela même supérieur aux autres, à cause de toutes les facilités
qu'il donne pour les cuissons.

J'indiquerai plus loin les divers degrés de chaleur que don-
nent les fours chauffés au bois.

Le pâtissier d'extra doit, avant tout autre travail, se procurer le bois sec nécessaire, ranger les morceaux l'un sur l'autre
en couronne autour des grès et faire chauffer le four.

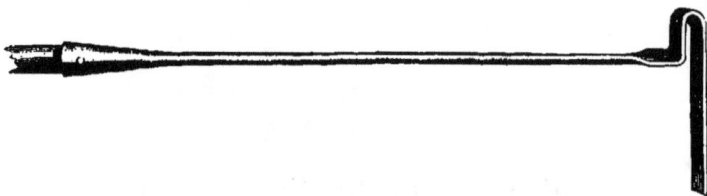

5. — Râble

Il doit veiller à ce que le bois ne noircisse pas, parce que
les places noircies ne chauffent pas.

On reconnaît qu'un four est chauffé à point quand il est
entièrement blanc.

Lorsque la couronne de bois est tombée en braise, on étale
la braise sur l'âtre, puis l'on met du bois dessus.

Lorsque le bois est brûlé, on retire toute la braise à 70 centimètres de la bouche du four et l'on met de nouveau du bois

dessus. Lorsque le bois est brûlé, on ferme le four; au bout de 10 minutes, on nettoie et l'on se rend compte de la chaleur d'après les indications données par le papier.

Un four qui n'a pas été chauffé depuis un mois a besoin d'être chauffé deux fois avant de servir à la cuisson.

Si l'on est obligé de cuire dans la même journée, il faut chauffer le four 2 heures et demie avec du bois sec, s'il est possible; sinon on commence à chauffer avec du petit bois, et une fois que l'âtre est couvert de braise, on met le bois à mesure, pour obtenir un feu lent, mais continu. Étalez ensuite la braise et fermez le four pendant 2 heures; réchauffez de nouveau pendant 2 heures, rétalez la braise et laissez le four fermé pendant 20 minutes; nettoyez-le.

Pour vous assurer du degré de chaleur, placez une demi-feuille de papier sur l'âtre; fermez le four: le papier doit brûler instantanément.

Refermez le four et, 10 minutes après, remettez du papier; celui-ci brûlera sans flamber : *cette chaleur est encore trop forte.*

Au bout de 10 minutes, mettez une nouvelle feuille de papier; si le papier devient d'un brun noir sans brûler, c'est le moment de cuire toute la pâtisserie glacée à vif. C'est ce degré de chaleur que je nomme *four chaud* ou *papier brun foncé*.

La chaleur de quelques degrés moins élevée, je l'appellerai *papier brun clair*. Cette température convient aux timbales, aux croûtes de pâtés chauds, aux vol-au-vent, etc.

La chaleur *papier jaune foncé* est celle des grosses pièces.

La couleur *jaune clair* est celle des manqués et de toute la petite pâtisserie cuite à blanc.

Avant chaque cuisson on doit prendre l'heure : c'est une précaution sinon nécessaire, du moins très-utile pour se rendre compte du temps qu'une grosse pièce doit rester au four.

Le fournier doit aussi observer les signes de cuisson, car ils trompent rarement. Ainsi, lorsque le fond de la grigne d'une grosse brioche est jaune clair et sans reflet blanchâtre, cela annonce que la cuisson est faite.

On s'assure de la cuisson d'un gros biscuit en appuyant les doigts dessus. Si le biscuit est élastique et qu'il rebondisse sous la main, on peut être assuré qu'il est cuit.

On peut aussi le sonder en y enfonçant le grand couteau : si la lame en ressort sans humidité, démoulez-le tout de suite.

Agissez de même pour les gros babas, les compiègnes et autres gros gâteaux.

Je conseille à l'ouvrier qui n'est pas encore bien sûr de lui de mettre au four un petit baba ou biscuit, en même temps que le gros, pour servir d'indicateur de cuisson.

Un fournier ne doit jamais faire cuire à four trop doux : il vaut mieux déferrer avec le couteau que d'avoir de la pâtisserie languie.

Je tiens ces préceptes de mon père, qui était reconnu pour un des meilleurs fourniers de son temps.

S'il arrivait que l'on mît de la pâtisserie dans un four trop chaud, il faudrait doubler les plaques ou plafonds, couvrir la pâtisserie de papier et ne fermer le four qu'à moitié.

Le fournier doit avoir soin de ne jamais fermer le four entièrement pour cuire les grosses pièces ; de cette manière, on les obtient d'une couleur dorée et très-claire.

Pour les grosses pièces, il faut un four chauffé très-également et retombé à point.

Je répète qu'il vaut mieux couvrir de papier et fermer moins le four que d'être obligé de le fermer et de soutenir la chaleur en brûlant du bois sur l'autel.

Je ne saurais trop recommander d'apporter beaucoup d'attention au chauffage du four et de consulter souvent la pendule : ce sont les seuls moyens de s'instruire très-rapidement.

### FOUR PORTATIF.

Je donne ici le modèle d'un four portatif qui peut servir dans les ménages bourgeois. Ce four, bien supérieur au four du fourneau de fonte, permettra à la ménagère de confectionner des pâtisseries sèches pour le thé, une foule d'entremets de pâtisserie, des soufflés, des gratins. Au besoin, il pourra servir à faire de bons rôtis. Il est peu coûteux et consomme peu de combustible. On peut le placer partout, même dans la cour. Ce four est une des bonnes inventions modernes. Je puis le recommander sans crainte, car depuis longtemps je m'en

6. — Four portatif.

sers dans mon ménage, et chaque jour j'en apprécie les avantages.

Pour s'en servir, il faut d'abord le chauffer pendant une demi-heure; il suffit ensuite d'entretenir le feu durant la cuisson. On force le feu pour avoir une grande chaleur et on le modère pour obtenir une chaleur douce. On adaptera à l'amorce un tuyau de tôle, d'un mètre de longueur au moins si

le four est dans une cheminée. Si on le place dans un endroit
où il n'y a pas de cheminée, il faut employer au moins trois
mètres de tuyau et faire passer celui-ci au dehors pour que la
fumée puisse s'échapper.

7. — Vol-au-vent.

# PREMIÈRE PARTIE

LES

PRÉPARATIONS

# CHAPITRE I.

## PREMIÈRES PRÉPARATIONS.

### SUCRE PILÉ.

Cassez le pain de sucre en morceaux. Pilez et passez au tamis de crin, et ensuite au tamis de soie.

8. — Pilon.

Il est bon de passer peu de sucre à la fois, afin d'obtenir

2

une glace fine. — Le *sucre passé au tamis de soie* s'appelle *glace de sucre.*

### PETIT SUCRE

#### POUR MASQUER LES GATEAUX.

### SUCRE FIN

#### POUR LE SUCRE COLORÉ.

Ayez une passoire dont les trous aient 8 millimètres, une à

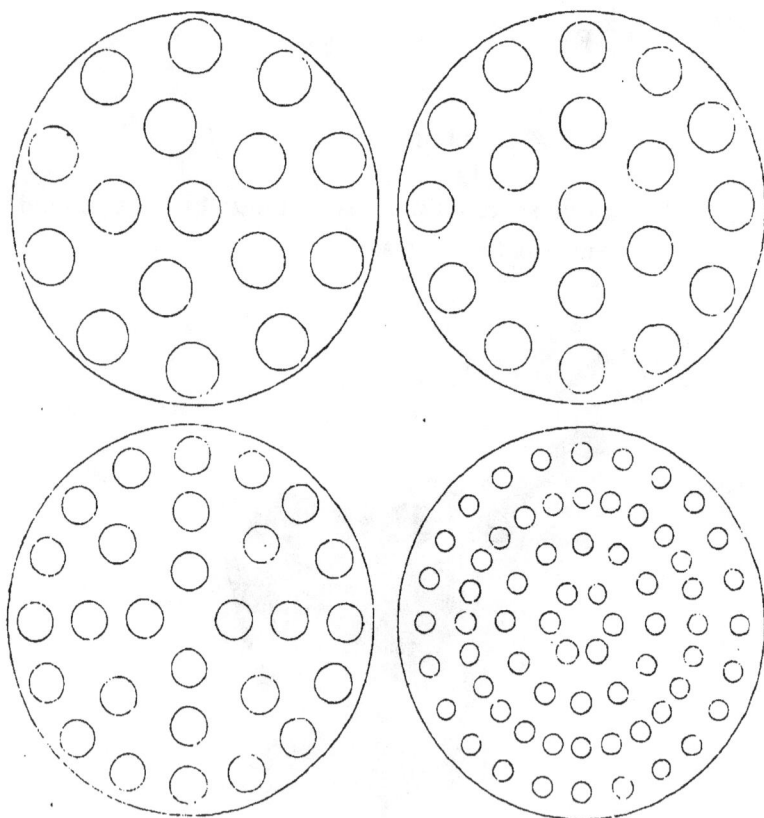

9. — Passoires.

trous de 5 millimètres, une autre à trous de 3 millimètres et un tamis de crin à égoutter.

Cassez le sucre au couteau en petits morceaux. Ensuite

écrasez-le avec le bout du rouleau, en ne frappant que sur un seul morceau.

Évitez en cassant le sucre de faire de la glace, ce qui lui retirerait le brillant qu'il doit avoir.

Passez le sucre avec la grande passoire. Tout ce qui ne passera pas doit être écrasé de nouveau et repassé à la grande passoire. Passez ensuite avec la seconde passoire, et tout ce qui restera dans celle-ci sera ce que l'on appelle *gros sucre n° 1*.

Passez à la troisième passoire, et ce qui restera sera le *sucre n° 2*.

Passez le sucre au tamis de crin, et vous aurez le *sucre n° 3*.

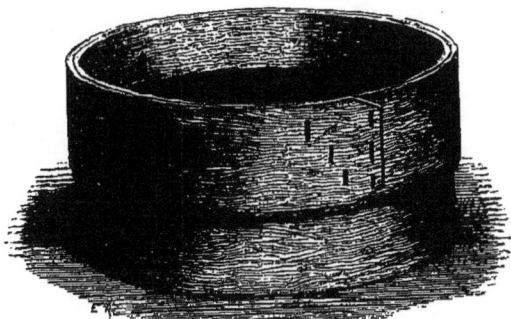

10. — Tamis de crin.

Du sucre restant retirez la glace en le passant au tamis de soie, et réservez le sucre qui restera dans le tamis pour le colorer.

On emploie aussi ce sucre blanc, que l'on appelle *sucre n° 4*.

Cette manière de préparer le sucre est presque oubliée, et c'est chose regrettable, par la raison que les sucres de différentes grosseurs que l'on retire du sucre pilé sont ternes ; en effet, les petits grains de sucre, se trouvant confondus et roulés dans du sucre pilé très-fin, se remplissent de glace et perdent leur brillant, tandis que celui qui est préparé comme je viens de le décrire, le conserve.

J'engage donc mes jeunes confrères à revenir à cette vieille pratique, qui sera toujours la meilleure pour réussir les sucres de couleur et les sucres en grain.

## SUCRES COLORÉS.

### SUCRE ROSE.

Mettez 500 grammes de sucre sur une plaque d'office qui aura été préparée comme je l'ai dit plus haut.

Employez du carmin végétal, que vous mêlerez au sucre en le frottant entre les mains.

Ne mettez le rouge qu'en petite quantité, pour obtenir une couleur rose.

Lorsque le sucre est bien mêlé, faites-le sécher à la bouche du four ou à l'étuve.

Le sucre doit être constamment remué pour éviter les grumeaux.

Si, malgré ces précautions, le sucre en séchant se prenait en morceaux, il faudrait l'écraser de nouveau et recommencer à le colorer.

Passez au tamis et réservez dans des boîtes bien fermées. — Mettez au sec.

### SUCRE ORANGE.

On commencera par colorer en jaune avec du jaune végétal pâle, et l'on ajoutera du carmin liquide.

Même procédé que pour le sucre rose.

### SUCRE LILAS.

Commencez par colorer au bleu pâle avec du bleu d'outre-mer.

Broyez à l'eau.

Ajoutez du carmin liquide et terminez comme pour le sucre rose.

### SUCRE BLEU.

Broyez du bleu d'outremer avec de l'eau.

Colorez le sucre et finissez comme les précédents.

## SUCRE JAUNE.

Colorez avec du jaune végétal, dans leque vous mettrez une pointe de rouge.

Le rouge devra être mêlé au jaune avant que l'on ne colore le sucre.

Employez peu de rouge, parce qu'il ne doit servir qu'à faire un jaune plus vif, sans cependant faire de la couleur orange.

## SUCRE VIOLET.

Commencez par colorer le sucre en rose ; ajoutez du bleu d'outremer liquide.

Faites le lilas bien distinct du violet.

Dans la couleur lilas, c'est le bleu qui domine.

Dans le violet, c'est le rouge.

C'est à l'ouvrier intelligent de bien observer les nuances.

## SUCRE VERT.

Pour colorer en vert, prenez du vert végétal ou du vert extrait de l'épinard, en ajoutant un quart de cresson à l'épinard, pour obtenir un vert fixe.

Pour les crèmes ou toute autre préparation, on n'emploie pas le cresson, parce que le goût en est trop fort. — Le vert au cresson ne doit être employé que pour la décoration.

Colorer et finir comme pour le sucre rose.

## MANIÈRE DE FAIRE LE VERT D'EPINARDS.

Pilez 2 kilos d'épinards crus.

Passez-les avec pression à travers un torchon neuf dans un plat à sauter.

Mettez sur un feu vif et remuez avec la cuiller de bois pour empêcher le vert de s'attacher.

Laissez bouillir 2 minutes au plus.

Versez sur un tamis.

Égouttez bien.

Pressez dans une serviette le vert qui sera resté sur le tamis, pour en extraire l'eau.

Passez au tamis de soie et réservez pour l'emploi.

Ce vert rivalise avec le vert végétal pour la beauté de la couleur, mais il passe beaucoup plus vite.

*Observation.* — Il faut que les sucres de couleur soient vifs, sans être foncés.


### PRÉPARATION DES AMANDES.

Éviter, pour échauder les amandes, de les faire tremper.

11. — Couteaux.

Il faut les échauder à grande eau bouillante et les remuer à l'écumoire ;

Les égoutter dans une grande passoire, aussitôt que la peau se lève ;

Les rafraîchir ;

Les égoutter ;

Les monder et les passer à l'eau fraîche ;

Les ressuyer dans une serviette et ne les préparer qu'au bout de 4 heures.

Si on coupe les amandes immédiatement, elles se coupent mal et se cassent lorsqu'on les travaille.

Pour parer à cet inconvénient, laissez reposer les amandes au frais.

### AMANDES POUR NOUGATS A LA REINE.

Ayez des amandes flots.

Triez-les de grosseur égale.

Échaudez avec soin.

Les amandes trempées se rouillent en séchant et font très-mauvais effet lorsqu'elles sont glacées au cassé.

### AMANDES POUR NOUGATS PARISIENS.

Ayez des amandes flots.

Échaudez-les comme celles des nougats à la reine.

Choisissez les amandes de grosseur égale et fendez-les en deux.

Faites sécher à blanc.

On fait aussi ces nougats à sucre foncé et on colore les amandes d'un jaune clair en les mettant sur des plaques garnies de papier. Ensuite on les met à four chaud, juste le temps nécessaire pour que l'amande prenne la couleur jaune clair, sans cependant exagérer le degré de sécheresse.

Il faut souvent remuer les amandes, afin qu'elles prennent couleur également.

Ce nougat coloré est meilleur à manger que le nougat blanc.

### AMANDES EN FILETS POUR NOUGATS ORDINAIRES.

Lorsque les amandes sont mondées et qu'on les a laissées

reposer environ 4 heures, ou les coupe sur le long ou sur le travers en filets de 4 millimètres d'épaisseur.

Je conseillerai de les couper sur le travers, parce qu'elles cassent moins et que le nougat se fait plus facilement, est plus beau et par conséquent plus appétissant.

### AMANDES HACHÉES POUR NOUGATS ET PIÈCES MONTÉES.

Après avoir mondé, lavé, essuyé et laissé reposer les amandes, il faut les hacher en très-petites parties afin de les avoir d'un grain égal : ce que l'on n'obtient jamais lorsqu'on les hache en grande quantité.

Les amandes pour pièces montées ne doivent jamais être séchées à l'étuve ni préparées d'avance, parce que le travail en devient très-difficile, sinon impossible.

## AMANDES COLORÉES.

### AMANDES ROSES.

Hachez les amandes.

Passez-les dans la passoire à trous de 3 millimètres.

Repassez ce qui restera dans la passoire sur le tamis de crin pour retirer les morceaux qui seraient trop fins.

Détendez du carmin avec du sirop à 30 degrés et du kirsch.

Mettez les amandes sur une plaque d'office très-propre.

Mêlez le carmin avec les amandes en les frottant entre les mains jusqu'à ce que le amandes soient d'une couleur égale.

Faites-les sécher à l'étuve ou à la bouche du four, en les remuant jusqu'à ce qu'elles soient bien sèches.

Laissez refroidir et réservez dans des boîtes fermées.

### AMANDES VERTES.

Détendez du vert végétal ou du vert d'épinards.

Passez au tamis de soie avec de l'anisette.

Frottez les amandes entre les mains jusqu'à ce qu'elles soient d'une couleur égale.

Séchez.

Laissez refroidir et mettez en boîtes.

Réservez au sec.

### AMANDES VIOLETTES.

Mêlez le rouge et le bleu d'outremer avec de l'anisette.

Frottez les amandes dans les mains jusqu'à ce qu'elles soient d'une couleur égale.

Séchez et réservez dans des boîtes couvertes et au sec.

### AMANDES LILAS.

Broyez le bleu d'outremer avec très-peu d'eau.

Ajoutez du carmin liquide et de l'anisette.

Terminez comme ci-dessus.

### AMANDES ORANGE.

Mêlez le jaune et le carmin avec de la liqueur d'oranges.

Finissez comme les amandes violettes.

### AMANDES JAUNES.

Détendez du jaune végétal avec de la liqueur de noyaux.

Terminez comme les amandes violettes.

*Observation*. — Ne séchez les sucres et les amandes de couleur qu'à une chaleur de 40 degrés, pour éviter qu'elles ne se massent.

### AMANDES EN FILETS PRALINÉES.

Pour la préparation des amandes en filets, mettez sur une plaque d'office :

>500 grammes d'amandes séparées en deux et coupées en
>filets,
>200 grammes de sucre,
>La moitié d'un œuf,
>Et une cuillerée à bouche de kirsch, de noyau ou d'anisette.

Mêlez parfaitement.

Si ces amandes sont destinées à être semées, il faut les faire sécher, en les remuant pour qu'elles ne se massent pas.

Si l'on veut en faire des grillés, des manqués, des génoises et autres gâteaux, il est inutile de faire sécher les amandes, puisqu'on peut les étaler aussi mince que l'on veut.

### AMANDES HACHÉES ET PRALINÉES.

Mettez sur une plaque d'office :

>500 grammes d'amandes hachées,
>100   —   de sucre pilé,
>Une cuillerée à bouche de rhum,
>De l'œuf battu.

Mêlez parfaitement.

Ces amandes doivent être peu mouillées, afin qu'on puisse les semer facilement.

### AVELINES.

Choisissez des avelines bien grosses et les plus fraiches possible.

Cassez-les sans les briser.

Mettez les amandes sur un plafond et au four; aussitôt que la peau lèvera, retirez-les du four.

Mondez-les.

Séparez en deux celles que vous emploierez pour nougats et hachez les avelines, que vous utiliserez pour les entremets.

### PISTACHES.

Il faut choisir les pistaches grosses, non piquées, ayant

la peau d'un beau violet et vert pâle, mais surtout pas ternes.

On les monde comme on fait pour les amandes, à grande eau bouillante et avec plus de précaution, si c'est possible, que pour les amandes, car un bouillon de trop peut leur faire perdre leur couleur.

Après avoir mondé les pistaches, essuyez-les dans une serviette, divisez-les selon l'emploi auquel vous les destinez.

Par exemple, si vous les mettez au gros sucre n° 1, coupez-les en dés de la grosseur du sucre. Pour granit, on les hache de la grosseur du sucre n° 3.

On les coupe aussi en feuilles pour les semer sur les nougats et autres pâtisseries.

On coupera ces feuilles en petits filets pour les semer sur les gâteaux de genres divers.

On trouvera l'emploi de ces préparations dans le cours de cet ouvrage.

Pour les pistaches hachées, je conseillerai de les passer à une légère teinte de vert végétal mêlé à du kirsch. En employant ce procédé, on est assuré que le vert ne passera pas.

## PRÉPARATION DES RAISINS.

### RAISIN DE MALAGA.

Pour gros babas, égrenez le raisin. Fendez-le en deux et retirez les pepins.

Pour les petits babas et les autres petits gâteaux qui demandent l'emploi du raisin de Malaga, coupez chaque grain en quatre.

### RAISIN DE SMYRNE.

Ayez une terrine remplie d'eau.

Jetez le raisin dans l'eau et frottez une demi-minute.

Retirez-le et mettez-le dans une passoire.

Essuyez-le avec une serviette.

Retirez les queues et les petites pierres qui sont quelquefois mêlées au raisin.

Fendez le raisin en deux sur le travers.

Faites sécher à l'étuve.

Laissez refroidir.

Réservez au sec.

### RAISIN DE CORINTHE.

Mettez le raisin de Corinthe sur un torchon.

Pour 1 hecto de farine, mettez 1 kilo de raisin.

12. — Pot à dorure et son pinceau.

Enfermez le raisin dans le torchon pour en détacher toutes les petites queues.

Passez-le dans la passoire n° 3 en frottant avec la main.

Mettez le raisin sur la table.

Triez le raisin pour en retirer les petites pierres. Ce triage doit être fait avec soin.

Lavez à plusieurs eaux.

Égouttez sur un tamis et laissez ressuyer à l'air.

Ensuite étalez le raisin sur des plaques et finissez de sécher à l'étuve ou à la bouche du four.

*Observation*. — On n'apportera jamais trop de soin au nettoyage du raisin, à cause des petites pierres qui peuvent s'y mère.

### DORURE.

Pour obtenir la dorure, il faut battre des œufs entiers, les passer à l'étamine et les réserver pour l'emploi.

## SUCRES PARFUMÉS.

### SUCRE VANILLÉ.

60 grammes de vanille,
500 — de sucre en morceaux.
Fendez les gousses de vanille.
Hachez-les très-fin.
Mettez dans le mortier avec le sucre en morceaux.
Pilez et passez au tamis de soie.
Réservez dans une boîte bien fermée et au sec.
Les fragments qui restent sur le tamis doivent être employés dans les infusions.

### SUCRE DE ZESTE DE CITRON.

Lavez, essuyez des citrons et levez-en le zeste de manière à en avoir 60 grammes.
Laissez sécher à l'ombre.
Hachez.
Mettez dans le mortier avec 500 grammes de sucre en morceaux.
Pilez et passez au tamis de soie.

### SUCRE DE ZESTE D'ORANGE.

Lavez et essuyez les oranges, levez le zeste de manière à en avoir 60 grammes.
Finissez comme pour le zeste de citron.

### SUCRE DE CANNELLE

60 grammes de cannelle,
500    —    de sucre.
Pilez sucre et cannelle.
Passez au tamis de soie.
Réservez comme le sucre de vanille.

### SUCRE DE GIROFLE.

20 grammes de girofle,
500    —    de sucre.
Pilez sucre et girofle.
Passez au tamis de soie.
Réservez en boîte bien fermée.

### SUCRE DE GINGEMBRE.

30 grammes de gingembre,
500    —    de sucre.
Pilez sucre et gingembre.
Passez au tamis de soie.
Réservez en boîte.

### SUCRE DE SAFRAN EN POUDRE.

60 grammes de safran en poudre,
500    —    de sucre.
Pilez le sucre.
Ajoutez le safran.
Passez au tamis de soie.
Réservez en boîte.

### SUCRE DE FLEURS D'ORANGER.

250 grammes de fleurs d'oranger,
500    —    de sucre.
Mondez les fleurs de manière qu'il ne reste que les pétales.

Faites sécher.

Pilez avec le sucre.

Passez au tamis de soie et réservez.

### SUCRE D'ANIS.

40 grammes d'anis vert,

500    —    de sucre.

Mettez l'anis dans un sac de papier blanc.

Faites sécher à l'étuve ou à la bouche du four.

Pilez avec le sucre, passez au tamis de soie et réservez en boîte.

*Observation.* — Tous ces sucres parfumés sont supérieurs aux eaux distillées pour les appareils de la pâtisserie.

### BEURRE ET GRAISSE
#### CLARIFIÉS POUR BEURRER LES MOULES.

Épluchez 500 grammes de graisse de rognon de veau.

Hachez très-fin.

Mettez dans une grande casserole et à feu doux.

Tournez de temps en temps avec une cuiller de bois jusqu'à ce que la graisse soit très-limpide.

Retirez la graisse du feu.

Mettez dans la graisse 500 grammes de beurre en livre que vous couperez en morceaux. Lorsque le beurre est fondu, veillez à ce qu'il ne renverse pas.

Vannez avec une cuiller percée.

Il faut que le beurre et la graisse reviennent très-clairs et atteignent une teinte jaune clair. — Lorsqu'ils sont arrivés à ce point, retirez du feu, passez à travers une serviette et réservez dans une terrine.

### BEURRE ÉPONGÉ.

On beurre aussi beaucoup de moules à beurre froid.

Pour cela on prend du beurre fin que l'on met dans une serviette. On recouvre le beurre avec un large pli de la serviette et on appuie sur le beurre.

On fait cette opération plusieurs fois, pour retirer le peu d'eau ou de lait qui pourrait rester dans le beurre.

# CHAPITRE II.

## DÉTREMPES.

On nomme *détrempes* les mélanges de farine, d'œufs, de beurre et d'eau entrant dans la confection des pâtes.

### PATE A DRESSER.

1 kilo 500 grammes de farine,
    30     —     de sel,
   375     —     de beurre,
   450     —     d'eau.

Passez la farine au tamis.

Faites une *fontaine* (fig. 13).

Mettez le sel dans la fontaine avec le beurre et la moitié de l'eau, et pétrissez.

Ajoutez le restant de l'eau en plusieurs fois, en bassinant avec un pinceau à dorer.

Cette pâte, comme toutes les pâtes, doit être fraisée (voir au Vocabulaire) et bassinée trois fois.

Après ce travail, la pâte doit être lisse et bien mêlée.

Laissez-la reposer 2 heures avant de l'employer.

**PATE A DRESSER POUR CROUTE DE PATÉ CHAUD DRESSÉ.**

750 grammes de farine,
220    —    de beurre,
15    —    de sel,
4 jaunes d'œufs,
200 grammes d'eau.
Passez la farine.
Faites la fontaine.

13. — Fontaine.

Mettez le sel,
Un peu d'eau.
Les jaunes d'œufs,
Le beurre.
Pétrissez, mêlez, fraisez trois fois.
Ajoutez le reste de l'eau en bassinant avec le pinceau chaque fois que vous aurez fraisé.

Lorsque toute l'eau a été employée, la pâte doit se trouver bien mêlée et lisse.

Laissez reposer la pâte une heure. Ainsi préparée, elle peut être employée pour dresser toute espèce de croûtes à pâtés chauds, grands ou petits.

## PATE D'OFFICE.

1 kilo 500 grammes de farine,
      750    —    de sucre,
      375    —    d'eau.

Faites fondre le sucre dans l'eau èt sur le feu.
Mèlez avec la farine.
Travaillez jusqu'à ce que la pâte soit lisse.
Réservez au froid.

On fait aussi de la pâte d'office avec de l'œuf.
Remplacez l'eau par 9 œufs.
Mettez la farine sur le tour.
Formez une fontaine.
Mettez le sucre au milieu.
Mêlez les œufs, le sucre, la farine.
Assemblez et fraisez trois fois.
Conservez au frais.

## PATE A FONCER.

1 kilo 500 grammes de farine,
1 kilo           de beurre,
      700    —    d'eau,
       30    —    de sel.

Passez la farine au tamis sur le tour.
Faites la fontaine.
Mettez le sel, le beurre et la moitié de l'eau.
Pétrissez.
Fraisez trois fois en bassinant avec l'eau à chaque tour.
Cette pâte, comme toutes les precédentes, doit être lisse, mais plus molle que les pâtes à dresser.

Dans le cas où la farine boirait exceptionnellement, on ajouterait un demi-décilitre d'eau.

Il est impossible de donner la mesure exacte de l'eau, parce que certaines farines en absorbent plus que d'autres.

## PATE BRISÉE.

Cette pâte se marque comme la précédente, seulement on ne fait que l'assembler, c'est-à-dire que l'on mêle le beurre, la farine et l'eau sans la fraiser.

On laisse reposer la pâte et on lui donne deux tours, comme au feuilletage.

*Observation.* — On a eu tort d'abandonner cette détrempe ; on en fait d'excellentes galettes, moins mates qu'avec la pâte ferme et moins légères qu'avec la pâte feuilletée.

## PATE ANGLAISE
### POUR PATÉS.

1 kilo 500 grammes de farine,
    375     —     de beurre,
    500     —     d'eau,
     30     —     de sel.

Passez la farine sur le tour.

Faites la fontaine.

Mettez le sel, le beurre et l'eau chauffée à 40 degrés.

Remuez avec le bout du rouleau.

Lorsque le beurre est fondu, mêlez la farine avec les mains.

Fraisez la pâte.

Bassinez deux fois.

Puis enveloppez la pâte dans un torchon humide. Cette précaution est utile pour empêcher la pâte de gercer.

## PATE A L'ANGLAISE.
### POUR BORDURES DE SOCLES ET BORDURES DE PLATS.

500 grammes de farine,
125     —     de sucre très-blanc passé au tamis de soie,

2 décilitres d'eau.

Passez la farine sur la table.

Faites la fontaine.

Mettez-y le sucre et l'eau, et mêlez farine et sucre en travaillant fortement la pâte pour l'obtenir bien lisse.

Réservez cette pâte, en la couvrant afin qu'elle ne sèche pas à la surface.

Laissez reposer avant de couper, pour éviter le retrait de la pâte.

### PATE A DÉCORER LES TIMBALES.

250 grammes de farine,
  50 — de glace de sucre,
  20 — de beurre,
   5 — de sel,
   1 œuf,
   2 jaunes d'œufs.

Passez la farine sur la table.

Faites la fontaine.

Mettez le beurre, le sel, les œufs, le sucre, et pétrissez pour en faire une pâte très-lisse.

Réservez cette pâte dans un linge humide et au frais.

Laissez reposer la pâte lorsqu'elle a été abaissée.

### PATE A FONCER LES TIMBALES D'ENTREMETS.

   1 kilo de farine,
700 grammes de beurre,
   4 jaunes d'œufs,
   1 décilitre 1/2 d'eau.
  20 grammes de sel.

Passez la farine sur la table.

Faites une fontaine.

Mettez le sel, le beurre, les jaunes d'œufs, 1 décilitre d'eau.

Pétrissez et fraisez trois fois, en bassinant chaque fois avec le demi-décilitre d'eau restant.

Il faut faire cette détrempe du même corps que la pâte à foncer. On ajouterait un peu d'eau si le demi-décilitre n'était pas suffisant.

## PATE A NOUILLES
### POUR TIMBALES ET BORDURES.

500 grammes de farine,
10   —   de sel,
20   —   de beurre,
  4 jaunes d'œufs,

Quelques œufs entiers pour obtenir une pâte ferme.

Passez la farine sur la table.

Faites une fontaine.

Mettez le sel, le beurre, les jaunes et deux œufs entiers.

Pétrissez, ajoutez de l'œuf pour faire une pâte ferme.

Cette détrempe demande une propreté exceptionnelle.

## PATE FERME POUR GALETTE.

1 kilo 500 grammes de farine,
      775   —   de beurre,
       30   —   de sel,
      500   —   d'eau.

Passez la farine au tamis.

Formez la fontaine.

Mettez le sel, le beurre et les trois quarts de l'eau.

Pétrissez.

Fraisez trois fois, en employant le reste de l'eau à bassiner la pâte à chaque tour.

Laissez reposer la pâte et formez des galettes qui n'aient pas moins de 3 centimètres d'épaisseur pour les petites et de 5 centimètres pour les grandes.

## PATE DE PLOMB.

1 kilo 500 grammes de farine,
1   —   de beurre,

30 grammes de sel,

30 — de sucre,

6 œufs,

3 décilitres de crème double.

Passez la farine sur le tour.

Formez la fontaine.

Mettez-y sucre, sel, beurre, œufs et 1 décilitre de crème.

Pétrissez et fraisez trois fois en bassinant avec le restant de la crème.

Il faut que cette pâte soit mollette; l'on ajouterait un demi-décilitre de crème si elle était par trop ferme.

Avant de la cuire, on la laisse reposer une heure.

## PATE A BRIOCHES.

Cette pâte comporte deux recettes.

Pour tous les petits pains et les petites brioches, il faut la faire très-fine, c'est-à-dire très-beurrée.

1 kilo 500 grammes de farine,

1 — 125 — de beurre,

24 œufs,

30 grammes de sel,

30 — de sucre,

30 — de levûre.

Passez la farine au tamis sur le tour.

Séparez-la en quatre parties.

Prenez un quart de la farine.

Faites une fontaine.

Mettez la levûre dans le milieu et faites-la dissoudre dans de l'eau tiède à 32 degrés.

Faites une pâte mollette.

Mettez-la dans une casserole, que vous tiendrez au chaud pour que le levain double le volume de la pâte.

Formez une fontaine avec le reste de la farine.

Mettez le sucre, le sel, le beurre et 10 œufs.

Pétrissez la pâte.

Ajoutez les œufs par deux à la fois jusqu'au dernier.

Fouettez la pâte.

Cette pâte doit être mollette et lisse.

Mêlez le levain avec la pâte et refouettez.

Mettez la pâte dans une terrine et laissez-la revenir pendant 4 heures.

Lorsque la pâte est bien revenue, mettez-la sur le tour pour la rompre, c'est-à-dire abaissez la pâte.

Reployez-la en quatre.

Abaissez une seconde fois la pâte et remettez-la dans une terrine propre.

Au bout de deux heures, rompez-la de nouveau.

Mettez-la sur glace ou dans une cave très-froide.

Lorsque la pâte sera raffermie, vous pourrez la cuire, soit en petits pains, soit en petites brioches.

*Observation.* — Pour la confection des grosses brioches, il faut diminuer la quantité de beurre suivant la grosseur de la brioche.

Ainsi, pour une brioche de 5 kilos, on réduira la quantité de beurre à 250 grammes par 500 grammes de farine.

Il est indispensable de se procurer de la glace pour ces grosses pièces, qu'il faut tenir à pâte mollette et assez ferme pour pouvoir être moulée.

Dans ce travail, les proportions de farine, de sel, de sucre et d'œufs sont les mêmes : il n'y a de diminution que dans la quantité du beurre.

### PATE A BABAS POLONAIS.

Ce baba diffère de celui que l'on fait aujourd'hui. Autrefois on avait le bon goût de le servir avec des vins d'entremets, tels que malvoisie sucré, rivesaltes, malaga, constance, lunel, et d'autres aussi renommés.

Le baba polonais servait à faire apprécier tous ces vins de haute distinction.

Cet usage était d'ailleurs conforme aux lois de l'hygiène : l'estomac n'était pas fatigué comme il l'est par les babas imbibés de sirops ou de liqueurs que l'on fait aujourd'hui.

Pour le préparer, prenez :

| | | | |
|---|---|---|---|
| 1 kilo | 500 | grammes | de farine, |
| 1 kilo | | | de beurre, |
| | 40 | — | de levûre, |
| | 40 | — | de sucre, |
| | 30 | — | de sel, |
| | 200 | — | de raisin de Malaga, |
| | 200 | — | de raisin de Corinthe, |

28 œufs,

1/4 de décilitre de rhum,

5 grammes de safran en feuilles, infusé à chaud dans 6 cuillerées d'eau.

Passez la farine sur la table.

Séparez-la en quatre parties.

Prenez une partie pour faire le levain avec de la levûre et de l'eau à 32 degrés.

Faites revenir le levain dans une casserole.

Formez une fontaine avec le reste de la farine.

Mettez sucre, sel, beurre et 10 œufs.

Pétrissez et fouettez la pâte.

Ajoutez ce qui reste d'œufs, deux par deux.

Fouettez la pâte avec les mains.

Ajoutez le rhum, l'infusion de safran.

Lorsque tous les œufs auront été employés, vous devrez avoir une pâte mollette qui ne devra pas s'étaler.

Pour être bien faite, cette pâte ne doit plus coller aux mains ni à la table.

Mêlez le levain, qui doit avoir doublé de volume, avec la pâte et les raisins.

Réservez cette pâte, qui sera employée plus loin.

## BABAS MODERNES.

| | | | |
|---|---|---|---|
| 1 kilo | 500 | grammes | de farine, |
| 1 — | 125 | — | de beurre, |
| | 40 | — | de levûre, |

40 grammes de sucre,
30 — de sel,
28 œufs,
130 grammes de raisin de Malaga,
130 — de raisin de Corinthe,
50 — de cédrats confits, coupés en petits dés,

Passez la farine sur le tour.

Séparez en quatre parties.

Faites le levain avec la levûre et de l'eau à 32 degrés de chaleur.

Pour le reste, même travail que pour les babas polonais.

## GATEAUX CHAUDRON,
### DITS GATEAUX DE COMPIÈGNE.

1 kilo de farine,
550 grammes de beurre,
30 — de levûre,
40 — de sucre,
20 — de sel,
8 œufs,
8 décilitres de crème ou de bon lait.

Passez la farine dans une terrine.

Faites un trou au milieu.

Mettez-y la levûre et faites le levain avec du lait chauffé à 32 degrés.

Laissez revenir.

Lorsque le levain est doublé, mettez le sucre, le sel, 2 décilitres de lait et 4 œufs.

Pétrissez levain et farine.

Lorsque la pâte sera ferme, ajoutez le beurre et le reste du lait.

Travaillez et battez la pâte avec la main.

Mettez le reste des œufs et fouettez la pâte.

Si la pâte était trop ferme, on ajouterait du lait pour la rendre mollette.

## AUTRE GATEAU DE COMPIÈGNE.

La pâte dont je vais décrire la préparation ne peut servir que pour les entremets cuits dans des moules d'entremets à cylindre, parce qu'elle monte et retombe dans le four et que sa finesse ne lui permet pas d'être servie en grosse pièce.

500 grammes de farine,
250 — de beurre,
15 — de levûre,
15 — de sucre,
10 — de sel,

10 jaunes d'œufs,
1 décilitre de très-bonne crème,
2 décilitres de crème fouettée.

Passez la farine dans une terrine.

Faites un trou au milieu.

Mettez la levûre, faites le levain avec le quart de la farine, et laissez-le revenir au double de sa grosseur.

Mettez le sucre,

La moitié de la crème,

5 jaunes d'œufs,

Le beurre,

Et pétrissez.

Fouettez la pâte avec la main.

Ajoutez ce qui reste de jaune et de crème, en plusieurs fois.

Travaillez et fouettez la pâte, pour qu'elle devienne mollette, sans cependant s'affaisser. — Il faut que la pâte ne colle ni à la terrine ni à la main.

Mêlez la crème et fouettez-la fortement, afin qu'elle se trouve bien mêlée.

*Observation.* — *Fouetter la pâte*, c'est tenir la terrine inclinée de la main gauche et prendre de la main droite la pâte en dessous; élever la pâte à 20 centimètres et la laisser retomber; la relever, et continuer de même. — Ce travail doit se faire très-rapidement.

## PATE A SOLILEM ET A KOUQUE.

1 kilo de farine,
250 grammes de beurre,
30  —  de levûre,
20  —  de sel,
30  —  de sucre,
8 œufs entiers,
2 décilitres de crème.

Passez la farine dans une terrine.

Faites un levain avec la levûre, de l'eau chaude et le quart de la farine.

Laissez revenir.

Mettez 4 œufs, un décilitre de lait.

Pétrissez la pâte.

Ajoutez le beurre, le reste des œufs et du lait en plusieurs fois.

Fouettez la pâte et tenez-la mollette, c'est-à-dire ajoutez un peu de lait si elle est trop ferme.

Je répète qu'il n'est pas possible de donner au juste la mesure du mouillement de la farine, parce que celle-ci n'est pas toujours de la même qualité. Ce n'est que pendant le travail qu'on peut remédier au défaut ou à l'excès d'absorption des farines.

## SAVARIN.

La pâte du savarin diffère peu de celle du gâteau de Compiègne. Toutefois, comme elle n'est pas composée entièrement de la même manière, j'en donne la description.

La pâte du savarin se compose de :

1 kilo de farine,
30 grammes de levûre,
20  —  de sel,
30  —  de sucre,
12 œufs entiers,
750 grammes de beurre,
2 décilitres de lait.

Passez la farine dans une terrine.

Faites un levain avec le quart de la farine, la levûre et du lait chaud à 32 degrés.

Lorsque le levain sera revenu, ajoutez le sel, le sucre, 6 œufs et le restant du lait.

Pétrissez sans corder (*corder* une pâte, c'est la mêler avec très-peu de mouillement, d'où résulte une pâte dure et coriace).

Pour éviter de corder, ajoutez un œuf ou deux.

Mêlez la pâte; ajoutez le beurre; pétrissez.

Ajoutez les œufs, le reste du lait, et fouettez la pâte fortement.

Lorsque la pâte ne collera plus à la terrine ni à la main, elle sera à point.

Il faut tenir la pâte plus mollette que pour le compiègne, et ajouter un œuf s'il est nécessaire.

C'est aux frères Julien que l'on doit le savarin. Ces praticiens sont grands travailleurs, et c'est grâce à leurs intelligentes recherches que nous jouissons de cette heureuse trouvaille. Je me fais un plaisir de signaler ici leur mérite, et de leur rendre une justice qui aura la sanction de l'avenir.

### KOUGLOF POLONAIS.

1 kilo 500 grammes de farine,
1 kilo de beurre,
40 grammes de levûre,
40    —    de sucre,
30    —    de sel,
3 décilitres de lait,
18 œufs,
200 grammes d'amandes,
100    —    de raisin de Corinthe,
100    —    de raisin de Malaga,
Un quart de décilitre d'eau-de-vie.

Passez la farine dans une terrine.

Faites un trou au milieu.

Mettez-y la levûre, faites le levain avec du lait chaud à 32 degrés.

Laissez revenir.

Mettez le sucre, le sel, le reste du lait, le beurre et 6 œufs. Détrempez sans corder.

Ajoutez les œufs deux par deux, en ayant le soin de bien les mêler avant d'en remettre d'autres.

Fouettez la pâte.

Ajoutez l'eau-de-vie, et lorsque la pâte ne tiendra plus ni à la main ni à la terrine, mêlez le raisin.

Réservez pour l'emploi qui sera donné plus loin.

### KOUGLOF VIENNOIS.

Passez au tamis 500 grammes de farine.

Ayez 500 grammes de beurre,

|  | | |
|---|---|---|
| 12 | — | de levûre, |
| 10 | — | de sel, |
| 10 | — | de sucre, |
| 16 œufs. | | |

Mettez le beurre dans une terrine.

Faites-le ramollir sans le fondre et travaillez-le avec la spatule.

Ajoutez un œuf, puis une forte cuillerée à bouche de farine, et ainsi de suite jusqu'à ce que les œufs et la farine soient mêlés au beurre.

Il faut que chaque œuf et chaque cuillerée de farine soient parfaitement mêlés avant d'en remettre d'autres.

Faites dissoudre la levûre dans un quart de décilitre d'eau; passez-la au tamis sur la pâte.

Ajoutez le sel et le sucre.

Fouettez bien la pâte et réservez-la pour l'emploi qui sera prescrit plus loin.

### GATEAU DE MUNICH.

1 kilo de farine,

600 grammes de beurre,

15 œufs,

25 grammes de levûre,

15 — de sel,

15 — de sucre,

60 — d'amandes,

25 — de rhum,

25 — de citron confit,

2 décilitres de lait.

Passez la farine sur le tour.

Prenez-en un quart pour le levain.

Faites une fontaine.

Mettez la levûre au milieu.

Faites un levain avec le lait et la levûre. — Il faut que le levain soit mollet.

Mettez-le dans une casserole pour le faire revenir et placez-le dans un endroit chaud et à l'abri des courants d'air froid.

Faites une fontaine avec le reste de la farine.

Mettez le sucre, le sel, le beurre, le sucre de citron, le reste du lait, plus 5 œufs.

Pétrissez et fouettez la pâte en mettant l'un après l'autre les œufs qui restent.

Mêlez à la pâte le levain lorsqu'il est doublé de volume, et réservez dans une terrine et dans un endroit plutôt chaud que froid.

### GATEAU MAZARINE.

500 grammes de farine,

100 — de beurre,

12 — de levûre,

10 — de sel,

15 — de sucre,

45 — d'amandes,

2 décilitres de crème,

7 œufs.

Passez la farine dans une terrine que vous aurez fait tiédir.

Faites un trou au milieu.

Mettez-y la levûre.

Faites un levain avec le quart de la farine et de la crème chaude à 32 degrés.

Laissez revenir.

Lorsque le levain est doublé, mettez le sucre, le sel, le reste de la crème et 3 œufs.

Pétrissez le tout.

Ajoutez le beurre.

Mêlez et fouettez la pâte.

Mettez les œufs l'un après l'autre et continuez de fouetter la pâte jusqu'à ce que tous les œufs aient été employés.

Couvrez la pâte et réservez pour l'emploi.

*Observation*. — Il est nécessaire d'employer de la bonne levûre pour toutes les pâtes à levain. Les levûres d'Allemagne sont réputées les meilleures.

Évitez d'employer de la vieille levûre.

Il est à observer que la levûre sèche et qui s'égrène est rarement mauvaise.

Il faut éviter également d'employer les levûres grasses et collantes; dans ce cas, il vaut mieux recommencer un levain qui ne pousserait pas convenablement et qui compromettrait de bonnes denrées.

### ÉCHAUDES.

500 grammes de farine,
125   —   de beurre,
10   —   de sel,
 9 œufs.

Passez la farine sur le tour.

Faites un trou au milieu.

Mettez le sel, le beurre et 4 œufs.

Pétrissez et fraisez.

Ajoutez un œuf.

Fouettez la pâte avec les mains.

Ajoutez les œufs un à un en fouettant jusqu'à ce que vous obteniez une pâte mollette et consistante qui ne s'étale pas.

Mettez une épaisseur de 8 centimètres de cette pâte sur une planche et laissez reposer pendant 3 heures dans un endroit frais.

Mettez sur le feu une casserole avec 6 litres d'eau et faites bouillir.

Coupez la pâte.

Rompez-la.

Formez des cordons de 3 centimètres d'épaisseur.

Coupez ces cordons de 3 centimètres en 3 centimètres, ce qui formera l'échaudé carré.

Beurrez des couvercles plus petits que la casserole qui est sur le feu, parce qu'il faut que les couvercles entrent dedans.

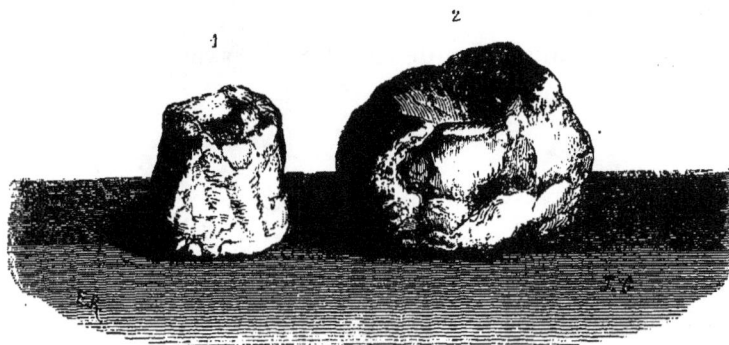

14. — 1. Échaudé cru. — 2. Échaudé cuit.

Rangez les échaudés sur les couvercles, en ayant soin que la coupure se trouve en dessus.

Lorsque l'eau bout, mettez 2 décilitres d'eau froide dans l'eau bouillante.

Tenez avec la main gauche le couvercle par la queue.

Versez de l'eau chaude sur le couvercle, afin que les échaudés se détachent et tombent dans l'eau chaude.

Retirez la casserole sur le coin du fourneau.

Agitez l'eau avec l'écumoire pour faire monter les échaudés; enlevez-les avec l'écumoire et mettez-les dans l'eau froide.

Lorsque tous les échaudés seront retirés de l'eau, détachez ceux qui pourraient tenir ensemble.

Jetez l'eau et remettez-en de la froide.

Laissez tremper 3 heures.

Égouttez dans une passoire.

Étalez les échaudés sur un torchon.

Essuyez-les.

Laissez-les sécher 2 heures.

Ensuite rangez les échaudés sur des plaques; mettez-les au four à une chaleur de *papier brun*, et laissez-les 25 minutes.

*Observation.* — Les pâtissiers font cuire les échaudés dans des plaques fermées. Ce procédé les rend plus gros, mais c'est aux dépens de leur qualité. Je conseille donc de les faire cuire sur des plaques ordinaires.

Je conseille également de ne jamais mettre l'échaudé à l'eau bouillante : l'échaudé ne doit pas bouffer dans l'eau; autrement il est perdu.

On doit la composition de ce gâteau à Favart, et ce n'est pas, selon moi, son moindre mérite.

## ÉCHAUDÉS DE CARÊME.

500 grammes de farine,

125    —    d'huile,

10    —    de sel,

2 décilitres et demi d'eau.

Passez la farine sur le tour.

Faites la fontaine.

Mettez le sel, l'huile et la moitié de l'eau.

Mêlez légèrement avec le bout des doigts.

Ajoutez l'eau en la remuant pour faire la pâte.

Lorsque l'eau, l'huile et la farine seront bien mêlées, travaillez fortement la pâte pour la rendre lisse et laissez-la reposer 1 heure.

Ensuite divisez la pâte par portions de 30 grammes.

Moulez en boules, aplatissez et enfoncez les trois doigts dans la boule.

Mettez les échaudés sur des couvercles de casseroles qui aient été farinés.

Faites bouillir de l'eau.

Échaudez-les comme les précédents.

Rafraichissez-les.

Laissez tremper 1 heure.

Égouttez.

Essuyez-les avec une serviette.

Faites cuire sur plaque pendant 25 minutes.

Ces échaudés se servent chauds.

## FEUILLETAGE A GATEAUX DE ROI.

1 kilo 500 grammes de farine,

1 kilo de beurre en livre,

750 grammes d'eau,

  30   —    de sel.

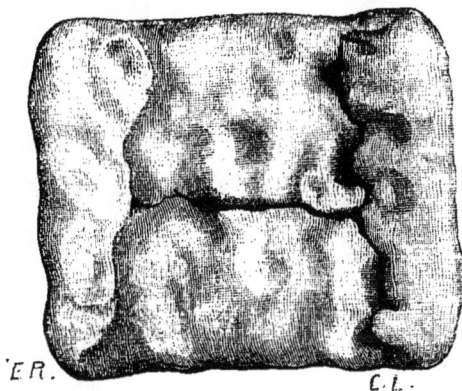

15. — Feuilletage. — 1re opération.

Passez la farine sur la table.

Formez la fontaine.

Mettez le sel.

Ajoutez l'eau en plusieurs fois, à mesure que la pâte se forme.

Pour bien détremper le feuilletage, il ne faut pas faire un noyau de pâte molle au milieu de la fontaine; il faut que toute la farine se mêle, à mesure, avec de l'eau.

Travaillez le feuilletage en le pressant et l'allongeant avec les mains sur la table.

Reployez la pâte sur elle-même, allongez-la encore, et lorsqu'elle est bien lisse, formez-la en rond de l'épaisseur de
10 centimètres.

Laissez reposer 5 minutes.

Si l'on est dans la saison d'hiver, maniez le beurre, pour
le rendre lisse.

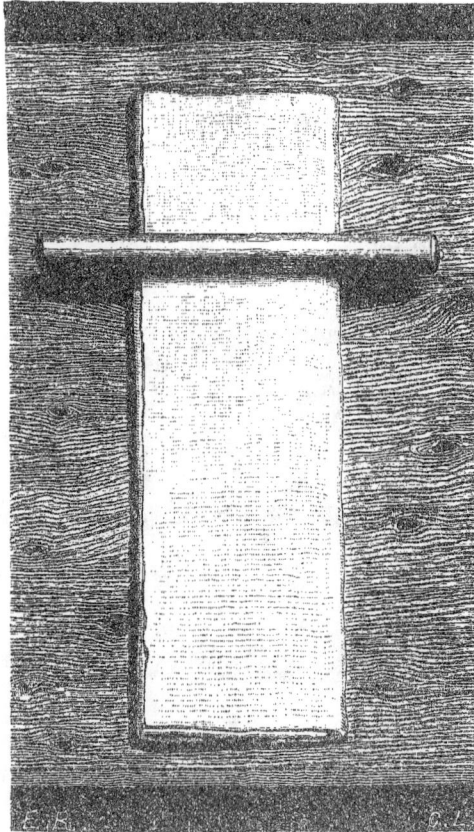

16. — Feuilletage. — 2ᵉ opération.

Posez le beurre sur le feuilletage.

Aplatissez et ployez le feuilletage en quatre de manière à le
endre carré et à y enfermer le beurre (fig. 15).

Tourez-le en l'abaissant avec le rouleau d'une longueur de
1 mètre 50 centimètres (fig. 16).

Ployez 50 centimètres de long sur 50 centimètres.

Donnez un coup de rouleau sur la pâte, puis reployez les
derniers 50 centimètres sur les deux parties déjà ployées (fig. 17).

Retournez le feuilletage de manière que la lisière soit toujours, en haut et en bas, sur le côté étroit.

Allongez de 150 centimètres et reployez de même.

Ce feuilletage s'emploie le plus communément à cinq tours (voir au Vocabulaire le mot *Tour*). Il faut laisser reposer le feuilletage tous les deux tours.

### FEUILLETAGE FIN.

500 grammes de farine,
500   —   de beurre,
10   —   de sel,
250   —   d'eau.

17. — Feuilletage. — 3ᵉ opération.

Même travail que pour le feuilletage à gâteaux.

Ce feuilletage s'emploie le plus souvent à six tours. On le laisse reposer tous les deux tours.

### FEUILLETAGE A LA GRAISSE DE ROGNONS DE BOEUF.

500 grammes de farine,
500   —   de graisse de rognons,
10   —   de sel,
250   —   d'eau.

Énervez et retirez les peaux à la graisse de rognons de bœuf de manière à en avoir 500 grammes.

Pilez cette graisse jusqu'à ce qu'il ne reste plus de grumeaux.

Détrempez le feuilletage comme le feuilletage fin.

Remplacez le beurre par la graisse.

Même travail.

### FEUILLETAGE A L'HUILE.

500 grammes de farine,
500   —    d'huile,
10   —    de sel,
250   —    d'eau.

Mettez la farine sur la table après l'avoir passée au tamis.

Faites la fontaine.

Mettez-y le sel.

Détrempez avec l'eau comme il est dit au Feuilletage à gâteaux.

Lorsque le feuilletage détrempé est reposé, abaissez de la longueur de 1 mètre 50.

Étalez l'huile avec un pinceau sur la pâte; reployez, abaissez.

Mettez une seconde couche d'huile; reployez et laissez reposer.

Tourez jusqu'à ce que toute l'huile soit employée et réservez pour l'emploi.

*Observation.* — Les feuilletages demandent à être travaillés dans des endroits froids, même pendant l'hiver. Pendant l'été, on fera bien de faire reposer le feuilletage sur de la glace.

Il est de toute impossibilité de faire un bon feuilletage par une température chaude.

# CHAPITRE III.

## ENTRÉES ET HORS-D'OEUVRE DE FOUR.

### CROUTES DE PATÉS CHAUDS.

Les croûtes de pâtés chauds se font de deux manières : *dressées* et *en moule*.

La première manière, qui consiste à dresser, n'est presque plus usitée.

Comme un bon livre doit contenir tout ce qui est utile, je donne ici la manière de faire cette croûte. Je ferai observer que, pour bien dresser une croûte de pâté chaud, il faut beaucoup de pratique.

Faites 500 grammes de pâte à dresser, comme il est dit au chapitre II.

Laissez reposer.

Réservez 100 grammes de pâte pour faire le couvercle et le décor.

Moulez et abaissez le reste de l'épaisseur de 2 centimètres 1/2.

Dressez la pâte en la pressant entre les mains pour la faire tenir droite.

Couvrez-la d'une cloche et laissez reposer.

Beurrez un plafond et posez la croûte dessus.

Appuyez la pâte, en dedans, avec le dos des quatre doigts, pour aplanir et consolider le dos de la croûte.

Lorsque vous lui aurez donné la grandeur voulue, vous mettrez la main gauche dans le fond et pousserez la pâte avec les doigts ; vous appuierez sur la pâte avec les trois doigts de la main droite pour former le pied.

Lorsque la croûte sera bien ronde et le pied formé, couvrez avec la cloche et laissez reposer.

Commencez ensuite le dressage par le pied du pâté en tenant les doigts bien droits et en pressant la pâte entre les doigts et les pouces pour la faire monter et laisser un gros bourrelet sur le haut du pâté (voir pl. I, n° 2).

Le pied devra être mis tout de suite à son épaisseur, qui ne doit pas dépasser 1 centimètre 1/2.

Ensuite, dressez et élargissez le gros bourrelet du haut en l'évasant, ce qui donnera une forme de corbeille à l'ensemble de la croûte.

Ayez de la farine cuite et bien écrasée ; remplissez-en la croûte, sans la tasser, jusqu'à 2 centimètres du bord.

Mouillez et posez le couvercle que vous aurez abaissé de l'épaisseur de 1 centimètre ; soudez-le avec pression ; parez le bord ; pincez.

Faites aussi un rang de pinces autour du pied.

Dorez à l'œuf bien battu, en évitant les épaisseurs de dorure, qui font toujours mauvais effet au four.

Abaissez très-mince le restant de la pâte pour faire les décors, qui s'exécutent avec les coupe-pâte de forme ronde et olive.

A mesure que vous posez, mouillez avec le pinceau à dorer.

Lorsque le pâté chaud est décoré, passez le pinceau humide.

Au moment de le mettre au four, redorez.

Percez le milieu du couvercle avec le couteau.

Mettez au four à *papier brun clair*. Si la croûte prenait trop couleur, on la recouvrirait de papier.

Lorsque la croûte est cuite, coupez le couvercle à 2 centimètres du bord ; retirez toute la farine.

Essuyez le dedans du pâté.

Dorez l'intérieur.

Faites sécher et réservez pour servir.

### CROUTE DE PATÉ CHAUD EN MOULE.

On ne saurait apporter trop de soin à la propreté des moules.

Je recommande de les échauder, de les faire sécher au four et de les bien essuyer avant de s'en servir.

Même soin pour le nettoyage des charnières des moules.

Faites 500 grammes, ou plus, selon la grandeur du moule, de pâte à timbale.

Laissez reposer.

Moulez, abaissez et dressez en évitant de plisser la pâte.

Beurrez un plafond; mettez la pâte dans le moule; posez-la sur le plafond.

Formez le pied et montez la pâte à 2 centimètres au-dessus du bord.

Laissez reposer la pâte plusieurs fois en fonçant le moule.

Lorsque la croûte est bien formée, remplissez-la de farine sèche; couvrez avec un couvercle en pâte.

Pincez le bord et faites cuire à four *papier brun clair.*

Le croûte cuite, enlevez le couvercle, retirez la farine, démoulez; puis dorez le dehors et le dedans de la croûte. Passez au four 4 minutes.

### TIMBALE D'ENTRÉE DÉCORÉE.

Faites 500 grammes de farine de pâte à timbale et 200 grammes de pâte à décor (voir chap. II).

Abaissez la pâte à décor très-mince (2 millimètres au plus).

Abaissez 200 grammes de pâte à timbale pour le fond.

Abaissez le reste de la pâte en bandes de la hauteur du moule; couvrez d'un torchon les bandes et le fond, pour empêcher que l'abaisse ne gerce.

Beurrez un moule uni d'entrée; posez le décor sur le beurre.

Lorsque le décor est terminé, mettez le moule sur de la glace ou dans un endroit très-froid.

Parez le fond; mouillez-le très-légèrement avec un pinceau humide : la pâte à décor fondrait si on mouillait trop.

Mettez le fond dans le moule; coupez la bande en deux.

Parez en biseau le bout des bandes, pour qu'il n'y ait pas d'épaisseur aux soudures.

Mouillez avec le pinceau.

Posez les bandes autour.

Appuyez légèrement le fond et le tour avec un tampon de pâte. S'il arrivait qu'il y eût de l'air entre la pâte et le moule, on piquerait à l'endroit avec le petit couteau et l'on appuierait avec le tampon de pâte pour le faire sortir.

Lorsque le moule est foncé, garnissez l'intérieur avec du papier beurré, *le beurré sur la pâte*.

Remplissez avec de la farine cuite et bien écrasée ; recouvrez avec le couvercle que vous aurez fait avec les parures.

Dorez.

Piquez au milieu et faites cuire à chaleur *papier brun clair*.

Lorsque la timbale est cuite, enlevez le couvercle en laissant un rebord de 2 centimètres.

Retirez la farine, le papier, démoulez et essuyez la timbale. Dorez l'intérieur et l'extérieur. Faites sécher au four.

Lorsqu'on vide cette timbale sur le dessus, on la colle sur le plat avec du repère (voir pl. I, n° 1).

*Observation.* — Je ferai remarquer que le meilleur moyen de réussir ces timbales, c'est de veiller à ce que les abaisses qui servent à les foncer soient très-reposées.

C'est pourquoi je recommanderai de commencer par les abaisses, afin qu'elles reposent pendant qu'on décore le moule.

### TIMBALE ORDINAIRE.

Faites 100 grammes de pâte à nouilles (voir chap. II).

Abaissez très-mince. Laissez reposer.

Faites 500 grammes de pâte à timbale (voir chap. II).

Abaissez comme pour la timbale décorée.

Coupez la pâte à nouilles en très-petits filets.

Beurrez le moule. Semez les nouilles sur le beurre.

Foncez la timbale.

Garnissez-la de papier beurré de farine.

CROUSTADES D'ENTRÉE ET D'ENTREMETS

1. Croûte de timbale d'entrée. — 2. Croûte de paté chaud
3. Timbale de nouilles. — 4. Croûte de petits pâtés. — 5. Croûte de bouchées
à la reine. — 6. Croûte de vol-au-vent. — 7. Casserole au riz.

Couvrez et faites cuire.

Finissez comme la timbale décorée.

## TIMBALE EN BANDES ROULÉES.

Faites 6 hectos de farine de pâte à timbale.

Abaissez la moitié de la pâte.

Saupoudrez de farine.

Ployez l'abaisse en deux.

Coupez des bandes d'un demi-centimètre carré.

Roulez ces bandes de 5 millimètres de grosseur.

Beurrez un moule à timbale d'entrée et posez les bandes en colimaçon dans le moule, serrées l'une contre l'autre, en commençant par le milieu du fond.

Lorsque le moule sera rempli de bandes roulées, recouvrez celles-ci avec une abaisse de 3 millimètres d'épaisseur.

Garnissez de papier beurré et de farine.

Couvrez, faites cuire et finissez comme la timbale décorée.

## TIMBALE DE NOUILLES.

Faites 2 litres de pâte à nouilles que vous abaissez (voir chap. II).

Coupez en filets. Faites blanchir.

Égouttez.

Assaisonnez de sel, de poivre et de 6 jaunes d'œufs.

Mêlez parfaitement, puis beurrez un moule uni à timbale d'entrée.

Emplissez le moule avec les nouilles, en foulant, pour ne pas laisser de vide à l'intérieur.

Lorsque les nouilles sont froides, démoulez.

Passez la timbale dans l'œuf battu et assaisonnez.

Panez à la mie de pain ; faites cette opération deux fois.

Marquez avec le petit couteau un rond sur le dessus de la timbale et laissez un rebord de 3 centimètres.

Faites frire à la friture neuve.

Mettez la timbale sur une grille, puis dans la friture chaude.

Lorsqu'elle a pris couleur d'un côté, on la retourne pour la colorer de l'autre côté.

Égouttez sur une serviette.

Levez le couvercle.

Dégarnissez, et réservez pour servir (voir pl. I, n° 3).

### TIMBALE DE VERMICELLE.

Faites blanchir à moitié cuisson 1500 grammes de vermicelle.

Égouttez.

Assaisonnez, et finissez comme les timbales de nouilles.

Cette timbale, comme celle de nouilles, se sert dans les diners maigres.

### CASSEROLE AU RIZ.

Lavez parfaitement 1 kilo de riz.

Mettez-le dans une casserole avec le double d'eau, une pincée de sel, 4 hectos de lard gras.

Couvrez avec un papier beurré.

Faites-le bouillir.

Au premier bouillon, mettez à très-petit feu pour achever de crever le riz.

Le riz crevé, retirez papier et lard.

Pilez le riz dans le mortier et formez-le à la main sur un plafond.

Préparez une carotte, que vous gratterez, laverez et couperez en biseau ; elle vous servira à former de grosses perles sur le bord et, au-dessous des perles, à faire un cordon de 2 centimètres et un de 3 centimètres dans le pied.

Entre ces deux cordons on forme des colonnes droites et on dore cette casserole avec du beurre clarifié ; on la colore au four à la chaleur *papier brun foncé*.

Lorsque la casserole est colorée, on la dégarnit et on la réserve pour la regarnir à la cuisine (voir pl. I, n° 7).

On moule aussi cette casserole dans des moules à pâtés chauds d'entrée et on la finit de même que la précédente.

On fait aussi cette casserole découpée au couteau ; alors on tient le riz plus ferme, on moule dans un moule uni et on presse fortement.

On démoule lorsque le riz est froid ; on taille en forme de coupe, on dore et on lui fait prendre couleur au four.

Pour les cassolettes de nouilles, de vermicelle et de riz, on prépare de même les nouilles, le vermicelle et le riz.

On beurre un plat à sauter, on moule d'une épaisseur de 5 centimètres et l'on met en presse.

18. — Casserole au riz découpée.

Lorsque les nouilles sont froides, on les coupe au coupe-pâte de 3 centimètres, on les passe à l'œuf, à la mie de pain et on les fait frire.

Pour le riz, on le mouille avec du bouillon et on le tient moins ferme que pour la grande casserole. On pane et on fait frire.

On moule aussi ces petites cassolettes dans de petits moules à pâté monglas, on les dore au beurre et on les colore au four (voir pl. I, n° 4).

## CASSEROLE AU RIZ DÉCOUPÉE.

Même préparation que pour la précédente.

Mettez le riz dans un moule uni, fortement pressé, laissez

refroidir entièrement, démoulez et taillez comme le dessin l'indique (fig. 18).

### CASSEROLE DE POMMES DE TERRE.

Épluchez 1 kilo 500 grammes de pommes de terre jaunes très-farineuses; mettez-les dans une casserole remplie d'eau; salez légèrement.

19. — Casserole de pommes de terre.

Faites bouillir, et lorsque les pommes de terre seront aux deux tiers cuites, jetez l'eau et finissez de les cuire au four ou avec feu dessous et dessus.

Lorsqu'elles seront bien évaporées, passez-les au tamis sans les corder.

Ajoutez 5 jaunes d'œufs à la purée.

Formez la casserole sur le plat dans lequel elle doit être servie (fig. 19).

Formez le dessin avec la carotte.

Dorez à l'œuf et faites prendre couleur au four.

On fait beaucoup de bordures de pommes de terre pour les entrées maigres.

## VOL-AU-VENT.

Faites 500 grammes de farine pour feuilletage fin (voir chap. II).

Faites une abaisse de pâte à foncer de 3 millimètres d'épaisseur.

Tournez le feuilletage à six tours, et donnez-lui une épaisseur de 3 centimètres.

Laissez reposer 4 minutes.

Mouillez légèrement à l'eau et collez l'abaisse dessus.

Ayez un couvercle de 18 centimètres; posez-le sur le feuilletage; coupez tout autour du couvercle avec le petit couteau et formez des demi-côtes.

20. — Vol-au-vent cru.

Pour faire ces côtes, on pose le bout du doigt sur le bord du couvercle et on fait tourner le couteau autour du doigt.

Lorsque le vol-au-vent est coupé, retournez-le de manière que la pâte soit sur le plafond; dorez-le.

Cernez le vol-au-vent avec le petit couteau pour former le couvercle à une profondeur de 4 millimètres, en laissant 2 centimètres 1/2 de bord.

Faites cuire à chaleur *papier brun*, c'est-à-dire à four gai.

Réservez (voir pl. I, n° 6).

### BLINIS,
#### HORS-D'ŒUVRE CHAUD RUSSE.

1 kilo de farine,

130 grammes de beurre,

4 jaunes d'œufs,

4 blancs fouettés,

4 décilitres de crème fouettée,

6 décilitres de lait,

7 grammes de sel.

Passez au tamis dans une terrine 1 kilo de farine.

Faites un trou au milieu.

Mettez 40 grammes de levûre.

Faites un levain avec le quart de la farine et de l'eau chaude à 32 degrés.

Laissez revenir, dans un endroit chaud et privé d'air, jusqu'au double de son volume.

Mettez-y les 130 grammes de beurre.

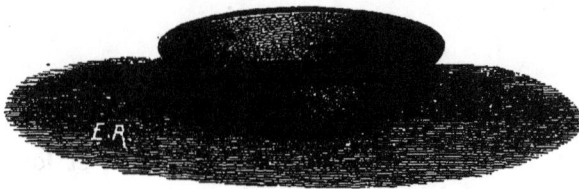

21. — Moule à blinis.

Ajoutez le lait tiède, le sel, les jaunes d'œufs, et travaillez pour en faire une pâte lisse.

Lorsque vous aurez obtenu ce résultat, mêlez légèrement les blancs.

Fouettez.

La crème fouettée, laissez encore revenir une demi-heure et faites cuire comme il va être dit.

Pour cuire les blinis, il faut un four à bois.

Faites ce qu'on appelle en terme de pâtisserie des *allumes* (voir au Vocabulaire).

Ayez des moules en fer de 7 centimètres de diamètre sur 2 de hauteur.

Ces moules doivent avoir la forme des moules à tartelettes.

Faites un bûcher à la bouche du four.

Faites clarifier du beurre.

Mettez plusieurs moules dans le four.

Lorsqu'ils sont chauds, beurrez un moule avec un pinceau et le beurre clarifié.

Ayez une cuiller à ragoût.

Mettez une cuillerée de pâte dans le moule et faites cuire à la flamme du bûcher que vous avez fait à la bouche du four.

Lorsque le blinis est coloré d'un côté, on le retourne pour faire prendre couleur de l'autre côté.

Lorsque le blinis es coloré, il est cuit.

Mettez-le dans une casserole d'argent, et lorsqu'il y en a une vingtaine, faites servir avec une saucière de beurre très-fin et fondu.

Continuez à cuire jusqu'à ce que toute la pâte soit employée.

En Russie, avec le beurre fondu on sert une saucière de crème aigre.

### BLINIS AU FROMAGE DE PARMESAN.

Préparez un appareil comme le précédent, et lorsque vous ferez cuire les blinis, après avoir beurré le moule, semez du fromage de parmesan sur la poéle.

Mettez l'appareil.

Semez pareillement du fromage dessus et finissez la cuisson.

Servez toujours très-chaud avec la saucière de beurre fondu.

### TOURTE D'ENTRÉE AU GODIVEAU.

Faites 250 grammes de feuilletage fin.

Donnez six tours en longueur pour faire une bande de 60 centimètres de longueur, 3 de largeur et 2 d'épaisseur.

Donnez deux tours aux rognures et séparez-les en deux.

Moulez chaque partie; abaissez.

Mettez une abaisse sur un plafond.

Faites un tampon de 8 centimètres en forme de dôme avec du papier blanc.

Mettez un rond de papier beurré de 8 centimètres sous le tampon, le côté beurré sur la pâte.

Mouillez les bords.

Posez l'autre abaisse sur le papier et soudez le fond de pâte en appuyant sur les deux bords.

Parez avec le couteau pour que la tourte ait 15 centimètres de diamètre.

Mouillez légèrement.

Posez la bande de feuilletage en la tendant et en appuyant avec le pouce.

Amincissez les deux bouts.

Mouillez et soudez.

Dorez à la dorure et faites cuire à *papier brun clair*.

22. — Tourte au godiveau.

Lorsque l'on pose les bandes pour les tourtes, il faut les tendre, afin que les tourtes restent rondes.

Levez le couvercle lorsque la tourte est cuite, garnissez et servez chaud.

*Observation.* — Les tourtes ciboulettes se font de même : on remplace le tampon de papier par un dôme de godiveau dans lequel on a mêlé de l'échalote, du persil et des champignons hachés.

Lorsque la tourte est cuite, levez le couvercle, coupez le godiveau en douze parties et saucez avec de l'espagnole.

Remettez le couvercle et servez chaud.

### PETITS PATÉS AU NATUREL.

Faites 250 grammes de farine pour feuilletage fin.

Donnez six tours.

Abaissez de l'épaisseur de 4 millimètres.

Laissez reposer.

Coupez des ronds avec un coupe-pâte de 5 centimètres.

Rassemblez les rognures.

Abaissez-les de même épaisseur que le couvercle, et laissez reposer.

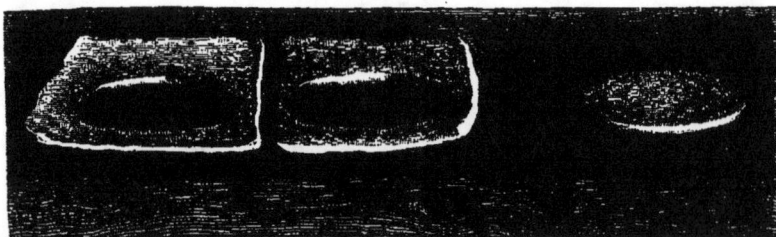

23. — Petits pâtés. — 1ʳᵉ opération.

Coupez autant de fonds qu'il y a de couvercles.

Mouillez une plaque d'office; rangez les fonds dessus et pas trop serrés.

Mouillez les fonds; posez dessus une quenelle de godiveau ou de farce de volaille.

24. — Petits pâtés. — 2ᵉ Opération.

Recouvrez en retournant; appuyez avec le haut du coupe-pâte d'un centimètre plus petit pour souder les deux parties de feuilletage ensemble.

Dorez et faites cuire à four *papier brun*, c'est-à-dire four chaud.

Lorsque les petits pâtés sont cuits, levez-les sur la plaque et grattez-les légèrement en dessous.

Servez chaud sur un plat garni d'une serviette.

### PETITS PATÉS MAIGRES.

Même travail.

Remplacez le godiveau par de la farce de poisson.

Il faut s'arranger de manière que ces sortes de petits pâtés ne sortent du four qu'au moment d'être servis.

### PETITS PATES AUX HUITRES.

Même préparation que pour les petits pâtés maigres; seulement on ne met que moitié de farce pour garniture et on pose une huître sur la farce.

On finit comme pour les petits pâtés au naturel.

### PETITS VOL-AU-VENT.

Faites 500 grammes de farine pour feuilletage à six tours.

Abaissez d'un centimètre d'épaisseur.

Laissez reposer.

Coupez avec un coupe-pâte rond et cannelé de 5 centimètres de diamètre.

Posez les vol-au-vent sur une plaque d'office légèrement mouillée.

Ayez soin de les retourner en les posant sur la plaque.

Dorez-les et coupez sur le dessus un rond d'un demi-centimètre plus petit que le vol-au-vent et profond de 3 millimètres.

Faites cuire à four *papier brun,* c'est-à-dire chaud (voir pl. I, n° 5).

### PETITS PATÉS AU JUS.

Faites 250 grammes de farine pour feuilletage à gâteaux des rois.

Donnez six tours.

Abaissez d'un demi-centimètre d'épaisseur.

Coupez des ronds de 9 centimètres avec un coupe-pâte.

Ayez des moules cannelés et évasés que l'on appelle *moules à pâté au jus*.

Posez le rond dans le moule, appuyez pour former les côtes.

Mettez dedans une grosse quenelle de godiveau; recouvrez la quenelle avec un rond de feuilletage de 5 centimètres.

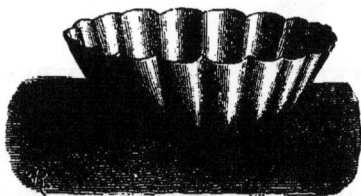

25. — Moule à pâté au jus.

Dorez et faites cuire à four chaud.

Lorsque les petits pâtés sont cuits, retirez la quenelle, coupez-la en dés.

Ajoutez, moitié du volume de la quenelle, des champignons tournés et cuits avec jus de citron, eau et sel.

Mettez quenelle et champignons dans la sauce espagnole et même quantité de ris de veau cuits et coupés en dés.

Retirez les croûtes des moules.

Garnissez-les.

Remettez les couvercles et servez très-chaud.

### PETITES CROUSTADES.

Faites 500 grammes de pâte à timbale.

Abaissez de 4 millimètres d'épaisseur, coupez avec le coupe-pâte de 9 centimètres.

Beurrez légèrement les moules à croustade.

Foncez-les et évitez qu'il ne s'y trouve des globules d'air.

Parez les bords.

Remontez la pâte d'un demi-centimètre au-dessus du moule.

Emplissez chaque croustade avec de la farine cuite et écrasée.

Faites cuire à four chaud, et démoulez.

Videz les croustades.

Brossez-les, dorez le tour et le fond, et passez au four.

On fait les couvercles avec du feuilletage fin à six tours, que l'on abaisse de l'épaisseur d'un demi-centimètre.

Laissez reposer.

Coupez des ronds avec un coupe-pâte cannelé de 5 centimètres.

Coupez un second rond avec un coupe-pâte de 3 centimètres.

26. — Croustades pour hors-d'œuvre chaud.

Posez les plus grands ronds sur une plaque légèrement mouillée; dorez et posez le second rond sur le premier; appuyez fortement pour les bien coller; redorez le second rond sans mettre de dorure sur les bords.

Faites cuire à four chaud.

Ces croustades se garnissent de purée et de salpicon.

On fait aussi ces croustades avec du feuilletage à gâteau de rois à six tours au lieu de pâte à timbale.

### PÉRODI,
#### PETIT PATÉ RUSSE.

Coupez du bœuf de la marmite en petits dés d'un demi-centimètre carré, en évitant d'y mettre de la graisse.

Faites réduire du vinaigre avec de la mignonnette; mêlez de l'espagnole au vinaigre.

Ajoutez le bœuf. Il ne faut pas trop saucer, de peur que l'appareil ne s'étale.

Foncez des moules à tartelettes avec du feuilletage à gâteau de rois à six tours.

Garnissez avec le bœuf.

Couvrez avec un couvercle de feuilletage, soudez bien, dorez.

Faites un trou avec la pointe du couteau sur le milieu du pâté.

Faites cuire à four *papier brun*.

Lorsque les pérodis sont cuits, démoulez et servez très-chaud.

### CROUTES DE PETITS PATÉS
#### POUR MACÉDOINE DE LÉGUMES, MONGLAS, MAUVIETTES, ETC.

Ayez de petits moules à pâtés de 4 centimètres de large sur 5 de haut.

Foncez ces moules avec de la pâte à timbale.

Garnissez de farine comme pour les croustades.

Couvrez-les.

Pincez le bord.

Faites au milieu un trou d'un demi-centimètre.

Dorez, faites cuire, puis retirez les couvercles.

Retirez la farine.

Brossez et réservez (voir pl. I, n° 4).

### PETITS PATÉS DE MAUVIETTES.

Foncez les moules comme les précédents.

Remplissez-les avec farce de foie gras truffé et une mauviette désossée.

Couvrez.

Pincez le bord.

Faites un trou au milieu.

Dorez.

Faites cuire à four gai.

Retirez le couvercle, saucez avec espagnole au fumet de mauviettes.

Mettez sur chaque pâté un beau champignon tourné et cuit, et servez.

*Observation.*—Les petits pâtés de bec-figues, d'ortolans, etc., se font et se préparent comme ceux de mauviettes.

## PATÉS DE POULARDE ET JAMBON.

Faites 1 kilo 500 grammes de farine de pâte à dresser (voir chap. II).

27. — Pâté de poularde et jambon.

Désossez une poularde.

Ayez 1 kilo de noix de jambon de Bayonne cuite,

 700 grammes de noix de veau bien énervée,

 700 grammes de lard sans couenne ni nerfs et les parures du jambon.

Hachez le tout pour faire la farce.

Assaisonnez de sel épicé.

Foncez le moule.

Mettez une couche de farce dans le fond, puis le jambon,

une petite couche de farce, enfin la poularde que vous aurez piquée à l'intérieur avec du lard ; assaisonnez de sel épicé.

Mettez une couche de farce, une bande de lard très-mince et deux feuilles de laurier.

Couvrez le pâté avec un couvercle de pâte.

Pincez le bord, mettez un faux couvercle en feuilletage, faites un trou sur le milieu.

Dorez, rayez le couvercle, mettez au four à chaleur *papier jaune foncé.*

Après 3 heures de cuisson, sondez avec l'aiguille à brider ; il faut qu'elle entre sans résistance.

Retirez du four et, après une demi-heure, coulez dans le pâté de la gelée que vous aurez faite avec du bouillon, la parure du veau, la couenne du lard, la carcasse de la poularde, un pied de veau désossé et blanchi, sel épicé, oignons, carottes et bouquet garni.

Aussitôt la gelée coulée, bouchez le trou du pâté avec un morceau de pâte.

Ne servez le pâté que deux jours après qu'il a été fait.

*Observation.* — Tous les pâtés de dinde, faisan, perdreau, ièvre, lapereau, se font absolument de la même manière.

### PATÉ DE VENAISON MARINÉE.

Prenez deux noix de chevreuil.

Piquez-les avec des lardons assaisonnés d'échalotes hachées et lavées, persil haché, sel épicé.

Mettez ces noix dans une terrine avec oignons coupés en rouelles, carottes, échalotes entières, feuille de laurier, thym, une petite quantité de sauge, huile et vinaigre et sel épicé.

Après quatre jours de marinade, faites le pâté.

Marquez une farce de 1 kilo 100 grammes avec chair de porc et lard par parties égales, assaisonnée d'échalotes, persil haché et sel épicé.

Faites 1 kilo 500 grammes de farine de pâte à dresser.

Laissez reposer.

Prenez les trois quarts de la pâte, abaissez et dressez.

Garnissez avec la farce et les noix.

Couvrez de bardes de lard et ajoutez 2 feuilles de laurier.

Couvrez, pincez, dorez, mettez un faux couvercle et emballez le pâté avec du papier bien collé et beurré; percez d'un trou.

Faites cuire 3 heures.

Bouchez le trou en retirant le pâté du four.

Si l'on veut garder ce pâté, comme celui de mauviette et de canard, il faut couler à l'intérieur du beurre clarifié, lorsque le pâté est à moitié froid.

*Observation.* — Même préparation pour le daim, le sanglier, le cerf et généralement pour toutes les venaisons.

### PATÉ DE FOIE GRAS.

Pour le pâté de foie gras que l'on veut conserver, on fait la farce avec chair de porc et lard.

Pour ceux que l'on veut garder une quinzaine de jours, on fait la farce avec foie gras et lard.

Ayez 1 kilo 500 grammes de foies gras très-blancs et fermes.

Parez-les de manière à avoir 500 grammes de parure.

Prenez 500 grammes de foie de veau très-blond et 500 grammes de lard gras.

Coupez le lard en dés de 2 centimètres.

Mettez-le dans un plat à sauter avec sel épicé, thym, laurier.

Faites fondre à feu doux.

Lorsque le lard est fondu, ajoutez le foie de veau que vous aurez coupé en dés comme le lard.

Mettez en plein feu.

Tournez avec une spatule pendant 4 minutes.

Retirez du feu.

Laissez refroidir.

Ajoutez la parure du foie gras, en ayant soin de retirer les parties qui sont amères.

Pilez et passez au tamis.

Foncez un moule à pâté ou dressez une croûte qui puisse

contenir les foies, la farce et 500 grammes de truffes parfaitement nettoyées et surtout bien épluchées, car une truffe terreuse suffit pour perdre le pâté.

Le pâté terminé comme tous les précédents, faites-le cuire à four *papier brun* pendant 3 heures.

Pour le pâté dressé, il faut l'emballer de papier bien collé et beurré.

28 — Machine à hacher.

Si le pâté prenait une couleur trop vive, on le couvrirait de papier.

Lorsque le pâté est cuit, on le laisse refroidir à moitié, puis on coule dedans du beurre clarifié.

On bouche le trou avec de la pâte et on le réserve au froid et au sec.

Pour les pâtés que vous voulez conserver, faites la farce avec chair de porc, noix de veau et lard.

Énervez parfaitement la chair et le lard.

Hachez, assaisonnez, pilez.

Il faut que cette farce soit bien pilée.

Finissez le pâté comme le précédent.

Réservez au froid et au sec.

Lorsque ces deux pâtés sont à moitié froids, il faut les remplir de beurre clarifié.

### PATÉ DE MAUVIETTES FAÇON PITHIVIERS.

Préparez 750 grammes de farine de pâte à dresser (voir chap. II).

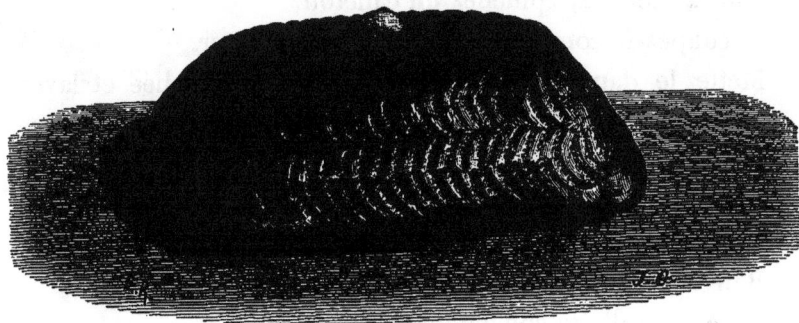

29. — Pâté de mauviettes façon Pithiviers.

Ayez 12 mauviettes.

Faites 700 grammes de farce à pâté dans laquelle vous mettez les intestins des mauviettes, après les avoir passés au beurre sur le feu pendant 4 minutes et les avoir pilés.

Retirez les gésiers, le cou et les pattes.

Faites une abaisse carrée avec la moitié de la pâte.

Mettez une couche de farce.

Rangez en carré sur l'abaisse les mauviettes assaisonnées de sel épicé.

Couvrez de bardes de lard très-minces.

Mettez une feuille de laurier sur le lard et finissez le pâté comme l'indique le dessin.

Une heure un quart de cuisson à four *papier brun*.

Si le pâté prenait trop de couleur, on le couvrirait avec du papier, feuille double ou simple, selon la chaleur du four.

Faites un trou sur le milieu du pâté pour éviter qu'il ne se fende à la cuisson ; ce trou se bouche avec de la pâte au sortir du four.

### PATÉ DE CANARD FAÇON DE CHARTRES.

Faites 750 grammes de farine de pâte à pâté (voir chap. II).

Préparez 600 grammes de farce avec chair de noix de porc et lard par parties égales, assaisonnée de sel épicé.

Ajoutez à la farce échalote hachée et bien lavée et persil haché.

Videz, flambez, épluchez un caneton.

Découpez-le comme un poulet pour fricasser.

Mettez-le dans une terrine avec échalote hachée et lavée, persil haché, sel épicé et une cuillerée à bouche d'huile d'olive.

Prenez les trois quarts de la pâte, moulez-la, abaissez-la ronde, dressez-la à 7 centimètres de hauteur et 16 de largeur.

Mettez une couche de farce dans le fond.

Rangez les morceaux de canard sur la farce.

Recouvrez d'une couche de farce.

Mettez une barde de lard, une feuille de laurier.

Faites un couvercle.

Finissez le pâté.

Mettez un faux couvercle.

Percez le milieu d'un trou assez grand pour qu'il ne se ferme pas à la cuisson, et faites cuire comme le pâté de mauviettes.

Sitôt retiré du four, il faut boucher le trou avec un morceau de pâte.

Servir deux jours après.

*Observation.* — Tous les patés de dinde, faisan, perdreau, lièvre, lapereau, se font absolument de la même manière.

## PATÉS DE POISSON.

### PATÉ DE SAUMON.

Faites 1 kilo de farce de brochet.

Ayez 1 kilo de saumon.

Retirez peau et arêtes au saumon.

Foncez un moule à pâté avec de la pâte à timbale (voir chap. II) qui puisse contenir la farce et le saumon.

Assaisonnez de sel épicé.

Finissez comme le pâté de poularde.

Laissez cuire 2 heures un quart.

Retirez du four, et remplissez avec du beurre clarifié.

### PATÉ D'ANGUILLE.

Dépouillez une grosse anguille.

Échaudez-la pour enlever la seconde peau.

Retirez-en l'arête du milieu et les barbes qui sont sur le dos et sous le ventre.

Préparez une farce de brochet, et finissez comme le pâté de saumon.

### PATÉ DE FILETS DE SOLE.

Levez les filets à trois belles soles.

Faites une farce avec de la chair de carpe, et terminez comme le pâté de saumon.

### PATÉ DE FILETS DE BARBUE.

Levez les filets à une moyenne barbue.

Faites la farce avec du saumon, et finissez le pâté comme celui de saumon.

*Observation.* — On peut ajouter à tous ces pâtés gras et maigres 500 grammes de truffes, parfaitement lavées et épluchées. Avec ce complément, on aura le nec-plus-ultra du pâté.

# CHAPITRE IV.

## CRÈMES D'AMANDES PATISSIÈRES ET AUTRES RECETTES.

### CRÈME D'AMANDES POUR GATEAUX DE PITHIVIERS.

500 grammes d'amandes,
500    —    de sucre,
500    —    de beurre,
8 œufs,
1/2 décilitre de crème double.

Mondez les amandes, pilez-les avec le sucre en les mouillant avec 2 œufs.

Lorsque le sucre et les amandes seront en pâte, ajoutez le beurre.

Mêlez les œufs l'un après l'autre et mettez la crème en dernier.

Réservez.

### CRÈME PATISSIÈRE DITE FRANGIPANE.

200 grammes de farine,
4 œufs entiers,
6 jaunes,
1 litre de lait,

60 grammes de beurre,

100    —    de sucre en poudre,

Une petite pincée de sel.

Mettez dans une casserole les œufs, les jaunes, la farine, le sucre.

Travaillez le tout avec la cuiller de bois.

Lorsque le mélange est fait, ajoutez le lait en plusieurs fois.

Détrempez bien lisse; évitez les grumeaux.

Mettez le beurre, le sel et tournez sur le feu.

Lorsque la crème sera ferme, tournez 25 minutes avec la cuiller pour éviter qu'elle n'attache.

Si la crème était trop ferme, on ajouterait 1 décilitre de lait et on ferait cuire 5 minutes.

Laissez refroidir, en remuant de temps en temps pour éviter que la crème ne fasse peau.

Couvrez avec un papier beurré.

## CRÈME D'AMANDES POUR GATEAUX FOURRÉS ET AUTRES.

200 grammes d'amandes,

200    —    de beurre,

200    —    de sucre.

Mondez les amandes et pilez-les avec le sucre.

Lorsque le sucre et les amandes auront été bien pilés, mêlez le beurre.

Ajoutez à cet appareil la quantité de crème pâtissière que j'ai décrite ci-dessus.

Mettez dans une terrine et réservez.

## CRÈME SAINT-HONORÉ.

12 œufs,

100 grammes de farine,

500    —    de sucre en poudre,

Une prise de sel,

Une pinte de lait.

Mettez les jaunes d'œufs dans une casserole avec la farine.

Mêlez avec le lait, en évitant les grumeaux.

Faites cuire sur le feu.

Retirez au premier bouillon.

Fouettez les blancs d'œufs jusqu'à ce qu'ils soient fermes.

Mêlez le sucre dans les blancs.

Remettez la crème sur le feu.

Mêlez les blancs légèrement.

Réservez pour l'emploi.

## CRÈME A FANCHETTE ET A FANCHONNETTE.

12 jaunes d'œufs,

100 grammes de farine,

100    —    de sucre en poudre,

Un demi-litre de bonne crème,

Et une petite prise de sel.

Mêlez la farine avec les jaunes, le sucre, le sel et la crème.

Faites prendre sur le feu.

Lorsque la crème sera liée, retirez du feu.

Cette crème ne doit pas bouillir.

Remuez jusqu'à ce que la crème soit refroidie.

Réservez dans une terrine.

## GLACE ROYALE POUR ROYAUX ET AUTRES GATEAUX.

Mettez dans une terrine 2 blancs d'œufs.

Mêlez avec les blancs de la glace de sucre pour en faire une glace consistante, que l'on puisse cependant étaler facilement avec le couteau.

Cette glace ne doit pas être travaillée; il suffit de mêler.

## APPAREIL POUR LES CONDÉS.

250 grammes d'amandes mondées et hachées,

200    —    de sucre en poudre,

6

150 grammes de glace de sucre.

Mettez sucre et amandes dans une terrine.

Mouillez avec des œufs entiers, pour en faire un appareil qui puisse s'étaler facilement.

On ajoute, comme parfums, kirsch, rhum, vanille et tous les sucres d'orange, citron, etc.

### GLACE ROYALE POUR DÉCOR.

Mettez dans une terrine un blanc d'œuf.

Remplissez avec de la glace de sucre très-fine.

Travaillez fortement pendant 10 minutes.

Ajoutez 6 gouttes de jus de citron.

La glace faite, retirez la spatule et recouvrez la terrine avec du papier mouillé.

Il faut éviter que la glace ne sèche dessus, parce qu'elle aurait des grains qui boucheraient le cornet.

## GLACES DE FRUITS ET LIQUEURS A FROID.

### GLACE DE FRAISES.

Prenez un demi-décilitre de sirop à 38 degrés.

Mêlez-y 1/4 de décilitre de jus de fraises.    •

Remplissez avec de la glace de sucre.

Lorsque vous serez sur le point de l'employer, mettez la glace dans un poêlon d'office.

Faites chauffer.

Ajoutez quelques gouttes de carmin liquide pour lui donner une belle couleur.

Si on était obligé de réchauffer la glace, on ajouterait quelques gouttes d'eau.

### GLACE DE FRAMBOISES.

Même travail et mêmes proportions que pour la glace de fraises.

### GLACE DE CASSIS.

Préparez et finissez comme la glace de fraises.
Ne mettez ni jus de citron ni carmin.

### GLACE DE GROSEILLES.

Mêmes proportions et même travail que pour la glace de fraises.
Ne pas mettre de citron.

### GLACE DE MENTHE.

Prenez 1 décilitre de sirop à 30 degrés.
Mettez de la glace de sucre.
Ajoutez de l'essence de menthe.
Faites chauffer et employez.

### GLACE D'ORANGE.

Levez le zeste de deux oranges.
Faites infuser 15 minutes dans 1 décilitre de sirop à 38 degrés.
Pressez les oranges pour en avoir le jus.
Mettez le jus dans le sirop.
Passez au tamis de soie dans une terrine.
Remplissez avec de la glace.
Donnez-lui une couleur orange, que vous ferez avec du carmin liquide et du jaune végétal.
Chauffez et glacez.

### GLACE DE CITRON.

Préparez comme la glace d'orange.
Ne mettez que du jaune végétal ; pas de rouge.
Finissez de même.

### GLACE DE GRENADE.

Égrenez de la grenade de manière à en avoir 100 grammes.
Faites infuser pendant 3 heures dans du sirop à 38 degrés.
Passez au tamis de soie ; remplissez de glace.
Colorez en rose pâle avec du carmin liquide.
Finissez comme la glace de groseilles.

### GLACE AU CAFE.

Faites un demi-décilitre de café très-fort.
Remplissez-le avec de la glace de sucre.
Faites chauffer et glacez.

### GLACE AU CHOCOLAT.

Mettez dans une terrine 125 grammes de chocolat sans sucre.
Faites chauffer à la bouche du four pour faire ramollir le
chocolat.
Détrempez le chocolat avec du sirop tiède à 32 degrés.
Remplissez avec de la glace de sucre.
Chauffez et employez.

### GLACE AU RHUM.

1 décilitre de sirop à 40 degrés.
1 cuillerée à café de jus de citron.
Le 1/4 d'un décilitre de rhum.
Remplissez avec de la glace de sucre.
Donnez une teinte jaune pâle.
Faites chauffer et glacez.

### GLACE A LA CRÈME DE MOKA.

Un demi-décilitre de sirop à 32 degrés.
Un demi-décilitre de crème de moka.
Remplissez de glace.
Chauffez et glacez.


### GLACE A L'ANISETTE.

Mêmes proportions et même travail.
Remplissez de glace.

*Observation.* — Toutes les glaces de liqueur et de vin se font comme la glace à la crème de moka.

Pour les glaces de vin, on prendra le sirop à 40 degrés.


## GLACES DE FONDANTS.

### GLACE DE FONDANT DE FRAISES.

Faites cuire le sucre au boulet (voir au Vocabulaire).
Décuisez-le à 34 degrés avec du jus de fraises et quelques gouttes de jus de citron.
Laissez refroidir.
Travaillez à la spatule.
Lorsqu'il sera en pâte lisse, mettez dans une terrine.
Si vous faites fondre dans un poêlon, ajoutez quelques gouttes de rouge végétal et du sirop à 34 degrés.

### GLACE DE FONDANT A LA GROSEILLE.

Préparez comme la glace aux fraises.
Faites cuire le sucre au boulet.
Décuisez.
Travaillez et réservez dans une terrine.

### GLACE DE FONDANT A LA FRAMBOISE.

Se prépare et se travaille comme la précédente.

### GLACE DE FONDANT A L'ORANGE.

Infusez le zeste dans du sirop.
Faites cuire le sucre au boulet (voir au Vocabulaire).
Décuisez avec l'infusion de zeste et le jus d'orange.
Travaillez et réservez.
Lorsque vous glacerez, faites fondre dans un poêlon.
Colorez jaune-orange.

### GLACE DE FONDANT AU CITRON.

Infusez le zeste de citron comme celui d'orange.
Ajoutez le jus à l'infusion.
Remplissez avec de la glace de sucre.
Colorez en jaune végétal.

*Observation.* — Tous les fondants aux fruits se font comme le fondant aux fraises.

### FONDANT AU KIRSCH.

Faites cuire du sucre au petit boulet.
Décuisez-le à la glu avec du kirsch.
Laissez refroidir.
Travaillez avec la spatule.
Lorsque le sucre est en pâte, réservez dans une terrine.

*Observation.* — Les fondants à l'anisette, à la crème de moka, curaçao, crème de menthe et autres liqueurs, se préparent et se travaillent de même.

### GLACE AU BEURRE.

Travaillez du beurre très-fin avec de la glace de sucre coloré avec du vert, du rose ou du jaune végétal.

Pour le chocolat, on emploie du chocolat sans sucre.

Pour le café, du sirop de café.

### PATE D'AMANDES POUR ABAISSES.

Mondez 475 grammes d'amandes douces et 25 grammes d'amandes amères.

Laissez dégorger pendant 2 heures.

Égouttez et pilez avec le jus de la moitié d'un citron.

Passez au tamis de Venise.

Mettez les amandes dans un bassin.

Ajoutez 500 grammes de glace de sucre et un blanc d'œuf.

Mêlez parfaitement.

Faites dessécher sur feu doux en remuant avec la spatule.

Évitez que les amandes ne s'attachent au fond du bassin. On reconnaît que la pâte est suffisamment desséchée, lorsque, en posant le doigt dessus, elle ne s'y colle pas.

Retirez du feu et étalez la pâte sur un marbre.

Remuez-la avec la spatule pour qu'elle refroidisse également.

Ajoutez 5 grammes de gomme adragante : cette petite quantité de gomme ne nuit pas à la qualité et elle rend le travail bien plus facile.

Faites dissoudre la gomme dans de l'eau.

Broyez-la et mettez-y les amandes pilées.

Mettez-la dans une terrine.

Lorsqu'on sera prêt à l'employer, on remplira (voir au Vocabulaire) avec de la glace de sucre.

### PATE D'AMANDES POUR PIÈCES MONTÉES.

Mettez tremper pendant 15 heures 500 grammes d'amandes flots.

Mondez.

Lavez parfaitement..

Essuyez les amandes dans une serviette.

Pilez-les à sec, et passez-les au tamis de Venise.

Lorsque les amandes auront été passées, ayez 40 grammes de gomme adragante de première qualité que vous ferez fondre dans le quart d'un décilitre d'eau.

Passez la gomme à travers une grosse serviette et broyez-la avec la paume de la main sur un marbre très-propre.

Mêlez, en plusieurs fois, 500 grammes de glace de sucre.

Lorsque la gomme sera broyée, mêlez en petites parties les amandes.

Ajoutez encore 500 grammes de glace de sucre.

Mêlez.

Réservez dans une terrine couverte d'un linge mouillé et mettez dans un endroit froid.

Au moment de l'employer, on la remplit à mesure avec de la glace de sucre et on colore selon le besoin.

Cette pâte, moins blanche que le pastillage, est bien plus transparente, prend bien mieux la couleur et permet d'avoir des nuances plus éclatantes et plus vives que le pastillage.


## PASTILLAGE.


Faites dissoudre dans un demi-décilitre d'eau 40 grammes de gomme adragante de première qualité.

Passez à travers une serviette.

Broyez sur un marbre.

Remplissez avec 500 grammes de glace de sucre et 100 grammes d'amidon passé au tamis de soie.

La gomme bien broyée et très-lisse, mettez dans une terrine, couvrez d'un linge mouillé et réservez au froid.

Lorsque vous voudrez l'employer, pilez de l'amidon en aiguilles première qualité; passez-le au tamis de soie et finissez de remplir la gomme avec moitié glace de sucre et moitié amidon.

*Observation.* — On fait aussi le pastillage au mortier. Ce genre de travail est moins bon, parce qu'on n'obtient jamais un aussi beau résultat qu'en broyant la gomme sur le marbre.

### PATE A CHOUX
#### POUR CROQUEMBOUCHES, PAINS A LA DUCHESSE ET ÉCLAIRS.

Mettez dans une casserole :
    4 décilitres d'eau,
    100 grammes de beurre,
    25 grammes de sucre en poudre.
Mettez sur le feu et retirez au premier bouillon.
Versez dans la casserole 250 grammes de farine.
Passez au tamis.
Remuez avec la spatule.
Remettez sur le feu.
Desséchez pendant 4 minutes, en évitant que la pâte ne s'attache au fond de la casserole, sinon il faudrait la changer de casserole, pour la mouiller.

Lorsque la pâte est desséchée, mouillez avec des œufs entiers, un par un, en mêlant bien chaque œuf.

Dans cette quantité de pâte doivent entrer 8 œufs (on ne peut donner de mesure exacte, les œufs étant plus ou moins gros, et toutes les farines n'étant pas de même nature).

On s'assure du point de fermeté de la pâte en en prenant gros comme un œuf dans une cuiller : il faut que le poids de la pâte la fasse tomber sans qu'elle s'étale.

On fera bien attention à tous ces détails ; c'est le meilleur moyen d'assurer le succès de l'opération.

### PATE A CHOUX
#### POUR CHOUX GRILLÉS, CHARTRES ET AUTRES.

    2 décilitres d'eau,
    80 grammes de beurre,
    25    —    de sucre en poudre,

125 grammes de farine.

Même travail que ci-dessus.

## PATE A PAIN DE LA MECQUE.

2 décilitres de lait,

80 grammes de beurre,

25   —   de sucre en poudre,

125   —   de farine.

Même travail que pour la pâte à croquembouche.

# CHAPITRE V.

## BISCUITS.

### PATE DE BISCUITS FINS.

Il faut commencer par bien laver le moule ou les moules que l'on veut employer, les essuyer et les faire sécher à la bouche du four, en les renversant sur le côté.

On doit éviter de renverser le moule entièrement, parce qu'il en résulterait l'effet contraire de celui qu'on veut obtenir : la buée remonterait dans le haut du moule, et si bien essuyé que fût celui-ci, le beurre ne tiendrait pas dans l'intérieur; par suite, le glacé du moule ne serait pas beau et pourrait retenir le biscuit ou l'écorcher à sa sortie.

Faites fondre du beurre mêlé de graisse de veau, comme il est dit au chapitre I$^{er}$, p. 31.

Versez le beurre chaud dans le moule qui a été préparé, sans cependant qu'il brûle les mains; ensuite mettez égoutter le moule sur un plafond, en élevant l'un de ses côtés de 5 centimètres.

Le moment où l'on passe la glace de sucre sur le beurre demande beaucoup d'attention : il faut saisir le beurre avant qu'il cesse de couler, sans toutefois le laisser figer.

Il faut verser la glace vivement, et taper fortement le moule entre les deux mains, de manière que la glace recouvre tout le beurre.

Cette opération demande à être faite très-vivement ; si par hasard on avait laissé trop refroidir, il faudrait faire chauffer le moule au-dessus d'un fourneau.

Avant de le glacer, il faut examiner si le beurre est bien à point, parce que, s'il en restait une couche trop épaisse, le glacé serait manqué.

Pour composer un biscuit de moyenne pièce, il faut employer :

1 kilo de sucre en poudre,

Une petite pincée de sel,

20 œufs,

250 grammes de fécule de pomme de terre,

250    —    de farine de gruau,

50    —    de sucre de vanille.

30. — Bassin et son fouet.

Séparez les blancs des jaunes.

Mettez les blancs dans le bassin, les jaunes dans une terrine.

Ajoutez le sucre et le sucre de vanille aux jaunes.

Travaillez avec la spatule.

Fouettez les blancs.

Mêlez les blancs aux jaunes.

Ensuite mêlez la farine et la fécule.

Collez une bande de papier de 5 centimètres de hauteur sur le haut du moule.

Emplissez le moule entièrement.

Mettez au four *papier jaune foncé*.

Donnez 2 heures de cuisson.

Pour s'assurer de la cuisson, on retire le biscuit du four, on appuie légèrement dessus. Si le biscuit rebondit et est élastique, on le démoule sur un clayon. Dans le cas contraire, on repousse le biscuit au fond du four.

On s'assure encore de la cuisson en enfonçant le grand couteau dans le biscuit : si, après qu'on l'a retiré, il n'y a pas d'humidité sur la lame, on peut le démouler.

Le biscuit refroidi, on coupe tout ce qui a dépassé le moule et l'on obtient un biscuit uniformément glacé.

Je tiens ce procédé de mon frère, Alphonse Gouffé, à qui il a toujours réussi.

*Observation.* — Mes confrères pourront s'étonner de ce que, contrairement aux usages reçus, je ne mets que 250 grammes de farine par 500 grammes de sucre. Ils voudront bien se rappeler que ce n'est pas la farine qui sèche la pâte, mais bien le sucre. L'expérience m'a démontré que plus on mettait de farine, plus le biscuit était difficile à ressuyer. En opérant comme je l'indique, j'ai obtenu des biscuits plus beaux et supérieurs en qualité.

### PATE A BISCUITS ORDINAIRES.

16 œufs,

500 grammes de sucre en poudre,

Une pincée de sel,

300 grammes de farine.

Séparez les blancs des jaunes.

Mettez le sucre dans les jaunes.

Travaillez avec la spatule.

Fouettez les blancs de manière qu'ils soient bien fermes.

Mêlez avec les jaunes.

Ajoutez la farine, mêlez légèrement pour ne pas absorber la pâte.

### PATE A BISCUITS ITALIENS.

8 œufs,

Une pincée de sel,

500 grammes de sucre en morceaux,

250    —    de farine.

Mettez le sucre en morceaux dans un poêlon d'office.

Mouillez avec 1 décilitre d'eau.

Faites cuire au gros boulet (voir au Vocabulaire) et laissez refroidir à moitié.

Séparez les jaunes des blancs et fouettez les blancs très-ferme.

Mêlez les jaunes, le sucre et la farine.

Ce mélange doit se faire légèrement pour tous les biscuits.

Cette pâte se couche dans des caisses en papier ou dans des moules en ferblanc bas et évasés.

### PATE A BISCUITS SUR LE FEU.

Cassez 12 œufs dans un bassin.

Ajoutez une petite pincée de sel et 500 grammes de sucre en poudre.

Fouettez sur cendre rouge.

Lorsque la pâte est montée comme celle du biscuit ordinaire, on mêle 225 grammes de fécule.

On moule et on fait cuire.

### PATE DE BISCUITS PORTUGAIS.

12 œufs,

500 grammes de sucre en poudre,

Une petite pincée de sel,

200 grammes de marmelade d'abricots passée au tamis,

250    —    de fécule,

5    —    de sucre de citron.

Mettez les blancs d'œufs dans un bassin et les jaunes dans une terrine.

Mettez le sucre, la marmelade et le sucre de citron dans les jaunes.

Travaillez fortement les jaunes avec la spatule.

Fouettez les blancs.

Mêlez-les aux jaunes avec la fécule.

Cette pâte se couche dans des moules en ferblanc plats et évasés.

## PATE DE BISCUITS AUX AMANDES.

12 œufs,

500 grammes de sucre en poudre,

250 — de fécule,

90 — d'amandes douces,

25 — d'amandes amères,

25 — d'eau-de-vie,

Une petite pincée de sel.

Mondez les amandes, les douces comme les amères.

Séparez 10 amandes douces en deux et réservez.

Pilez les amandes douces et amères en les mouillant avec un œuf entier.

Glacez un moule à timbale d'entrée uni (pour le glaçage du moule, voir Biscuits fins, p. 91).

Collez les moitiés d'amandes dans le moule avec une pointe de pâte à biscuits, en les espaçant l'une de l'autre.

Mettez les amandes pilées dans la terrine avec le sucre et 3 œufs entiers.

Travaillez avec la spatule.

Séparez les 8 œufs.

Mettez les jaunes dans le sucre et les amandes et travaillez-les à mesure.

Lorsque les jaunes et les 4 œufs entiers seront bien travaillés, fouettez les blancs.

Mêlez parfaitement la moitié de la fécule dans les jaunes, puis les blancs fouettés avec le reste de la fécule.

Cette pâte se fait dans des moules unis à timbales.

### PATE A BISCUITS DE RHEIMS.

12 blancs d'œufs,

10 jaunes d'œufs,

300 grammes de sucre en poudre,

180   —   de farine,

Sucre de vanille.

Mettez dans un bassin le sucre, les jaunes d'œufs, les blancs.

Fouettez sur cendre rouge.

Lorsque la pâte aura atteint la fermeté de la pâte à biscuit ordinaire, retirez du feu.

Mêlez le sucre de vanille et la farine avec la spatule.

Ayez des moules en ferblanc beurrés et glacés à la fécule.

Couchez la pâte dans les moules.

Emplissez-les au tiers.

Saupoudrez avec du sucre pilé, et faites cuire à *papier jaune clair*.

### PATE A BISCUITS AU CHOCOLAT.

10 œufs,

450 grammes de sucre en poudre,

125   —   de chocolat à demi-sucre,

200   —   de fécule,

Sucre de vanille.

Séparez les jaunes des blancs d'œufs.

Mettez les jaunes dans une terrine avec le sucre, le chocolat râpé, le sucre de vanille.

Travaillez le tout à la spatule.

Fouettez les blancs ferme.

Mêlez-les aux jaunes avec la fécule.

On cuit cette pâte dans des moules en ferblanc de forme plate et évasée.

### PATE POUR GATEAUX DES TROIS-FRÈRES.

500 grammes de sucre en poudre,

400 grammes de beurre,
375 — de farine de riz,
30 — de marasquin,
60 — d'amandes,
60 — d'angélique,
Une pincée de sel.
Mondez les amandes.
Hachez-les gros et passez-les dans une passoire à petits trous.
Coupez l'angélique en petits dés.
Cassez les œufs dans un bassin.
Ajoutez le sucre, le sel.
Fouettez sur cendre rouge.
Lorsque la pâte est montée, mêlez la farine de riz, le beurre et le marasquin. Faites ce mélange légèrement, pour ne pas rendre la pâte trop liquide.
Moulez dans un moule dit *aux trois-frères*.
Lorsque les gâteaux sont cuits, démoulez, puis masquez-les avec de la marmelade d'abricots.
Ayez un fond avec de la pâte à napolitain très-commune ; semez sur la marmelade les amandes et l'angélique que vous aurez préparées précédemment.

### PATE A CUSSY.

500 grammes de sucre pilé,
14 œufs,
300 grammes de farine de riz,
125 — de beurre,
25 — de sucre de vanille.
Mettez les œufs dans un bassin avec le sucre pilé et le sucre de vanille.
Fouettez sur cendre rouge.
Lorsque la pâte est prise, mêlez la farine et le beurre fondu.
Cette pâte se cuit dans des moules ronds, plats et évasés.
Pour toutes les pâtes qui se font sur le feu, il faut éviter de les mettre sur des cendres trop chaudes, parce que l'œuf pourrait gratiner au fond du bassin.

### PATE A GATEAU FINANCIER.

500 grammes de sucre pilé,
14 blancs d'œufs,
200 grammes d'amandes,
125    —    de beurre,
375    —    de farine.

Mondez les amandes.

Pilez-en 75 grammes et 75 grammes de sucre en morceaux.

Passez à travers un tamis de laiton.

Mettez dans un bassin 14 blancs d'œufs, et fouettez-les.

Mêlez le sucre, les amandes, la farine et le beurre.

Hachez ce qui reste d'amandes pour saupoudrer le moule.

Cette pâte se cuit dans des moules à savarin.

### PATE A BISCOTTE.

500 grammes de sucre pilé,
400    —    de farine,
150    —    de beurre,
12 œufs et 6 jaunes.

Une petite pincée de sel.

Mettez le beurre dans une terrine; faites-le ramollir sans le faire fondre ; travaillez-le avec la spatule.

Ajoutez le sucre et les 6 jaunes l'un après l'autre.

Mettez la farine et ajoutez 4 œufs entiers et les 8 jaunes l'un après l'autre.

Lorsque la pâte sera bien travaillée, fouettez les blancs.

Mêlez-les à la pâte, en ayant soin de ne pas la rendre molle.

Cette pâte se cuit dans des plaques à rebord de 4 centimètres et à four *papier jaune*.

### PATE A MANQUÉ.

500 grammes de sucré pilé,

250 grammes de beurre,

500 — de farine,

16 œufs,

3 grammes de sucre de citron et une cuillerée à bouche de rhum.

Mettez le sucre dans une terrine.

Cassez 10 œufs, réservez les blancs pour fouetter.

Mettez les jaunes dans le sucre.

Travaillez les jaunes et le sucre.

Ajoutez la farine en plusieurs fois et les 6 œufs entiers l'un après l'autre.

Lorsque la pâte sera bien travaillée, faites fondre le beurre.

Fouettez les blancs.

Mêlez le beurre et les blancs ensemble.

Il faut que cette pâte soit bien mêlée, sans cependant être absorbée, autrement le manqué serait lourd et glade.

Cette pâte se cuit dans des plaques ou dans des caisses en papier, à four *papier jaune*.

### PATE A GATEAUX D'AMANDES.

500 grammes de sucre pilé,

460 — d'amandes douces et 20 d'amandes amères.

16 jaunes d'œufs,

8 blancs d'œufs fouettés,

30 grammes d'eau-de-vie,

200 — de fécule,

Une pincée de sel.

Mondez les amandes.

Pilez-les en pâte très-fine.

Mouillez les amandes avec 2 blancs d'œufs et l'eau-de-vie.

Mettez dans une terrine et mouillez peu à peu avec les jaunes.

Ajoutez le sucre et le sel.

Travaillez fortement.

Lorsque le sucre est bien mêlé avec les jaunes et les amandes, fouettez les blancs bien ferme, mêlez les blancs et la fécule avec l'appareil.

Cette pâte peut être cuite dans différents moules. On en trouvera l'emploi dans le cours de l'ouvrage.

### PATE A CENDRILLON.

200 grammes de sucre en poudre,
200 — de farine,
6 œufs,
100 grammes de chocolat râpé,
Une petite prise de sel.

Mettez dans une terrine la farine, le sucre, le sel, les 4 jaunes et 2 œufs entiers l'un après l'autre ; travaillez le tout à la spatule.

Ajoutez les 4 jaunes d'œufs l'un après l'autre ; mêlez le chocolat ; fouettez les blancs très-ferme ; mêlez à l'appareil.

Cette pâte se cuit dans des caisses en ferblanc ou de papier de 4 centimètres d'épaisseur.

Lorsque les cendrillons sont cuites et refroidies, on les coupe par le travers de 3 centimètres de large et on couvre le dessus seulement avec de la glace au chocolat (voir Glace au chocolat à froid, p. 84).

### PATE A BRETON.

400 grammes d'amandes douces,
650 — de sucre en morceaux,
300 — de fécule,
24 jaunes d'œufs,
4 œufs entiers,
15 blancs fouettés,
Une petite prise de sel,
Sucre de vanille.
Mondez les amandes.
Ressuyez-les.
Pilez les amandes avec le sucre en morceaux.

Passez à travers le tamis de laiton.

Mettez les jaunes dans une terrine.

Versez les amandes et le sucre peu à peu dans les jaunes en les travaillant à la spatule pendant 10 minutes.

Ajoutez les œufs entiers l'un après l'autre.

Fouettez les blancs très-ferme.

Mêlez-en la moitié.

Ajoutez la fécule.

Passez à travers un tamis pour bien la mêler. (Pour bien faire cette opération il faut être deux.)

Mêlez ensuite le reste des blancs avec légèreté : il faut que cette pâte soit bien mêlée, sans trop briser les blancs.

Cette pâte se cuit dans des moules plats et à grosses côtes.

### PATE A GATEAUX FLAMANDS.

100 grammes de farine,

  50   —   de beurre,

  16 œufs,

  50 grammes de raisin de Malaga,

500   —   de sucre en poudre,

  50   —   de raisin de Corinthe,

Une petite prise de sel,

25 grammes de cédrat confit coupé en dés.

Mettez dans une terrine le sucre, la farine, 4 œufs entiers et 6 jaunes ; travaillez le tout à la spatule.

Ajoutez les derniers jaunes l'un après l'autre, en travaillant l'appareil.

Fouettez les blancs.

Mêlez le beurre, les blancs et les raisins.

Cette pâte se cuit dans des moules plats et évasés.

### PATE A GÉNOISE SUR LE FEU.

500 grammes de farine,

500   —   de sucre en poudre,

500 grammes de beurre.

12 œufs,

Une petite pincée de sel.

Cassez les œufs dans un bassin ; ajoutez sucre et farine; fouettez sur cendre rouge.

Lorsque la pâte est montée, mêlez le beurre que vous aurez fait fondre.

Cette pâte se cuit dans des moules plats et évasés ou dans des plaques d'office.

On la divise en petits gâteaux.

Pour parfums, on emploie le sucre de vanille, citron, orange, etc.

## PATE A GENOISE ORDINAIRE.

500 grammes de sucre,

500 — de farine,

500 — de beurre,

30 — de sucre de citron,

12 œufs,

Une petite prise de sel.

Mettez le beurre dans une terrine ; faites-le ramollir; travaillez-le avec le sucre pendant 5 minutes.

Ajoutez l'un après l'autre un œuf et de la farine, jusqu'à l'emploi des 8 œufs.

Ensuite mettez 4 jaunes et fouettez les 4 blancs.

Mêlez et couchez dans des plaques d'office beurrées de l'épaisseur de 2 millimètres.

## PATE A GÉNOISE A L'ANCIENNE.

500 grammes de sucre,

180 — d'amandes douces et 20 d'amandes amères.

500 — de farine,

12 œufs,

300 grammes de beurre,

Une petite pincée de sel.

Mondez et, après avoir échaudé les amandes, pilez-les; mettez-les dans une terrine; délayez-les avec 2 œufs.

Ajoutez le sucre, la farine et 5 œufs entiers l'un après l'autre.

Travaillez le tout 5 minutes.

Ajoutez 5 jaunes d'œufs.

Fouettez les blancs.

Faites fondre le beurre.

Mêlez le beurre, les blancs et couchez dans des plaques d'office; beurrez de l'épaisseur de 2 millimètres.

Faites cuire à *papier jaune foncé*.

Lorsque la génoise est cuite aux trois quarts, démoulez-la sur la table et coupez-la en carrés de 7 centimètres sur 3.

Remettez les morceaux au four, pour leur faire prendre cou- leur *blond foncé*.

Ces gâteaux se servent sans être glacés.

La qualité distinctive de ces gâteaux est d'être croquants.

Ces trois sortes de génoises, quoique de composition à peu près semblable, ont un goût très-différent lorsqu'on les a pré- parées avec soin.

### PATE A DENTS DE LOUP.

200 grammes de farine,
200    —    de sucre,
 30    —    d'anis vert en poudre,
7 jaunes d'œufs,
2 blancs fouettés,
Un grain de sel.

Travaillez le sucre avec les jaunes; ajoutez la farine, l'anis, le sel, et réservez.

### PATE A MERINGUE.

12 blancs d'œufs,
500 grammes de sucre en poudre,
Un grain de sel.

Fouettez les blancs.

Mêlez le sucre avec les blancs et réservez.

## PATE A MERINGUE ITALIENNE.

500 grammes de sucre en morceaux,

2 décilitres d'eau,

5 blancs d'œufs.

Mettez le sucre dans un poêlon avec l'eau.

Faites cuire le sucre au gros boulet.

Fouettez les blancs jusqu'à ce qu'ils soient fermes.

Mêlez le sucre.

*Observation.* — Il faut être deux pour faire ce mélange : l'un verse le sucre en le faisant couler lentement dans les blancs, tandis que l'autre mêle les blancs et le sucre avec le fouet.

S'il restait du sucre dans le poêlon, on le mettrait une seconde sur le feu et l'on verserait dans les blancs.

En terminant ce chapitre, je recommande d'apporter beaucoup de soin à séparer les blancs des jaunes, afin qu'il n'y ait pas le plus petit mélange entre eux ; de travailler fortement les jaunes ; de ne pas mouiller d'un seul coup les détrempes ; de faire le mélange des blancs avec légèreté et de ne pas les absorber par un travail trop lent.

# CHAPITRE VI.

## SAUCES POUR GROSSES PIÈCES ET ENTREMETS.

### SAUCE DE PÊCHES.

Coupez en deux des pêches bien mûres.

Faites-les cuire à petit feu et mouillez-les très-peu avec du sirop à 34 degrés.

Lorsque les pêches sont bien cuites, passez-les au tamis de soie.

Ajoutez du sirop à 34 degrés et du vin de Malvoisie-Madère.

Donnez un seul bouillon et servez chaud.

### SAUCE D'ABRICOTS.

Faites cuire des abricots très-mûrs avec du sirop à 34 degrés; mouillez peu et faites cuire à très-petit feu; passez au tamis de soie.

Ajoutez du sirop à 34 degrés.

Faites bouillir à un bouillon.

Ajoutez de la liqueur de noyau.

Servez chaud.

### SAUCE DE POMMES DE CALVILLE.

Épluchez et faites cuire des pommes de calville dans du sirop à 10 degrés.

Lorsque les pommes seront bien cuites, faites une sauce avec de l'arrow-root et du sirop.

Au premier bouillon, mettez les pommes cuites.

Tournez 5 minutes sur le feu.

Passez à l'étamine bien propre et réservez.

### SAUCE DE POIRES DE CRASSANE.

Épluchez et faites cuire dans du sirop à 10 degrés; mouillez grandement.

Faites cuire les poires à grand bouillon.

Égouttez-les sur un tamis.

Faites une sauce avec de l'arrow-root et la cuisson des poires.

Ajoutez de la vanille.

Mettez les poires dans la sauce.

Tournez 10 minutes sur le feu.

Passez à l'étamine et réservez pour servir.

### SAUCE DE FRAMBOISES.

Passez au tamis de soie des framboises crues.

Faites bouillir du sirop à 32 degrés.

Mêlez-le à la purée de framboises et servez chaud.

Cette sauce ne doit pas aller sur le feu; elle se fait au dernier moment : la chaleur du sirop doit lui suffire.

### SAUCE DE FRAISES.

Épluchez et passez au tamis des fraises des quatre-saisons.

Mouillez avec du sirop chaud et à 34 degrés.

Finissez comme la framboise et au dernier moment.

### SAUCE DE GROSEILLES.

Faites fondre des groseilles rouges avec un quart seulement de framboises rouges.

Passez au tamis de soie.

Faites une sauce liée avec du sirop à 34 degrés et le jus de groseille.

Donnez un seul bouillon.

Passez à l'étamine et réservez.

*Observation.* — Toutes les sauces de fruits rouges doivent se faire dans des poêlons d'office.

### SAUCE AU KIRSCH.

Faites une sauce avec de l'arrow-root et du sirop de sucre à 20 degrés. Il faut que la sauce soit très-liée pour être détendue avec du kirsch.

Passez la sauce à l'étamine.

Tenez-la au bain-marie et ne mettez le kirsch qu'au moment de servir.

### SAUCE AU VIN DE MADÈRE.

Procédez comme pour la sauce au kirsch et ne mettez le vin qu'au moment de servir.

### SAUCE AU VIN DE MARSALA.

Même procédé que pour la sauce au kirsch. Ne finir cette sauce qu'au dernier moment.

### SAUCE AU VIN DE LUNEL.

Faites une sauce avec de l'arrow-root et le sirop, et ne finissez qu'au moment de servir.

### SAUCE AU MARASQUIN.

Préparez une sauce avec de l'arrow-root et du sirop à 20 degrés, et finissez avec le marasquin.

### SAUCE AU NOYAU.

Procéder comme pour la sauce au marasquin et finir au dernier moment avec le noyau.

### SAUCE DE CRÈME D'ANGÉLIQUE.

Faites une sauce avec du sirop à 20 degrés et de l'arrow-root.

Finissez avec de la crème d'angélique au dernier moment.

### SAUCE CANNELLE, GINGEMBRE ET RHUM.

Faites infuser de la cannelle et du gingembre dans du rhum.

Faites une sauce avec de l'arrow-root, du sirop et l'infusion ci-dessus.

Faites cuire et passez à l'étamine.

### SAUCE A L'ANISETTE.

Faites une sauce avec de l'arrow-root et du sirop à 20 degrés.

Passez a 'étamine.

Ajoutez l'anisette au moment de servir.

### SAUCE AU ZESTE D'ORANGES.

Levez le zeste de deux oranges.

Faites infuser dans du sirop à 24 degrés.

Faites une sauce avec de l'arrow-root et du sirop à 20 degrés.

Passez à l'étamine, ajoutez l'infusion dans la sauce et réservez.

### SAUCE A LA VANILLE.

Faites infuser de la vanille dans du sirop à 24 degrés.

Faites une sauce avec ce sirop et de l'arrow-root; elle doit être moins liée que les sauces au vin et liqueur, parce qu'il n'y a plus rien à y ajouter.

Passez la sauce à l'étamine et réservez.

### SAUCE AU CURAÇAO.

Faites une sauce avec de l'arrow-root et du sirop à 20 degrés.

La sauce cuite, passez à l'étamine et finissez avec le curaçao.

### SAUCE A LA CRÈME DE MOKA.

Préparez une sauce avec de l'arrow-root et du sirop à 26 degrés.

La sauce cuite, passez à l'étamine, finissez avec de la crème de moka et réservez.

### SAUCE AU RHUM.

Levez le zeste d'un citron.

Faites une sauce avec de l'arrow-root et du sirop à 20 degrés.

Faites cuire, passez à l'étamine.

Finissez avec le rhum et réservez.

# DEUXIÈME PARTIE.

---

## GROSSES PIÈCES
### ET
## ENTREMETS DÉTACHÉS.

# CHAPITRE I.

## GROSSES PIÈCES·

### GROSSE BRIOCHE.

Faites une caisse en papier très-fort, de 18 centimètres de large sur 18 de haut; faites-la bien sécher, et beurrez-la au pinceau avec du beurre clarifié (voir p. 31).

31. — Caisse pour grande brioche.

Faites des coupures de 4 centimètres en 4 centimètres sur les bords de la caisse et d'une profondeur de 5 centimètres.

Prenez 4 kilos de pâte et faites comme il est dit au chapitre II, p. 39 et 40, pour la préparation des grosses pièces.

Retirez 500 grammes de pâte pour former la tête de la brioche que vous faites raffermir à part.

8

Mettez cette pâte sur la glace, en la retournant pour qu'elle se raffermisse également.

Lorsque la pâte est à point, moulez-la très-serré et mettez-la dans la caisse ; moulez aussi la tête en lui donnant la forme d'une poire allongée.

Faites un trou au milieu de la brioche, mouillez et fixez-y la tête de la brioche, sans appuyer.

Dorez à la dorure, et passez sur la dorure un pinceau mouillé d'eau très-propre.

Faites 8 fentes de 3 centimètres de profondeur à partir du dessous de la tête de la brioche jusqu'à la caisse.

Ensuite mettez au four chaleur *papier brun clair*.

Lorsque la tête de la brioche monte, il faut la côtoyer (voir au Vocabulaire), c'est-à-dire la tourner sur le grès, afin qu'elle prenne une bonne forme.

Si la brioche prenait trop de couleur au four, il faudrait poser dessus une feuille de papier.

Si la pâte était trop forte, on attirerait la brioche à la bouche du four et on la banderait (voir au Vocabulaire) avec une feuille de papier attachée avec une ficelle, afin de maintenir la pâte. Cette opération doit se faire rapidement, pour ne pas retarder la cuisson, qui doit se faire en deux heures et demie.

On s'assure de la cuisson en enfonçant dans la brioche une lardoire : celle-ci doit en sortir sans humidité. Ensuite on retire la brioche de la caisse et on la met sur une grille ou sur un clayon.

*Observation.* — On fait aussi des brioches moins grosses dans des moules en ferblanc (voir pl. II, fig. 1).

### BABA POLONAIS.

Nous avons donné la préparation de la pâte du baba polonais au chapitre II, p. 40.

Ayez un moule qui puisse contenir 4 kilos de pâte.

Beurrez-le avec du beurre clarifié (voir p. 31).

Laissez revenir pendant 4 heures.

Lorsque la pâte sera revenue, travaillez-la de nouveau avec la main.

Mettez-la dans le moule; faites-la revenir une seconde fois dans un endroit chaud à l'abri des courants d'air. Si par hasard il y avait un courant d'air, on placerait le baba dans une grande marmite et on le recouvrirait.

Lorsque le baba est revenu, mettez-le au four à chaleur *papier brun clair.*

Terminez par même cuisson que pour la brioche.

### GATEAU DE COMPIÈGNE AU CÉDRAT.

Ayez un moule comme pour le baba ; beurrez-le de même.

Prenez 4 kilos de pâte de gâteau chaudron (voir p. 42).

Coupez 2 hectos de cédrat en petits dés ; mêlez à la pâte.

Mettez la pâte dans le moule; faites revenir une deuxième fois.

Faites cuire à chaleur *papier brun clair.*

Terminez par même cuisson que pour la brioche.

Ayez soin de mettre au moule une hausse en papier, de 6 centimètres de hauteur.

Beurrez la partie de la bande qui dépasse le moule et collez l'autre partie sur le moule.

Même précaution pour toutes les grosses pièces moulées.

### GATEAU DE MUNICH.

Prenez 4 kilos de pâte à gâteau de Munich.

Beurrez le moule à 2 millimètres d'épaisseur avec du beurre épongé (voir p. 31); semez sur le beurre les amandes que vous avez coupées en filets.

Travaillez la pâte.

Mettez dans le moule.

Faites revenir comme le baba.

Même chaleur de four et même cuisson.

### GROS BISCUIT.

Nettoyez un moule ; beurrez et glacez-le comme il est dit au chapitre V, p. 91 (voir pl. II, fig. 6).

Faites la pâte ; emplissez le moule entièrement.

Mettez une bande de papier, comme il est dit au gâteau de Compiègne (p. 115).

Faites cuire à four *papier jaune foncé* (pour la cuisson, voir chap. V, p. 93).

*Observation*. — Les biscuits au citron, à l'orange, à l'anis, se préparent absolument de même : il suffit de remplacer le sucre de vanille par le sucre parfumé dont on veut donner le goût au biscuit.

### GATEAU DE MILLEFEUILLE.

Faites 1 kilo 500 grammes de farine en feuilletage de gâteau de roi.

Donnez 6 tours 1/2.

Divisez le feuilletage en 16 parties.

Moulez.

Abaissez en rond de 18 centimètres.

Laissez reposer 2 heures.

Mouillez le dessus des abaisses avec du blanc d'œuf et semez du sucre en poudre dessus.

Piquez, pour éviter que les abaisses ne bouffent au four.

Faites cuire de couleur *blonde*.

Lorsque toutes les abaisses sont cuites, laissez refroidir.

Étalez de la marmelade d'abricots sur 8 abaisses et de la gelée de groseille sur les 8 autres.

Placez les abaisses l'une sur l'autre, soit une d'abricot et une de groseille.

Lorsqu'elles sont placées, parez et masquez le tour avec de la marmelade de pomme très-réduite, pour que le gâteau soit bien lisse.

Glacez avec de la marmelade d'abricots, chauffée et ramollie avec du sirop.

Mettez sur un fond de pâte d'office sablé de sucre vert (voir chap. I<sup>er</sup>, p. 21).  ·

Lorsque le gâteau est masqué, on le décore avec du feuilletage beurré avec du beurre très-blanc, auquel on donne 12 tours.

Laissez reposer pour obtenir un décor bien correct.

Coupez de gros anneaux de 2 centimètres 1/2 et posez-les sur le bord de la surface du gâteau.

On garnit ces anneaux de cerises et de verjus confits.

Mettez sur le milieu une boule en sucre filé rose et une aigrette en sucre filé blanc.

On met aussi sur ces grosses pièces des sujets en sucre coulés et filés ou en pastillage.

### MILLEFEUILLE GLACÉ A L'ITALIENNE.

Préparez un millefeuille comme le précédent.

Garnissez avec une crème cuite très-réduite (voir chap. IV).

Prenez cette partie de crème ; séparez-la en deux ; mettez du chocolat dans une partie, des pistaches pileés et passeés au tamis de Venise dans l'autre partie, avec kirsch et vert végétal pour que la crème soit d'un beau vert.

Garnissez les abaisses l'une de chocolat, l'autre de pistaches.

Lorsque le gâteau est monté, faites de la meringue italienne (voir chap. V, p. 104).

Mettez le gâteau sur un fond de pâte d'office mis au sucre vert.

Masquez le gâteau.

Glacez avec la boîte à glacer et du sucre passé au tamis de soie et semez dessus des pistaches coupées en dés et du gros sucre (voir chap. I<sup>er</sup>, p. 19).

Faites sécher à la bouche du four sans que la meringue prenne couleur.

On met sur le gâteau un fort pompon blanc en sucre filé.

### MILLEFEUILLE EN BISCUIT DIT A LA ROYALE.

Faites du biscuit (voir chap. V, Biscuit ordinaire, p. 94), de manière à avoir 16 abaisses de 2 centimètres d'épaisseur et de 16 de largeur.

Faites cuire.

Lorsque les abaisses sont cuites et refroidies, parez-les toutes de la même grandeur.

Pour faciliter le travail, prenez un couvercle de casserole et parez toutes les abaisses dessus.

Garnissez la moitié des abaisses avec de la purée de fraises au sucre et l'autre avec de la purée d'ananas au sucre.

Glacez avec de la glace de fondant aux fraises.

Mettez sur un fond de pâte d'office.

Masquez de sucre vert.

Décorez avec angélique et amandes bien blanches.

On met sur le gâteau un sujet en pastillage ou en sucre filé.

### GATEAU NAPOLITAIN.

725 grammes d'amandes douces,
 25    —      d'amandes amères,
350    —      de sucre en poudre,
500    —      de beurre,
Une petite prise de sel,
60 grammes de sucre de citron,
1 kilo de farine.

Mondez les amandes ; pilez-les en les mouillant avec du blanc d'œuf pour éviter qu'elles ne tournent.

Lorsqu'elles sont bien pilées, mêlez le sucre, le sucre de citron, le beurre et la farine.

Pilez le tout en mouillant avec des œufs pour faire une pâte ferme et très-lisse.

Retirez du mortier et mettez reposer au froid.

Couchez sur des plaques d'office des abaisses de 16 centimètres de largeur sur 1 centimètre 1/2 d'épaisseur; percez-les au milieu avec un coupe-pâte de 7 centimètres, sauf 5 abaisses que vous ne percerez pas.

Faites cuire à la couleur *papier jaune foncé*.

Lorsque toutes les abaisses seront cuites et refroidies, vous les parerez toutes de même grandeur; vous les garnirez avec de la marmelade d'abricots passée au tamis, de la gelée de groseille, de la gelée de pomme et de la marmelade de mirabelles.

Placez les abaisses en les alternant avec des confitures diverses.

Lorsque le gâteau napolitain est monté, masquez avec une marmelade d'abricots.

Posez le gâteau sur un fond de pâte d'office; sablez au sucre vert.

Ces gâteaux se décorent avec feuilletage à blanc, pâte d'amandes ou au cornet avec de la glace royale.

*Observation.* — Les abaisses qui n'ont pas été vidées se placent dessous; on en met trois au-dessus.

### GATEAU BRETON VANILLÉ.

Faites la pâte comme il est dit à la Pâte à breton, page 100.
Ajoutez sucre et vanille.

Ayez sept moules dits *à breton*, beurrés et farinés; emplissez-les aux deux tiers.

Faites cuire à chaleur *papier jaune*.

Ce gâteau doit être bien ressuyé.

Laissez refroidir sur un clayon.

Masquez chaque morceau avec de la marmelade d'abricots passée au tamis, et chauffez.

Glacez avec de la glace de fondant à la vanille; placez le plus grand morceau sur un fond de pâte d'office masqué de sucre vert; posez tous les morceaux l'un sur l'autre pour former une pyramide; décorez avec de la glace de beurre verte et rose; poussez à la poche.

On décore aussi ces gâteaux avec de la pâte de meringue à

l'italienne blanche quand ils sont glacés de couleur. On colore la meringue à l'italienne pour les gâteaux qui sont glacés de blanc.

On glace aussi ces gâteaux de plusieurs couleurs. Je conseille de ne faire que deux couleurs, pour éviter le bariolage, qui est toujours de mauvais goût (voir planche II, fig. 8).

### GATEAU BRETON A L'ORANGE.

Faites une pâte à breton comme il est dit au chap. V, p. 100.

Ajoutez sucre d'orange et faites 7 gâteaux, comme il est dit au Breton à la vanille, p. 119.

Masquez d'abricots et glacez à la glace au fondant à l'orange.

Décorez avec meringue à l'italienne blanche et verte.

Couronnez d'un pompon de sucre filé.

### GATEAU BRETON AU KIRSCH ET AUX FRAISES.

Préparez ce gâteau comme le gâteau à la vanille, p. 119.

Ajoutez 20 grammes d'amandes amères pilées et 25 grammes de kirsch.

Lorsque le gâteau est cuit et refroidi, masquez le n° 1, le n° 3, le n° 5, le n° 7 d'une légère couche de gelée de fraises, les n°s 2, 4 et 6 d'une couche de gelée de pommes.

Glacez à la glace de fondant aux fraises les n°s 1, 3, 5, 7, et à la glace de fondant au kirsch les n°s 2, 4 et 6.

Mettez le premier sur un fond de pâte d'office.

Masquez de sucre vert, le 2e sur le 1er, et ainsi jusqu'au dernier.

Décorez ce gâteau avec de la meringue à l'italienne verte et blanche.

Couronnez d'une aigrette en sucre filé blanc.

### GATEAU BRETON AU CITRON.

Marquez un gâteau comme il est dit au chapitre V, p. 100.

Ajoutez du sucre de citron et 25 grammes de rhum à la pâte moulée.

Faites cuire ; laissez refroidir.

Glacez à l'abricot, puis à la glace de fondant au citron ; mettez le gâteau sur un fond de pâte d'office ; masquez de sucre vert.

Décorez avec glace au beurre, couleur verte et rose.

On glace ces gâteaux avec toutes les sortes de glaces et on ajoute à la pâte le parfum qui entre dans la composition de la glace.

### CROQUEMBOUCHE DE CHOUX ORDINAIRES.

Faites de la pâte de choux comme il est dit au chap. IV, p. 88.

Lorsque la pâte est faite, semez de la farine sur la table ; prenez gros comme deux œufs de pâte ; roulez-la de la grosseur de 2 centimètres, coupez des morceaux de 2 centimètres roulés en boule et rangez sur des plaques à une distance de 1 centimètre 1/2.

Faites cuire à four *papier brun clair*.

Lorsque les boules sont cuites, mettez-les refroidir sur un tamis.

Faites cuire 800 grammes de sucre au cassé.

Ayez un moule uni à grosse pièce.

Huilez-le légèrement.

Trempez les boules une à une dans le sucre et placez-les dans le moule.

On commence par faire le fond, puis on monte le tour.

Tenez le sucre chaud sans qu'il prenne couleur.

Lorsque le croquembouche est refroidi, démoulez et dressez sur un plat garni d'une serviette.

*Observation*. — Toutes les grosses pièces qui se moulent avec du sucre au cassé doivent être faites vivement. — Il faut avoir de la glace dans un plat à sauter et y mettre le moule : le croquembouche refroidit plus vite.

Veillez à ce que le moule ne soit pas percé, car, si l'eau y entrait, on perdrait le croquembouche. — Cette observation s'applique à tous les croquembouches, principalement à ceux de fruits.

### CROQUEMBOUCHE HISTORIÉ, GARNI DE CRÈME DE VANILLE.

Préparez de la pâte à choux comme au croquembouche ordinaire.

Ayez un morceau de bois long et rond de 5 millimètres.

Percez chaque boule et emplissez-la de crème saint-honoré à la vanille.

Évitez que la crème ne sorte de la boule, parce qu'elle pourrait faire coller le croquembouche au moule.

Lorsque toutes les boules sont garnies, ayez des pistaches hachées.

Faites cuire du sucre au cassé.

Commencez par placer un rond de boules; glacez et trempez dans la pistache hachée; finissez le fond avec des boules glacées sans pistaches.

Faites aussi un second rang. Glacez de sucre seulement.

Faites un rang aux pistaches dessus et un de sucre au cassé seulement, et ainsi de suite jusqu'à ce que le moule se trouve rempli.

Démoulez et servez.

### CROQUEMBOUCHE GARNI D'ABRICOTS.

Préparez de la pâte à choux comme il est dit au chapitre IV, p. 88.

Couchez à la poche sur des plaques très-peu beurrées d'une longueur de 4 centimètres sur 1 1/2 de large.

Dorez légèrement les croquembouches et lorsqu'ils seront cuits, faites-les refroidir sur un tamis.

Piquez avec un bâton comme les croquembouches garnis de crème à la vanille.

Garnissez avec de la marmelade d'abricots.

Poussez au cornet.

Préparez des amandes hachées et colorées rose et du sucre en grain n° 2 (voir Amandes et Sucre au chapitre I<sup>er</sup>, p. 19 et 24).

Faites cuire du sucre au cassé.

Trempez un pain dans le sucre, puis dans les amandes, un autre dans le sucre au cassé et dans le sucre en grain.

Posez dans la carre du moule un blanc et un rose.

Le premier cordon fait, finissez le fond avec des pains glacés au cassé. Seulement on commence le second rang par un pain rose, que l'on pose moitié sur le premier rose et moitié sur le blanc.

Le cordon fini, recommencez toujours sur un rose et par un rose et tournez sur le même côté.

Laissez refroidir et démoulez.

### CROQUEMBOUCHE DE GIMBLETTES DE CHOUX.

Faites de la pâte à choux comme pour le croquembouche ordinaire, p. 88.

Couchez à la poche, sur des plaques légèrement beurrées, des anneaux de 3 centimètres de largeur sur 1 centimètre d'épaisseur.

Faites cuire à four *papier brun clair*.

Lorsque les anneaux sont cuits, laissez-les refroidir sur le tamis.

Mettez dans la moitié des anneaux des cerises de confiture bien égouttées, de manière que les cerises ne dépassent pas le rebord des anneaux. Garnissez l'autre moitié avec des verjus confits.

Faites cuire du sucre au cassé.

Huilez un moule.

Glacez dans le sucre et posez les anneaux un à un avec une cerise et un verjus.

Lorsque le premier rang est fait, placez le second rang entre les anneaux, en commençant toujours par un verjus, de manière que les cordons soient obliques du haut en bas du moule.

## CROQUEMBOUCHE DE GENOISE AU KIRSCH
### ET AU CHOCOLAT.

Marquez 500 grammes de génoise, c'est-à-dire :

   500 grammes de farine,
   500   —    de sucre,
   250   —    de beurre,
   10 œufs entiers.

Même travail que pour la génoise décrite au chap. V, p. 101.

. 32. — Croquembouche de génoise.

Beurrez des plaques d'office.

Collez du papier blanc sur la plaque beurrée.

Rebeurrez le papier pour que la génoise ne tienne pas au papier.

Étalez la pâte à génoise de l'épaisseur de 1 centimètre.

Faites cuire à feu gai et très-juste, parce que la génoise trop cuite ne peut plus se couper et qu'elle se déforme lorsqu'elle n'est pas assez cuite.

Il faut autant que possible faire la génoise la veille.

Ayez un coupe-pâte en losange de 3 centimètres de long sur 1 1/2 de large.

Coupez la génoise avec le coupe-pâte.

Rangez par moitié sur des plaques.

Je ne puis donner pour tous ces croquem ouches de mesure exacte. On doit faire la pâte de choux et de génoise selon la grandeur de la pièce. On doit donc compter, avant de commencer, ce que le moule peut contenir de boules de pain, d'anneaux, etc.

Faites de la glace de chocolat à froid et glacez la moitié des carrés ; pour l'autre partie on fait de la glace royale au blanc d'œuf, kirsch et carmin ; il faut la colorer d'un rose vif et ne plus la travailler lorsqu'on a mis le carmin, parce que le travail la blanchit et la ternit.

Lorsque les génoises sont glacées, on les sèche à la bouche du four.

Faites cuire du sucre au cassé et collez un rang dans le fond, puis collez-en autour un rose, un chocolat.

Commencez le second rang en posant le carré de génoise sur le milieu de celui qui est collé, et ainsi de suite jusqu'à ce que le moule soit rempli.

Tournez toujours le moule du même côté.

Laissez refroidir et démoulez.

Réservez pour servir.

### CROQUEMBOUCHE DE GIMBLETTES.

Marquez 500 grammes de génoise.

Couchez dans des plaques comme pour le croquembouche de kirsch et chocolat.

Faites cuire et coupez les gimblettes.

Lorsque la génoise est chaude, on coupe sur les plaques avec un coupe-pâte rond de 3 centimètres.

Videz les ronds avec un coupe-pâte de 12 millimètres.

Séparez les gimblettes en deux parties égales ; glacez-en une partie avec de la glace blanche à l'anisette et semez dessus du sucre en grain n° 3 ; puis glacez l'autre partie avec de la glace à l'anisette, légèrement colorée en rose, et semez dessus du sucre n° 3 (voir au chapitre Ier pour sucre et pistaches).

Faites cuire du sucre au cassé; collez une gimblette rose, une blanche, et continuez jusqu'à ce que le moule soit rempli.

Laissez refroidir et démoulez.

Égouttez des cerises de confiture et du verjus.

Garnissez les gimblettes blanches de cerises bien rondes et égales, et les roses de verjus.

Le montage des croquembouches demande beaucoup de soin au point de vue de la correction : un croquembouche qui n'est pas parfaitement correct est manqué (voir pl. II, fig. 4).

### CROQUEMBOUCHE DE GIMBLETTES EN PATE D'AMANDES.

Préparez une quantité suffisante de gimblettes en pâte d'amandes à croquantes (voir p. 87) pour en garnir un moule uni à grosses pièces.

Séparez les gimblettes en deux parties égales.

Lorsqu'elles sont séchées, glacez-en une partie à la glace royale colorée en rose et dans laquelle vous aurez mis du marasquin, et semez dessus du sucre en grain n° 3 (voir chapitre Ier, p. 19).

Glacez l'autre partie avec de la glace royale blanche au marasquin et semez de même du sucre en grain n° 3.

Faites cuire du sucre au cassé.

Huilez légèrement un moule uni à grosses pièces et collez avec le sucre les gimblettes, un rang rose et un blanc.

Le moule garni, laissez refroidir et démoulez.

Garnissez les gimblettes roses avec de l'abricot confit, les blanches avec de l'angélique.

Coupez abricot et angélique avec une colonne de la grandeur du trou de la gimblette.

Ce croquembouche n'est beau qu'à la condition d'être collé avec soin. Il ne faut pas que le sucre au cassé paraisse; si on craignait que le croquembouche ne fût pas solide, il vaudrait mieux regarnir de sucre les gimblettes en dedans du moule que de faire paraître le sucre en dessus.

*Observation.* — Ces gimblettes doivent avoir 5 centimètres de large et le trou 3 centimètres.

## CROQUEMBOUCHE EN MERINGUE A L'ITALIENNE.

Beurrez et glacez des plaques d'office comme les moules à biscuits.

Marquez des ronds avec un coupe-pâte uni de 5 centimètres de largeur.

Faites de la meringue italienne à 4 œufs.

Couchez des gimblettes sur les ronds.

Saupoudrez de sucre en grain n° 2 (voir p. 19) et faites cuire à four très-doux.

Les gimblettes cuites, levez-les de dessus la plaque et rangez-les sur des feuilles de papier, moitié sur chaque feuille.

Faites du fondant aux fraises et aux pistaches.

Remplissez une partie aux fraises et l'autre aux pistaches sans que le fondant dépasse la surface des gimblettes, ce qui empêcherait de les coller correctement dans le moule.

Lorsqu'elles sont bien prises et froides, collez-les dans le moule avec de la glace royale blanche au marasquin.

Ce croquembouche se colle en spirale comme le croquembouche en gimblettes de génoise.

Laissez sécher et ne démoulez que lorsqu'il est bien sec.

Cette grosse pièce étant fragile, je recommande beaucoup de soin pour son exécution.

*Observation.* — Je répète ici qu'il est impossible de donner le compte exact des gimblettes et des morceaux de génoise, le nombre variant selon la grandeur des moules; c'est au praticien à compter ce qu'il en faut pour le service.

Je ne saurais trop insister sur le soin qu'exigent toutes les grosses pièces faites au sucre au cassé, sucre bien blanc, pas apparent du tout si l'on colle chaque morceau au sucre avec netteté, car autant elles sont belles et appétissantes lorsqu'elles sont bien réussies, autant elles sont désagréables à la vue lorsqu'elles ne réunissent pas toutes les qualités nécessaires.

### CROQUEMBOUCHE EN DRAPERIE.

Préparez 500 grammes de génoise avec sucre d'orange.

Couchez sur des plaques ; lorsque la génoise est cuite, coupez au coupe-pâte de 3 centimètres de large ; coupez des ronds en deux ; rangez par moitié sur des plaques.

Mondez des pistaches ; triez-les bien de grosseur égale.

Faites cuire du sucre au cassé ; glacez une partie avec du sucre blanc, l'autre partie avec du sucre au cassé coloré en rose.

Collez un rang dans le fond du moule ; mettez le côté coupé sur le carré ; puis collez les demi-ronds, un rose avec un blanc, le côté plat sur le premier rang.

Lorsque le rang est fini, trempez les pistaches dans le sucre et collez-les droites entre chaque génoise.

Recommencez un second rang en mettant le demi-rond sur le milieu de celui qui est collé ; mettez une pistache entre deux ; continuez jusqu'à ce que le moule soit rempli.

Laissez refroidir, démoulez et réservez.

### CROQUEMBOUCHE EN PATE D'ABRICOTS.

Ayez de la pâte d'abricots de 12 millimètres de large ; glacez au sucre au cassé, la moitié rose et l'autre moitié blanche.

Collez dans le moule un rose, un blanc, et continuez en formant une ligne oblique de bas en haut.

Faites des triangles avec de l'angélique que vous glacerez au cassé et que vous collerez sur le haut du croquembouche en inclinant la pointe en dehors.

Mettez au milieu un pompon en sucre filé (fig. 33).

Terminez comme il est dit au Croquembouche de génoise au kirsch et au chocolat, p. 124.

### CROQUEMBOUCHE DE FRUITS.

Epluchez des oranges par quartiers sans déchirer la petite peau blanche qui les recouvre; embrochez les quartiers avec des brochettes de bois longues et minces et posez-les sur le tamis.

Coupez en deux de belles prunes de reine-Claude confites et des abricots confits.

33. — Croquembouche de pâte d'abricots.

Glacez tous les fruits au sucre au cassé; laissez refroidir; montez dans un moule huilé d'amandes douces, en mettant un rang de quartiers d'orange, un rang de prunes, un d'orange, un d'abricots, et en continuant jusqu'à ce que le moule soit rempli.

Démoulez et couronnez d'un sujet en sucre filé.

## CROQUEMBOUCHE D'ORANGES ET CERISES CONFITES.

Épluchez des oranges comme il est dit page 129.

Faites-les sécher; glacez-les au sucre au cassé.

Laissez refroidir.

Garnissez le fond du moule avec des quartiers et collez

34. — Croquembouche d'oranges.

autour les quartiers d'orange, en mettant le côté droit sur le premier rang, afin que le côté rond se trouve en haut ; placez entre les quartiers une cerise bien égouttée, séchée à l'étuve et glacée au cassé.

Continuez de coller les quartiers les uns sur les autres en les posant à cheval ; ensuite posez une cerise glacée, et terminez jusqu'à ce que le moule soit rempli.

Démoulez et réservez (fig. 34).

### CROQUEMBOUCHE DE MARRONS.

Faites rôtir des marrons à blanc, après les avoir fendus, cuits et épluchés.

Laissez-les refroidir.

Faire cuire du sucre au cassé.

Glacez les marrons.

Laissez-les refroidir et collez-les dans un moule uni et huilé.

Lorsque le croquembouche est froid, démoulez et servez sur un plat garni d'une serviette.

### CROQUEMBOUCHE DE CERISES FRAICHES ET DE BOULES DE CHOUX.

Faites pour la moitié du moule des boules de choux, et pour l'autre moitié ayez de belles cerises, auxquelles vous couperez les queues.

Glacez les cerises au sucre au cassé coloré en rose pâle et posez-les sur un marbre.

Lorsque les cerises sont refroidies, formez le fond avec des boules de choux.

Commencez par un rang de cerises, en ayant soin de poser le côté plat de la cerise sur le moule, et continuez par un rang de boules et un rang de cerises jusqu'à ce que le moule soit plein.

Laissez refroidir et démoulez.

### PYRAMIDE DE SAVARINS A L'ORANGE.

Faites cinq savarins, dont

Le premier ait 18 centimètres,

Le deuxième, 16,

Le troisième, 14,

Le quatrième, 12 centimètres,

Le cinquième, 10.

Beurrez les moules avec du beurre épongé.

Semez des amandes hachées sur le beurre.

Emplissez les moules à moitié avec de la pâte à savarin dans laquelle vous mettrez de l'orange confite, coupée en dés.

Laissez revenir la pâte et faites cuire.

Démoulez.

Masquez chaque savarin avec de la marmelade d'abricots passée au tamis; faites-la chauffer; détendez-la avec du sirop pour la ramollir.

Mettez les savarins l'un sur l'autre et glacez-les au fondant à l'orange; placez-les sur un fond d'office masqué de vert.

Posez avec un cornet au pied et entre chaque savarin des points de meringue à l'italienne gros de 1 centimètre 1/2.

Mettez sur le dernier savarin une boule en sucre filé blanc avec une aigrette rose.

Collez avec de la marmelade d'abricots des losanges d'angélique sur le dernier savarin, pour former un cordon au bas de la boule de sucre.

Dressez sur un plat garni d'une serviette.

### PYRAMIDE DE SAVARINS GLACÉS AU RHUM.

Préparez cinq savarins comme il est dit page 131.

Remplacez l'orange confite par du cédrat.

Glacez à la marmelade d'abricots et à la glace au fondant au rhum, et terminez comme le savarin à l'orange.

### GATEAU GENOIS A L'ANANAS.

Ayez 5 moules en ferblanc à 6 pans et étagés comme pour la pyramide de savarin.

Beurrez les moules à beurre chaud et au pinceau (voir Beurre et Graisse clarifiés, p. 31).

Marquez de la génoise faite sur le feu; ajoutez sucre de vanille (p. 29).

Emplissez les moules à moitié, et faites cuire à four *papier jaune*.

Démoulez et laissez refroidir.

Masquez chaque gâteau avec de la marmelade d'ananas, et mettez-les l'un sur l'autre.

Glacez-les à la glace de fondant à l'ananas.

Faites-les sécher.

Posez le gâteau sur un fond de pâte d'office mis au sucre vert.

Poussez au cornet un cordon de perles avec de la meringue italienne rose au pied du gâteau.

Couronnez le gâteau avec une boule de sucre filé rose et une aigrette.

La beauté de ce gâteau consiste dans sa netteté et dans le brillant du glacé.

### GATEAU GÉNOIS AU NOYAU.

Préparez un gâteau comme le précédent.

Ajoutez 30 grammes d'amandes amères.

Pilez et mouillez-les avec un quart de décilitre de liqueur de noyau.

Lorsque le gâteau est cuit et refroidi, masquez-le d'abricots, et glacez avec une glace faite de fondant au noyau.

Finissez comme le génois à l'ananas.

### GATEAU GENOIS AU CITRON.

Préparez comme le génois à l'orange.

Mettez du sucre de citron dans la pâte; masquez de marmelade de mirabelles.

Passez au tamis.

Glacez avec de la glace de fondant au citron.

Terminez comme le génois à l'orange.

## NOUGAT ORDINAIRE.

Prenez des amandes.

Coupez et préparez comme il est dit au chapitre I$^{er}$, Amandes en filets, page 23.

Pesez 1 kilo d'amandes et 500 grammes de sucre en poudre.

Ayez un gros moule à biscuits bien propre et très-légèrement huilé à l'huile d'olive.

Faites chauffer les amandes et faites fondre le sucre dans un poêlon d'office et sur un feu doux.

Ajoutez une cuillerée à bouche de vinaigre, et tournez avec la spatule.

Lorsque le sucre est fondu, mêlez les amandes. Ce mélange se fait mieux en penchant le poêlon et en mettant tout le nougat dans l'angle. Introduisez la spatule sous la masse et agitez-la pour la faire passer à travers les amandes, afin qu'elles se glacent d'une manière égale.

Tenez le nougat au chaud, en évitant qu'il ne prenne couleur, car la beauté d'un nougat consiste dans l'égalité de sa teinte.

Prenez une partie de nougat; formez-en un rond de 12 centimètres; posez-le dans le fond du moule; appuyez, légèrement, avec un citron; continuez par petites parties jusqu'à ce que le moule soit rempli.

Parez le nougat de manière qu'il puisse se tenir droit lorsqu'on coupe tout ce qui dépasse le moule.

Pour réussir un nougat, il faut le faire vite; aussi vaut-il mieux travailler à deux : pendant que l'un fait les abaisses, l'autre les pose.

## NOUGAT PARISIEN AUX PISTACHES ET GROS SUCRE.

Préparez 1 kilo d'amandes fendues en deux, des pistaches en dés et du sucre en grain n° 2 (voir p. 19).

Pour 1 kilo d'amandes, il faut 365 grammes de sucre en poudre.

Faites fondre le sucre avec une cuillerée de vinaigre.

Mêlez les amandes; semez sur chaque abaisse gros sucre et pistaches par parties égales.

Finissez comme le nougat ordinaire.

## NOUGAT PARISIEN AU RAISIN DE CORINTHE ET GROS SUCRE.

Préparez le nougat comme le nougat parisien aux pistaches.

Ayez raisin de Corinthe et gros sucre (voir p. 19).

Faites le nougat et moulez-le comme le précédent, en remplaçant les pistaches par le raisin de Corinthe.

Terminez comme le nougat aux pistaches (voir pl. II, fig. 5).

## NOUGAT AUX AMANDES HACHÉES.

Ce genre de nougat se fait peu en grosse pièce. Cependant je connais encore des grandes maisons où l'on ne veut pas qu'il en soit servi d'autres sur la table, et où il est fort apprécié comme entremets.

Ayez 1 kilo d'amandes hachées, comme il est dit au chapitre I$^{er}$, page 24.

Mettez 550 grammes de sucre en poudre pour 1 kilo d'amandes. (Je ferai observer que, pour la confection des nougats, plus les amandes sont hachées fin, plus il faut mettre de sucre.)

Mettez le sucre en poudre dans un poêlon d'office avec une cuillerée à bouche de vinaigre; faites chauffer les amandes; mettez le sucre sur le feu; tournez avec la spatule; mêlez et montez le nougat dans le moule.

Laissez refroidir, démoulez et réservez.

## NOUGAT A LA REINE.

Le nougat à la reine se fait avec des amandes entières glacées au sucre au cassé, rose et blanc, et avec des pistaches entières, également glacées au sucre au cassé blanc. On forme le nougat dans des moules unis ou à 6 côtes.

Le moule à 6 côtes pour les grosses pièces doit toujours être préféré. On monte une côte au sucre au cassé rose et une au sucre au cassé blanc ; puis, lorsque le nougat est démoulé, on met un cordon de pistaches glacées au sucre au cassé blanc entre chaque côte. On met aussi une aigrette de sucre filé blanc ou un sujet en sucre.

Servir sur socle ou sur plat garni d'une serviette.

### NOUGAT AUX AVELINES, AUX PISTACHES ET AU GROS SUCRE.

Ayez de très-belles avelines, torréfiez-les au four pour en retirer la petite peau rouge qui les recouvre.

Coupez chaque aveline en deux.

Ayez des pistaches coupées en feuilles et du sucre en grain n° 2 (voir p. 19).

Pesez les avelines.

Mettez 185 grammes de sucre pilé dans un poêlon par 500 grammes d'avelines.

Faites fondre le sucre sur le feu, en ajoutant une forte cuillerée à bouche de vinaigre. Quand le sucre est fondu, mêlez-y les avelines.

Formez le nougat par petites abaisses sur lesquelles vous sèmerez des pistaches et du gros sucre.

Le nougat monté et froid, démoulez et mettez dessus un pompon en sucre filé.

### NOUGAT D'AVELINES HACHÉES.

Préparez les avelines comme il est dit ci-dessus.

Hachez-les grossièrement.

Mettez-les dans une passoire fine pour en retirer les morceaux trop fins.

Mettez par 500 grammes d'avelines 250 grammes de sucre pilé et une cuillerée à bouche de vinaigre ; faites fondre le sucre ; mêlez les avelines au sucre et formez le nougat.

Laissez refroidir, démoulez et servez sur une serviette.

### GROSSE MERINGUE.

On fait cette grosse pièce de plusieurs façons : tantôt on la fait en couronnes, que l'on couche sur papier et que l'on

35.— Grosse meringue.

superpose les unes sur les autres; tantôt on les moule sur des moules en ferblanc.

Pour faire la grosse meringue en couronnes, on taille dix ronds de papier; le premier doit avoir 18 centimètres de largeur et le dernier 9 centimètres.

Couchez avec la poche, sur ces ronds, de la pâte à meringue (voir p. 103) en grosses perles un peu allongées et serrées les unes contre les autres pour former des couronnes.

Saupoudrez ces couronnes avec du sucre pilé; mettez-les cuire sur des planches.

Lorsque les couronnes sont prises, retirez-les du four.

Retournez-les sur des plaques, enlevez le papier et remettez les couronnes au four pour les sécher.

Laissez-les refroidir et mettez-les sur un fond de pâte d'office cuit et sablé de sucre vert.

Au moment de servir, on remplit avec de la crème Chantilly à la vanille ou au café, chocolat ou orange.

On place dessus une boule et une aigrette en sucre filé.

Servez sur un plat garni d'une serviette.

### GROSSE MERINGUE SUR MOULE.

Ayez des cercles en ferblanc dits moules à meringue; beurrez les moules avec du beurre épongé (voir p. 31).

Glacez comme les moules à gros biscuits; beurrez également les plafonds.

Couvrez les cercles de pâte à meringue d'une épaisseur de 1 centimètre.

Saupoudrez la meringue de sucre pilé.

Faites sécher à four très-doux. Si l'on met la meringue à four trop chaud, elle souffle et perd sa solidité.

Lorsque les cercles sont secs, démoulez, laissez refroidir et couchez à la poche de petites colonnes de 8 millimètres d'épaisseur sur les cercles de meringue et·dépassant le cercle de 1 millimètre.

Saupoudrez de nouveau ces colonnes avec du sucre pilé.

Remettez au four et faites sécher.

Laissez refroidir.

Mettez-les les uns sur les autres et sur un fond de pâte d'office au sucre vert.

Remplissez de crème Chantilly.

Mettez dessus une aigrette en sucre filé.

## SULTANES.

Il se fait deux sortes de sultanes : les unes coulées à la cuiller pour entremets, et les autres filées avec le poêlon pour les grosses pièces.

### SULTANE POUR GROSSE PIÈCE.

Pour une grosse sultane on emploie 1 kilo de sucre.

Cassez 1 kilo de sucre en très-petits morceaux ; mouillez très-juste pour qu'il puisse fondre ; ajoutez 5 grammes de crème de tartre.

Donnez un seul bouillon.

Passez au tamis de soie et réservez dans une terrine.

Faites cuire dans un petit poêlon par 250 grammes environ.

Lorsque le sucre est cuit, laissez refroidir.

Pour que le sucre refroidisse également, on prend le poêlon avec la main droite et on le tourne dans tous les sens pour que le sucre refroidisse plus vite sur les bords qu'au milieu : par ce moyen il se mêle tout en refroidissant.

Ayez un moule à biscuits très-propre, que vous huilez sur le dessus avec de l'huile d'olive ou d'amandes douces.

Mettez le bras gauche dans le moule, tenez-le à la hauteur de la poitrine.

Lorsque le sucre est refroidi à point, prenez le poêlon dans la main droite et formez un cordon de sucre d'un demi-centimètre sur le bas du moule.

Puis tenez le poêlon à la hauteur de l'œil, et penchez-le suffisamment pour obtenir des fils fins en faisant un mouvement de va-et-vient de 40 centimètres.

Il faut qu'avec la main vous fassiez tourner le moule sans cesser l'opération du filage.

Lorsque le moule sera couvert de fils d'une épaisseur de 5 millimètres, chauffez légèrement la sultane et appuyez pour que le sucre prenne la forme du moule.

Refilez une autre couche de 4 millimètres en sens inverse, ce qui produira une couche de fils très-forte et très-consistante.

Lorsque la sultane est filée, on la chauffe très-légèrement pour la détacher du moule.

Laissez refroidir et démoulez.

*Observation.* — On décore ces sultanes avec des fleurs et des feuilles en sucre de couleur, du sucre filé très-fin, rose et blanc.

On fait un fond de pâte d'office que l'on met au sucre vert, puis on colle sur le bord une bordure faite avec du feuilletage à blanc, et l'on y met une grosse meringue garnie de crème Chantilly.

On pose la sultane sur le fond et l'on sert sur un plat garni d'une serviette.

Il faut avoir soin, lorsque l'on file le premier poêlon, d'en faire cuire un deuxième et de continuer, pour ne pas perdre de temps.

La beauté d'une sultane consiste à être très-blanche, filée sans goutte : ce que l'on ne peut obtenir si l'on file à sucre trop chaud (voir pl. II, fig. 7).

Pour la démonstration du sucre filé à décor, voir également la planche II, fig. 7.

### SULTANE EN TREILLAGE
#### COULÉE A LA CUILLER.

Faites cuire du sucre au cassé.

Tenez-le très-blanc.

Lorsqu'il est cuit, laissez-le refroidir jusqu'à ce que le fil se tienne rond sur le moule.

Tenez le sucre sur la cendre chaude, pour qu'il ne refroidisse pas davantage.

Ayez un moule à timbale d'entrée qui n'ait pas d'oreilles.

Tracez au crayon le dessin du treillage.

Huilez le moule, posez un cordon de sucre sur les bords du moule et continuez de filer avec la cuiller.

Commencez par le bas du moule pour couler le sucre d'un seul trait jusqu'au haut.

Lorsque vous aurez couvert le moule de traits d'un côté, recommencez le second rang, qui formera le treillage.

Laissez refroidir et démoulez.

36. — Cage en sucre filé.

Ayez un moule à dôme en ferblanc, garni de douilles en dedans et ayant un demi-centimètre de moins que le moule de cuivre.

Filez dessus un treillage.

Lorsqu'il est refroidi, démoulez-le, posez-le sur la sultane décorée avec du sucre filé rose et blanc.

Ces sortes de cages servent à couvrir des entremets : elles sont rarement employées autrement.

### CROQUANTE ANCIENNE.

Faites de la pâte d'amandes à abaisse comme il est dit au chapitre IV, page 87.

Ayez un moule uni à grosse pièce qui soit étamé en dessus.

Beurrez légèrement avec du beurre épongé.

Abaissez la pâte de 4 millimètres d'épaisseur.

Coupez des bandes de 1 centimètre de large.

Faites un treillage en losanges sur le moule, en ayant soin de mouiller avec des œufs battus les endroits où la pâte se croise pour le soudage ; ensuite faites prendre une couleur blonde au four.

Lorsque la croquante est colorée, retirez du four, laissez refroidir et démoulez.

Glacez la croquante avec de la marmelade d'abricots passée au tamis.

Mettez sur le dessus et au bord de la croquante un rond d'anneaux en feuilletage de 2 centimètres et dans chacun une cerise confite bien égouttée.

Faites un fond de pâte d'office, que vous mettrez au sucre vert.

Lorsqu'il est cuit, collez sur le bord une bordure faite avec du feuilletage à blanc.

Posez la croquante dessus et servez sur un plat garni d'une serviette.

### CROQUANTE MODERNE.

Faites de la pâte d'amandes à abaisse comme il est dit au chapitre IV, page 87.

Abaissez de l'épaisseur de 4 millimètres.

Coupez des ronds au coupe-pâte de 3 centimètres.

Videz ces ronds avec un autre coupe-pâte de 1 centimètre 1/2.

Faites-les sécher à blanc.

Lorsqu'ils sont bien secs, masquez-les avec une glace royale bien blanche et pas trop ferme.

Semez sur la glace du petit sucre granit n° 3 (voir p. 19).

Faites sécher.

Faites du repère avec de la pâte d'amandes, du blanc d'œuf, un peu de gomme adragante dissoute dans de l'eau.

Huilez légèrement un moule uni à grosse pièce.

Collez les ronds dans le moule avec le repère et en spirale.

Laissez sécher.

Démoulez.

Garnissez le vide des ronds par des cerises confites et un autre rang par des verjus.

Faites avec la pâte d'amandes une croustade qui puisse entrer sous la croquante.

Faites un fond de pâte d'office que vous mettrez au sucre rose.

Lorsqu'il est cuit, posez autour du fond une rangée de croûtons de nougat aux pistaches.

Posez sur la croquante un sujet en sucre filé.

Au moment de servir la croquante, garnissez la croustade de pâte d'amandes d'une glace aux fraises et servez avec la croquante.

### AUTRE CROQUANTE.

Préparez des gimblettes comme pour la précédente.

Masquez la moitié des gimblettes de glace rose au kirsch et l'autre moitié de glace blanche au kirsch.

Mettez dans les gimblettes blanches un rond de pâte d'abricots et un rond d'angélique dans les gimblettes roses.

Faites cuire du sucre au cassé.

Huilez un moule uni à grosse pièce.

Trempez chaque gimblette dans le sucre cuit.

Rangez-les en spirales.

Lorsque le moule est plein, laissez refroidir et démoulez.

Mettez sur un fond de pâte d'office et sablé de sucre vert.

Servez sur un plat garni d'une serviette.

Je rappelle, au sujet de ces croquantes, qu'il est urgent de mettre le moule dans de la glace pour obtenir un refroidissement plus prompt et éviter qu'elles ne collent au moule.

## MANIÈRE DE FAIRE LE SUCRE FILÉ.

Après avoir fait cuire du sucre au cassé, on le laisse reposer quelques minutes, puis on met le poêlon sur un réchaud garni de cendre chaude. On dispose des plaques d'office par terre à la place où on doit filer (fig. 37).

On prend un grand couteau (de la main gauche pour les droitiers et de la main droite pour les gauchers) que l'on tient élevé à la hauteur de l'œil. Alors tenant une cuiller de la main droite, on la trempe dans le sucre et on file sur le couteau comme l'indique la figure.

Lorsque le couteau est couvert de sucre filé, on passe le bras droit dessous, puis on le place sur la table. On retire une bande de 4 centimètres sur la partie qui a passé sur les plaques d'office; l'on découpe le sucre selon le dessin que l'on veut faire et on le pose tout de suite sur la pièce.

37. — Manière de faire le sucre filé.

# CHAPITRE II.

## SOCLES ET PIÈCES MONTÉES.

Lorsque je conçus le plan de ce livre, je voulais me renfermer dans la pâtisserie la plus usuelle et la plus pratique, sans aborder la construction des pièces qui sont des œuvres d'art avant d'être des objets de consommation. Mais plusieurs de mes amis et collègues m'ayant fait observer que mon ouvrage serait incomplet si je n'y joignais la description des socles et des pièces montées, je me suis décidé à consacrer un chapitre à ces deux branches de notre art. Les jeunes gens qui voudront étudier mon livre auront ainsi un guide aussi complet que bien renseigné. Toutefois je ne cesserai de répéter qu'à la théorie il faut joindre une grande pratique et beaucoup de persévérance. J'ai recommencé jusqu'à vingt fois certains dessins, avant d'arriver à réaliser mon idée. Il ne faut donc jamais se rebuter. Si je me permets de me citer en exemple, c'est afin d'appuyer par une preuve tirée de l'expérience les conseils et les encouragements que je donne aux jeunes pâtissiers.

### SOCLES.

Les socles datent du commencement de ce siècle. Primitivement on les faisait en condé, canapé, génoise, etc. On faisait deux fonds d'office, dont l'un devait avoir 8 centimètres de plus que l'autre, car il fallait pouvoir mettre une garniture de gâteaux autour. On collait dans un moule à timbale uni les condés avec du sucre au cassé.

Les condés une fois placés dans le moule, le côté aux amandes sur le cuivre, on les collait, après refroidissement, sur le grand fond, la douille en pâte d'office de 6 centimètres de largeur au milieu, puis le petit fond sur la douille et les condés, et on garnissait les bords du petit fond avec une bordure de feuilletage à blanc, soit des demi-olives vides, soit des demi-ronds, ou tout autre dessin, et on avait un socle primitif.

Plus tard, on a sablé les fonds avec du sucre coloré en vert, puis on a substitué aux gâteaux des bandes en pâte d'office de 6 centimètres de large. Ces bandes se masquaient de sucre rose et, pour cacher les soudures, on collait sur chacune d'elles des petits points en feuilletage à blanc; puis on collait socle et bordure avec du repère, ce qui permettait de conserver les socles.

On a remplacé ensuite les bandes de pâte d'office en fonçant en pâte d'office des moules unis dont on remplissait le vide avec de la farine; puis, la pâte cuite, on vidait le moule, on essuyait la pâte d'office et on la masquait de sucre rose. C'était déjà un progrès.

Enfin sont venus les Penelle, les Garin, qui ont commencé à donner une forme à leurs socles. Ils employaient des moules à corbeille, des dômes renversés l'un sur l'autre, puis un gros bourrelet au milieu.

Quand l'usage du cornet s'est introduit, on s'en est servi pour décorer les socles et autres pâtisseries. Les bordures en feuilletage devenues plus légères, on a fait faire des coupe-pâte de dessins différents.

A dater de ce moment, l'essor ne s'est pas arrêté : on a remplacé les bordures de feuilletage par une pâte qui se fait avec farine, sucre passé au tamis de soie et eau; c'est cette pâte qui a été nommée *pâte anglaise*. Ne craignant pas la chaleur comme le feuilletage, elle a permis de donner aux socles encore plus de légèreté et de régularité.

Après cette transformation, les socles sont devenus de vraies pièces montées. On les a décorés avec pâte d'amandes ou pastillage; les bordures ont été plus travaillées; les moules en soufre ont remplacé les coupe-pâte.

Plusieurs de mes confrères ont ajouté des statuettes en sucre qu'ils tiraient des moules; on a même remplacé le sucre par de la cire. Quoique j'en aie vu de très-jolis, je répète ce que j'ai dit plusieurs fois : le pâtissier ne doit pas chercher à rivaliser avec les artistes; il doit les suivre, mais non chercher à les égaler; car, quoi qu'il fasse, il ne peut prétendre au fini du travail des bronziers, dont les surtouts et autres ornements de table sont de véritables œuvres d'art.

Un écueil à éviter, c'est l'emploi d'un grand nombre de couleurs pour une seule pièce : trois est la règle ordinaire. Dans ces trois couleurs, on compte celle du fond, qui est généralement blanche pour les pièces en pâte d'amandes et pastillage, et rose pour les pièces en pâte d'office. On peut aller jusqu'à quatre, à la condition qu'une des quatre sera peu apparente.

Il faut, lorsque l'on colore le sucre ou les pâtes, mettre les couleurs peu à peu pour arriver à avoir des teintes vives, qui cependant ne soient pas trop foncées. Par exemple, le rose ne doit pas être rouge; le vert sera un peu plus foncé que la nuance pistache. Cette observation s'applique à toutes les couleurs.

## PIÈCES MONTÉES EN PATE D'AMANDES
## OU EN PASTILLAGE.

Ce genre de pièces ne servant qu'à orner les tables, il n'y a aucun inconvénient à employer des couleurs broyées à l'huile. Ainsi le bleu de Prusse, les jaunes de chrome, de Naples, la terre de Sienne brûlée, sont des couleurs que l'on emploie ordinairement. Pour le rouge, le rose, le lilas et le violet, le rouge végétal est ce que j'ai trouvé de meilleur.

Avec ces couleurs on obtient des nuances plus brillantes qu'avec les couleurs à la gomme.

Pour les employer, on doit commencer par en mettre peu à la fois, car il est plus facile d'en ajouter que d'en retirer.

Il faut éviter de faire des couleurs trop foncées, car, je le répète, rien n'est plus désagréable que des tons trop tranchés.

On doit aussi colorer assez de pâte pour ne pas être obligé d'en refaire, car il est difficile d'obtenir deux fois de suite exactement le même ton.

Lorsque l'on voudra faire de la pâte couleur chocolat, on emploiera la terre de Sienne brûlée. On obtiendra ainsi une couleur bien nette et bien franche.

### MAISON ITALIENNE.

La maison italienne, représentée par la planche VI, me servira à démontrer la facilité de l'exécution des pièces montées qui,

38. — Carcasse de rocher.

au premier abord, paraissent d'une construction difficile. Je choisis ce type, parce qu'il est un des plus pittoresques et que, malgré sa simplicité, il renferme des éléments très-variés. Je décrirai d'abord la manière de construire le rocher qui supporte la pièce (fig. 38).

La carcasse est entièrement composée de pièces en pâte d'office; elle comprend :

MAISON ITALIENNE EN NOUGAT SUR ROCHER

Deux disques d'inégales dimensions, le plus grand à la base, l'autre au couronnement;

Trois piliers, composés de lames d'égale grandeur, flanqués de tronçons pour les étayer et les consolider : ces piliers doivent supporter le disque supérieur;

Trois autres piliers ou supports d'inégale hauteur, destinés à soutenir la rampe, composée elle-même de deux pièces courbes découpées en fragments d'anneau : le tout cimenté au moyen d'une pâte, dite *pastillage*, détendue avec de l'eau, et assemblé comme l'indique le dessin.

Les gâteaux qui garnissent la carcasse sont fixés au moyen de sucre cuit au cassé.

La balustrade s'ajuste par-dessus; on achève par l'addition de la verdure et des plantes, dont la forme a été obtenue avec le coupe-pâte, le tamis ou le moulage, etc. Ces divers accessoires sont disposés au couteau.

Il est prudent de diviser son travail et de faire à part la pièce montée.

Pour construire la pièce, il faut d'abord calculer la quantité de matière principale (le nougat dans le cas qui nous occupe) et en préparer un peu plus qu'il n'est nécessaire, afin de n'en pas manquer dans le cours de l'opération et de parer aux accidents, qui doivent toujours être prévus.

Il est difficile d'obtenir dans deux préparations distinctes un nougat identique, ayant le même aspect et le même ton : la moindre différence dans le degré de chaleur ou dans la durée de la préparation peut le rendre plus foncé ou plus blond, et il ne faut pas oublier que l'égalité et la similitude de la teinte, dans toutes les parties du nougat, constituent sa principale beauté et témoignent de la sûreté de coup d'œil et de main de l'opérateur. J'insiste sur ce point important.

Lors donc qu'on a mesuré et arrêté la quantité de matière première et que celle-ci est prête à être mise en œuvre, il faut l'étendre rapidement sur le marbre huilé et l'abaisser, à l'aide du rouleau, en feuilles d'une épaisseur de 5 millimètres, de manière à couvrir la surface d'un des patrons de la pièce. L'excédant servira à parer aux avaries ou aux accidents qui peuvent survenir.

L'abaisse de nougat est alors découpée, sur le patron de la pièce, au moyen du couteau. L'opération doit être très-rapide, car le nougat ne doit pas refroidir pendant le travail, et comme on ne peut découper qu'un patron à la fois, il faut

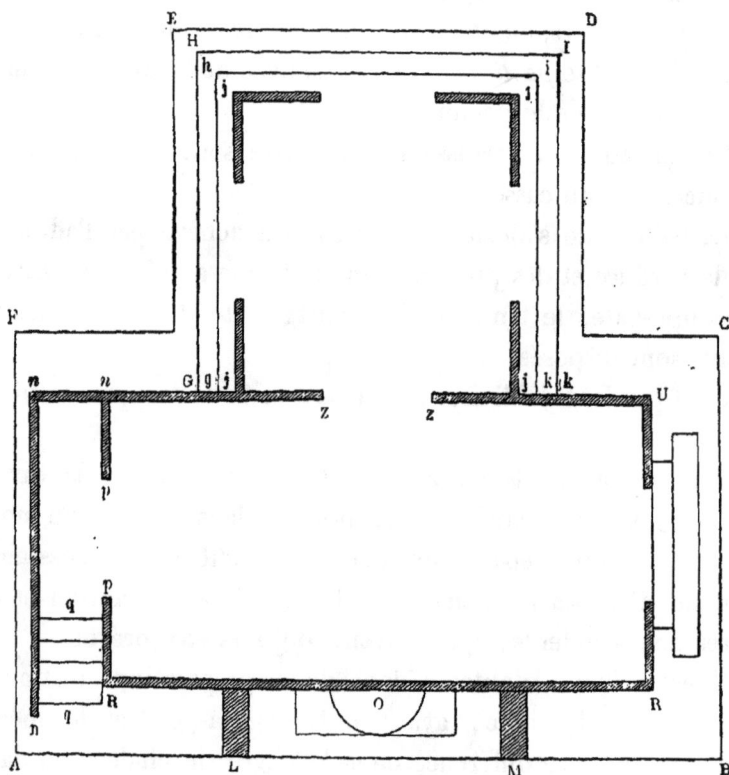

39. — Plan de la maison italienne.

maintenir au chaud la partie qui n'est pas encore employée. Aussi, dès qu'une partie a été découpée, on en met les rognures au four pour les maintenir chaudes et pouvoir les abaisser de nouveau.

Les dessins qui vont servir à la démonstration que je me propose sont exécutés à la moitié de la grandeur naturelle. Celui qui voudra monter une pièce semblable, n'aura donc qu'à en doubler les proportions. Il va sans dire que je ne veux point imposer à l'opérateur une dimension absolue ; chacun peut, suivant son goût et les circonstances, réduire ou augmenter le modèle. Je ne donne ici qu'une dimension moyenne, susceptible d'être modifiée.

Je suppose donc que toutes les pièces sont découpées et prêtes à être montées, et je me borne à expliquer et à démontrer la construction avec les matériaux amenés pour ainsi dire à pied d'œuvre.

Le plan ou plateau de nougat ABCDEF (fig. 39), placé horizontalement, supporte tout l'édifice et en forme la base.

40. — Muraille pleine du rez-de-chaussée.

G H I K et *ghik* sont deux plateaux qui se superposent sur le premier pour exhausser le sol de la maison dont ils forment la base et figurer les marches qui entourent le portique.

L et M sont le plan ou la base des deux contre-forts du mur du fond décoré par la madone.

*n n n* sont les parements du petit escalier et du palier de la porte d'entrée.

*p p* est l'ouverture de la porte d'entrée.

*q q* sont les marches de l'escalier donnant accès au palier.

O est le plan horizontal du cul-de-lampe qui supporte la
madone.

Les parois verticales du rez-de-chaussée se composent : 1° de
la muraille pleine RR SS (fig. 40); 2° de la paroi R *n* TT, et de
son pendant R U V V (fig. 41); 3° d'une muraille U *n* Y Y,
percée de l'ouverture ZZ (fig. 39 et 42); 4° enfin de trois parties
semblables J J X X (fig. 43), formant le portique qui soutient la

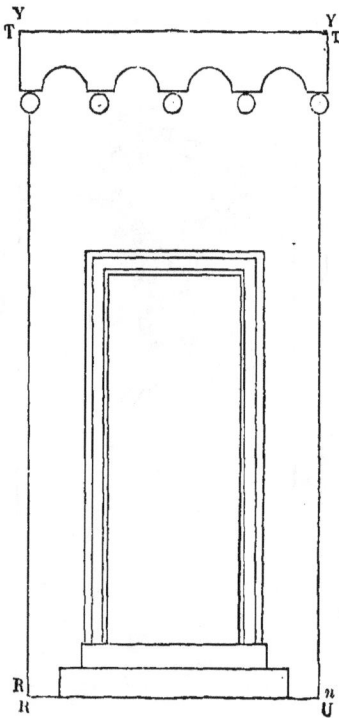

41. — Parois de la maison.

tonnelle. Toutes ces parois ou murailles viennent se placer
verticalement sur le plan suivant l'ordre indiqué par les lettres
correspondantes.

Un plateau semblable à celui du plan horizontal se pose sur
les murailles, forme le plancher du premier étage et supporte
en même temps sur son pourtour la balustrade découpée dont
je donne le dessin (fig. 44).

Pour les parois ou murailles du premier étage, on procédera
comme je viens de l'indiquer pour le rez-de-chaussée.

Un coup d'œil jeté sur les dessins au trait permettra d'apprécier le parti qu'on en peut tirer et l'ordre dans lequel chaque chose doit se présenter par rapport aux autres. Ainsi la

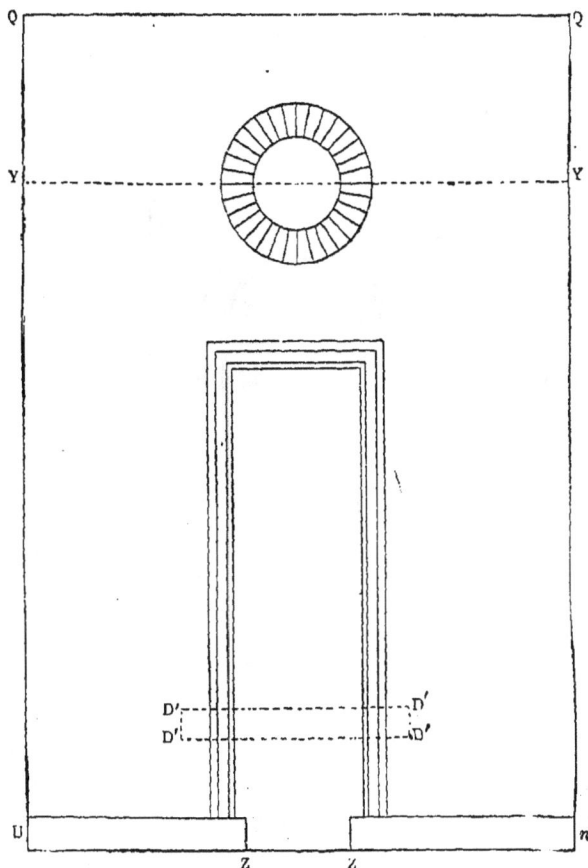

42. — Murailles.

fig. 42 représente, en même temps, 1° la muraille U $n$ Y Y du
rez-de-chaussée, qui a sa base, sur le plan, aux points $n$, Z, Z, U ;
2° la muraille U $n$ Q Q du premier étage, percée de l'œil-de-
bœuf ; 3° la muraille U $n$ Y Y, percée de la fenêtre dont l'appui
est désigné par D' D' D' D'.

La fig. 45 représente la paroi du premier étage, située au-
dessus de la porte d'entrée, ainsi que celle qui lui est opposée.

La fig. 46 donne le toit de l'édifice et vient s'appliquer sur le couronnement des murailles, suivant Q Q Y Y.

J'ai pensé qu'il était superflu de donner un dessin de la cheminée : il m'a paru qu'elle était suffisamment représentée dans la planche peinte.

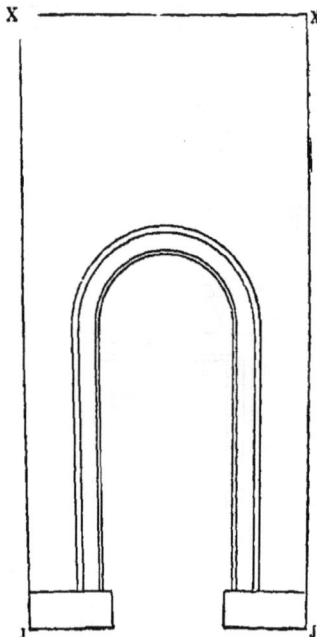

43. — Portique.

Je crois inutile d'entrer dans plus de détails; une étude réfléchie de la planche peinte devra révéler à l'opérateur tous les mystères des accessoires et de la coloration (voir pl. VI).

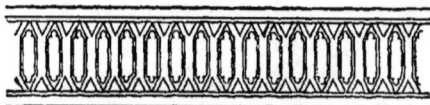

44. — Balustrade.

La balustrade s'obtient par un moulage, ainsi que la madone. Quant à l'œil-de-bœuf, à la tonnelle, au store, aux plantes grimpantes ou pariétaires, j'en abandonne l'exécution au goût et au caprice de chacun.

*Observation.* —Je ne saurais trop recommander, surtout aux personnes qui commencent, de s'exercer à monter quelques pièces, soit avec du carton, soit avec des pâtes dont les éléments soient peu coûteux; c'est en pratiquant que l'on devient habile et que l'on acquiert la sûreté de la main et la justesse du

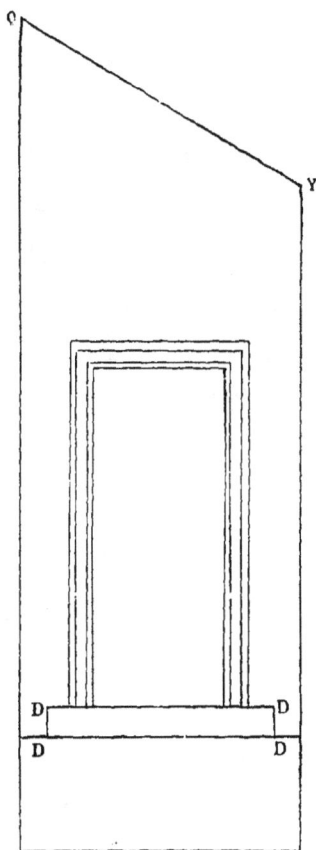

45. — *Paroi du premier étage.*

coup d'œil qui sont absolument nécessaires à celui qui veut sortir de l'ornière et des sentiers battus.

Souvent on est pris à l'improviste et on ne peut disposer que d'un temps très-limité; c'est alors que l'habileté et la prestesse que l'on a acquises par l'exercice permettent de faire merveille. D'ailleurs les essais auxquels j'invite sont au-

tant un délassement de l'esprit qu'une étude profitable et
ils offrent à une imagination vive et féconde l'occasion de

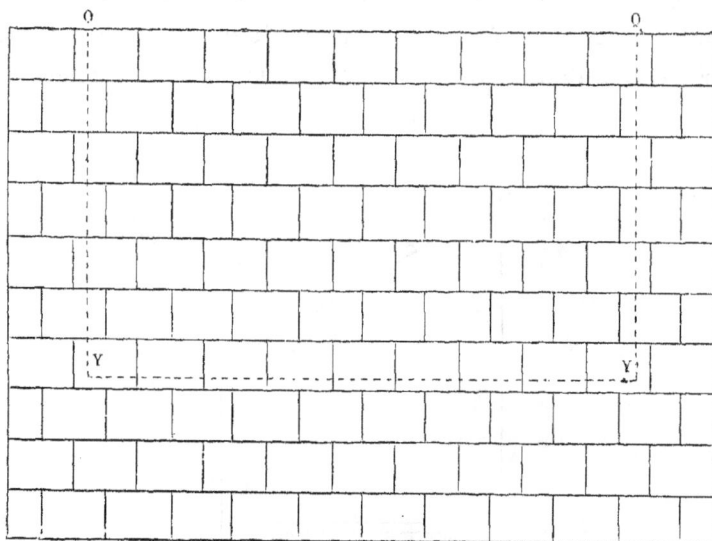

46. — Toit de l'édifice.

trouver de nouvelles combinaisons et de créer de nouveaux
modèles.

### PAVILLON RUSTIQUE.

Cette pièce est en pastillage. Lorsque l'on voudra l'exécuter,
il faudra commencer par faire les patrons en carton. On emploiera le procédé décrit pour la Maison italienne.

Les fonds sont en pastillage jaune, que l'on masque de blancs
d'œufs et que l'on saupoudre de sucre jaune clair. Les bois
sont en pastillage chocolat, les rideaux en pastillage rose, la
mousse et l'herbage en pastillage vert; les toits sont couleur de
tuile, jaune-rouge. Du reste la planche indique toutes ces couleurs : on n'aura donc qu'à suivre le dessin exactement pour
obtenir un bon résultat (voir pl. VII).

On fait aussi ce modèle en nougat. On met d'avance les
rideaux en pastillage, ainsi que la rampe. Quant au toit, il se fait
en nougat rouge. La boule et la pique sont également en pastillage, ainsi que les bandes blanches qui forment la crête du toit.

Pl. VII.

PAVILLON RUSTIQUE

Pour obtenir la mousse qui sert à historier les rochers et les pièces montées, on fait de la pâte d'amandes ferme et colorée en vert. On passe cette pâte avec une cuiller de bois et forte pression à travers un tamis de laiton dont les carrés doivent avoir 1 millimètre. Lorsque l'on a obtenu des fils de 2 centimètres, on ramollit de la pâte verte avec de l'eau ou blanc d'œuf : ce qui donne ce qu'on appelle du *repère*. On pose une pointe de ce repère sur la place où on veut mettre un bouquet de mousse, puis, en retournant le tamis, on serre par le pied les fils de mousse et on les fixe sur le repère.

Même procédé pour toutes les pièces où on se sert de mousse. On en fait aussi en pâte d'amandes jaune et rose.

### SOCLE MAURESQUE.

Lorsqu'on ne pourra pas se procurer les moules nécessaires pour les socles, on emploiera le procédé dessiné à la figure 47. On abaisse la pâte d'office et on la coupe en cercles auxquels on do e la forme indiquée. Lorsque les cercles seront cuits, mis en presse et refroidis, on prendra du pastillage (voir p. 88) que l'on ramollira avec de l'eau, ce qui forme le repère. Pour que ce repère soit d'un bon emploi, il faut qu'il soit très-lisse et mou, de manière à pouvoir s'étaler facilement : on en met une couche de 2 millimètres sur un fond ; on pose un fond sur ce repère ; on remet du repère sur le fond, et ainsi de suite jusqu'à ce que l'on ait la forme du socle. On met en presse et on fait sécher à l'étuve à chaleur douce (voir pl. VIII).

Ce socle doit être marqué en plusieurs pièces : le travail est alors plus facile que lorsqu'on le fait d'un seul morceau.

La pâte d'office une fois sèche, on lui donne la forme régulière avec des râpes ou limes à bois ; le socle limé et rendu régulier, on le met au sucre, et on le décore comme le dessin l'indique.

Pour tous les socles, employez le même procédé : un socle bien préparé dure longtemps. Lorsqu'il est fané, on le lime,

on le remet au sucre en changeant les couleurs et les bordures, ce qui lui donne un aspect tout différent. Le pâtissier

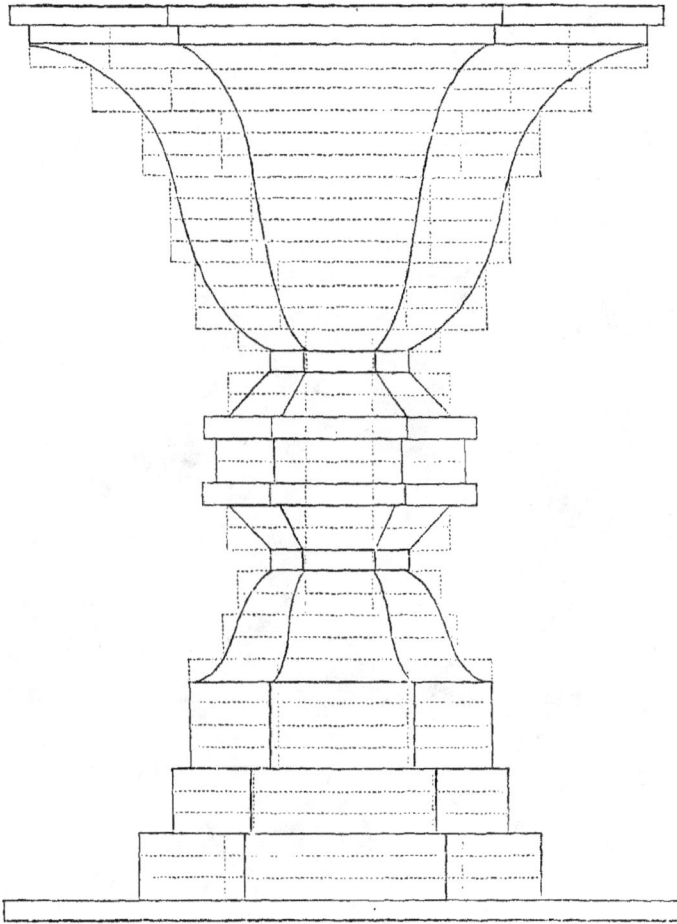

47. — Socle mauresque.

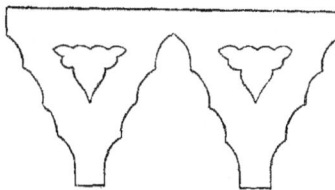

48. — Lambrequin du socle mauresque.

sédentaire, c'est-à-dire le pâtissier de maison, ou celui qui est
établi, peut faire faire ses mandrins de socles en bois, les

Pl. VIII.

SOCLE MAURESQUE

couvrir de pastillage très-mince et les finir comme ceux en pâte d'office. Les deux fonds de dessous et de dessus doivent toujours être en pâte d'office et de 12 millimètres d'épaisseur.

Un autre procédé, inventé par mon frère Alphonse Gouffé, pâtissier de Sa Majesté la reine d'Angleterre, consiste à faire faire les socles en bois d'après un dessin qu'on donne au menuisier, puis à les peindre avec des couleurs à la gomme et à les décorer ensuite en pastillage. Ces socles n'ont pas de bordure sur le fond de dessus, parce que la pièce de pâtisserie doit être servie sur un plat garni d'une serviette. Ces pièces sortent du genre pâtissier, mais n'en produisent pas moins un grand effet.

## SOCLE FONTAINE.

Ce socle, représenté par la planche IX, se fait par le même procédé que le socle mauresque : il suffira de suivre les indications du modèle.

Les jets d'eau se font d'abord en sucre au cassé, puis on les recouvre de sucre filé.

Ce socle est fait pour recevoir la pièce de pâtisserie sur un plat garni d'une serviette.

Lorsque l'on aura besoin d'une bordure, on fera un fleuron en pastillage que l'on collera sur le marbre, puis on entourera ce modèle de pâte et l'on coulera du soufre dessus. Aussitôt que le soufre sera refroidi et nettoyé, on fera une abaisse de pastillage de l'épaisseur du modèle et de 4 millimètres de largeur que l'on collera sur le marbre. On lèvera plusieurs fleurons, on les collera sur l'épaisseur de la bande et sur le marbre, puis on les entourera de pâte comme précédemment et on coulera le soufre, qui doit être bien fluide; car lorsque l'on verse le soufre trop chaud, il se forme de petits globules qui forment autant de trous dans le moule. Avec un peu de pratique, on saura bien vite couler le soufre. Les moules des trophées et des pièces montées ont tous été faits par ce procédé.

11

## PAVILLON GOTHIQUE.

Cette pièce est en pâte d'amandes.

Après avoir préparé la pâte d'amandes blanche de couleur et relevé les patrons sur le dessin, on découpe tout le fond de la pièce en pâte d'amandes blanche.

On fait aussi en pâte blanche les colonnes du second pavillon et les colonnettes des tourelles.

Les moulures du premier socle sont en pâte rose, ainsi que les moulures des pilastres, les socles des petites colonnes et leurs chapiteaux qui supportent les ogives.

Les montants qui tombent sur la colonne du milieu sont en pâte rose ; les ronds situés entre les ogives sont aussi en rose.

Les trèfles de l'intérieur ainsi que les vitraux sont en pâte jaune.

Les socles des petites statues ont le fond blanc et le décor rose.

Les statues sont en pâte jaune.

Quant à la corniche, elle a les filets de dessous et de dessus roses ; les feuilles du milieu sont jaunes.

Dans la galerie comprise entre les tourelles, les petits filets des demi-ronds, ainsi que ceux des ogives, sont roses.

Les fleurs de lis, les pointes et le filet qui borde le milieu des petits carrés, sont jaunes.

Les chapiteaux des colonnes des tourelles sont jaunes.

Les filets qui bordent les ogives sont roses.

Dans la tourelle du couronnement, de même que dans les quatre petites tourelles et le deuxième pavillon, les colonnes sont blanches et ornées de pâte jaune. Les piliers du deuxième pavillon sont formés de quatre colonnettes accouplées. Les socles des colonnes sont carrés.

Les chapiteaux des colonnes, les moulures du fronton sont roses, ainsi que le rond de la rosace.

La flèche est blanche ; les fleurons des flèches, ainsi que les feuilles du fronton et les ornements de la rosace, sont jaunes.

Les draperies sont roses et les stores jaunes et blancs.

Pl. IX.

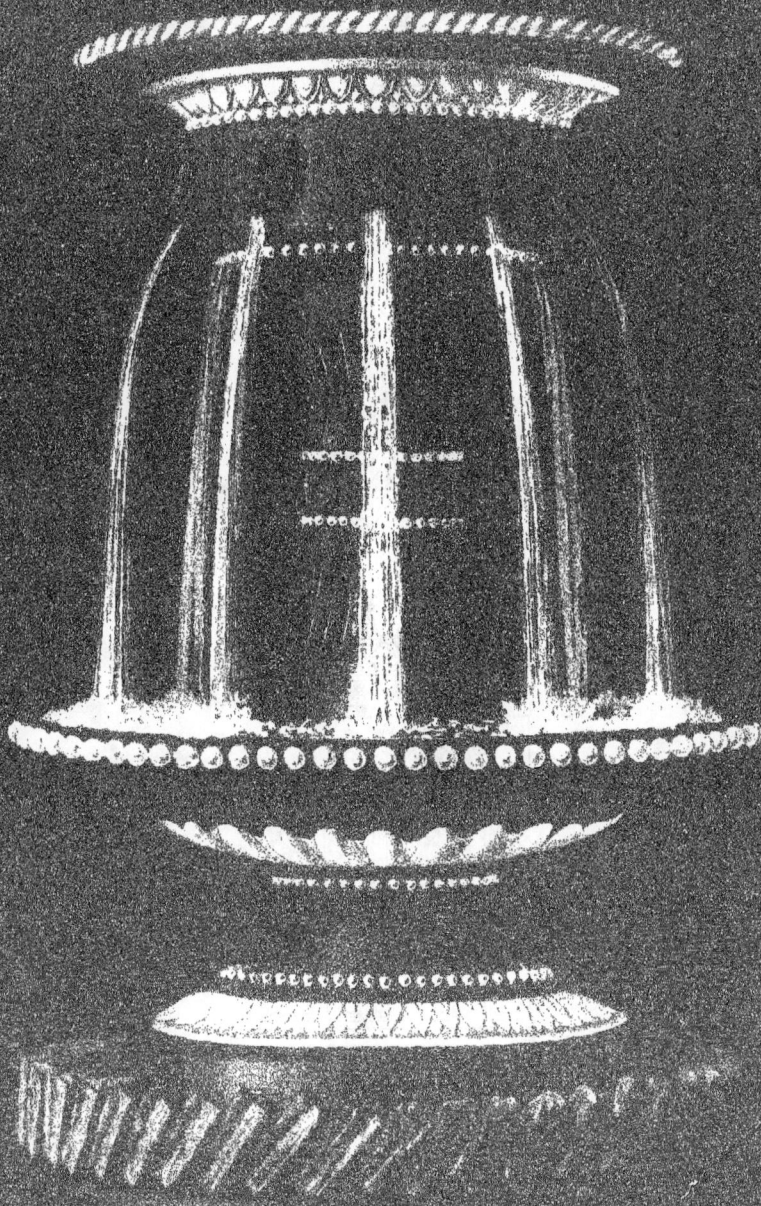

SOCLE FONTAINE

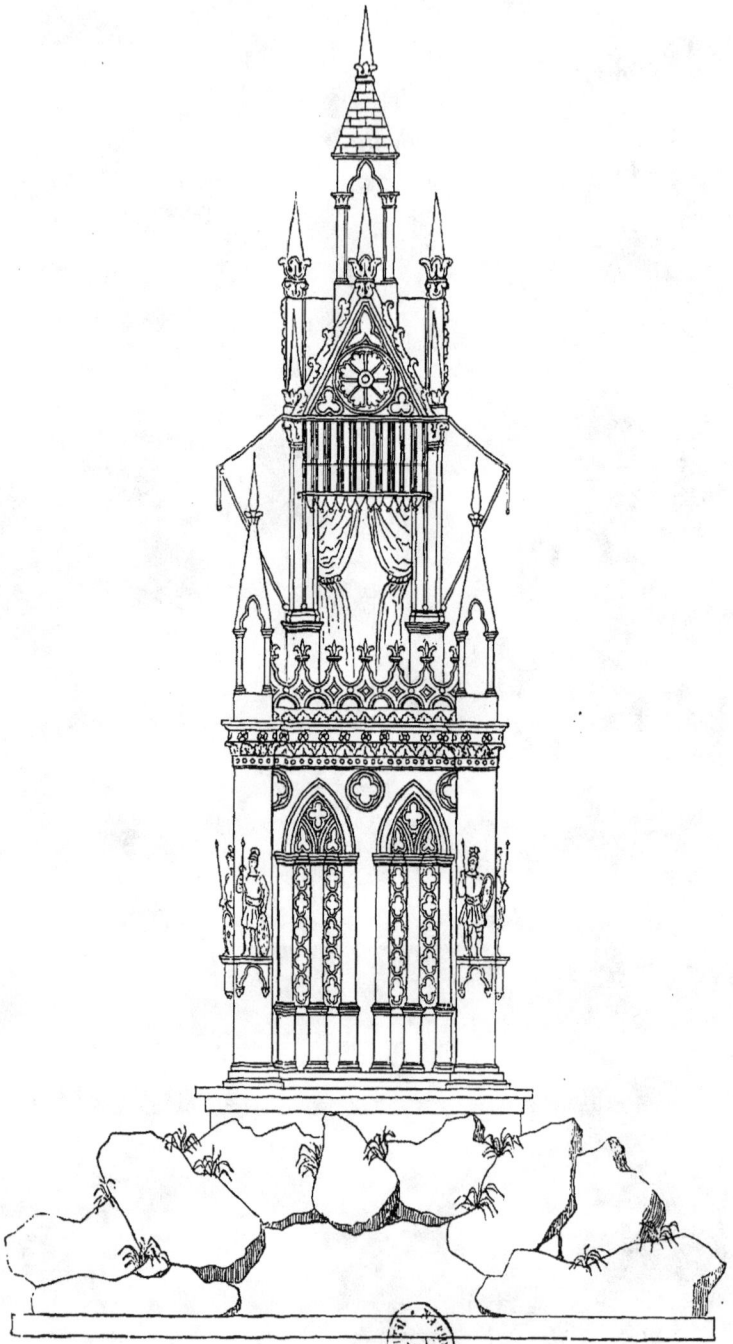

49. — Pavillon gothique.

50. — Pavillon turc.

Le rocher est en biscuit de couleur; il doit renfermer un escalier dans les bas côtés latéraux. Cet escalier doit être sablé de sucre vert.

Il faut faire le fond assez grand pour pouvoir garnir le pied du rocher d'une garniture de gâteaux.

Servir sur plat garni d'une serviette.

### PAVILLON TURC.

Cette pièce est en pâte d'amandes, comme la précédente.

Tout le fond en est blanc, les décors bleus redoublés de blanc, ainsi que les panneaux des portes. Les draperies sont jaunes. Les arabesques des pilastres sont peintes en bleu sur fond blanc.

On fera le rocher en biscuit rouge et jaune et garni de mousse verte.

La garniture de gâteaux et le fond de pâte d'office doivent toujours être masqués de sucre vert.

Servez sur plat garni d'une serviette.

Ce qui distingue cette pièce, c'est qu'on peut l'exécuter avec les petites boîtes à colonnes et à feuilles, un pinceau de plume, un pain de bleu de Prusse à la gomme. Je donne ce dessin à mes jeunes confrères pour leur prouver qu'on peut faire une pièce montée dans n'importe quelle circonstance, pourvu que l'on soit muni de ces deux articles, ainsi que du petit couteau. Ce seul spécimen doit leur donner une idée du parti qu'un homme intelligent et adroit peut tirer de quelques outils. Pendant longtemps dans mes extras je ne disposais pas d'autre chose. La nécessité de varier mon travail et de faire plus vite m'a conduit à faire fabriquer des coupe-pâte, des moules et des planches en soufre.

### FONTAINE GOTHIQUE.

En composant ce livre, j'ai tenu par-dessus tout à mettre les jeunes gens à même d'apprendre vite. C'est pour cela que je donne des dessins simples et d'exécution facile. Le pavillon gothique, le pavillon turc et cette fontaine en sont des exemples, et, malgré la facilité du travail, ils n'en font pas moins bon effet sur la table.

Par la masse de sucre filé que comporte cette fontaine, il faut, contrairement à ce qui a lieu pour beaucoup d'autres pièces, faire les fonds en couleur et les ornements en pâte blanche. J'en ai exécuté une avec fond rose, une autre au chocolat, et j'avoue que je ne saurais dire laquelle des deux produit le meilleur effet.

La rose est plus coquette, celle au chocolat plus sévère, mais s'harmonisant bien avec le style gothique. J'engage donc à la faire des deux façons.

Ainsi, après avoir fait la pâte, en avoir coloré une partie, levé le patron, on détaillera la pièce, puis on fera trois colonnes que l'on accouplera. Lorsqu'elles seront séchées, on fera la base et le chapiteau en pâte blanche.

Les moulures des frontons sont en pâte blanche, excepté les feuilles et les champignons qui les couronnent : ceux-ci doivent être de la même couleur que la pièce.

Les petites tourelles qui sont dans les angles doivent être faites en triangle. La tourelle du couronnement est à six pans, comme la pièce.

La coupe d'où part la cascade doit être de même couleur que la pièce, sauf les feuilles du pied, qui doivent être blanches.

Dans les temps humides et orageux, je formais la cascade en nappe de sucre au cassé très-mince que je recouvrais avec du sucre filé à la fourchette. Avec ce procédé la pièce se conservait intacte.

Pour toutes les pièces en pâte d'amandes ou en pastillage, je conseille de faire les rochers en biscuit, parce que le rocher en biscuit collé au repère se garde longtemps.

On doit toujours faire le fond du rocher de telle sorte qu'il puisse recevoir une garniture de gâteaux. Dans les maisons où on n'aurait pas de plat assez grand, on peut remplacer celui-ci par une planche ou un plafond couvert d'une serviette.

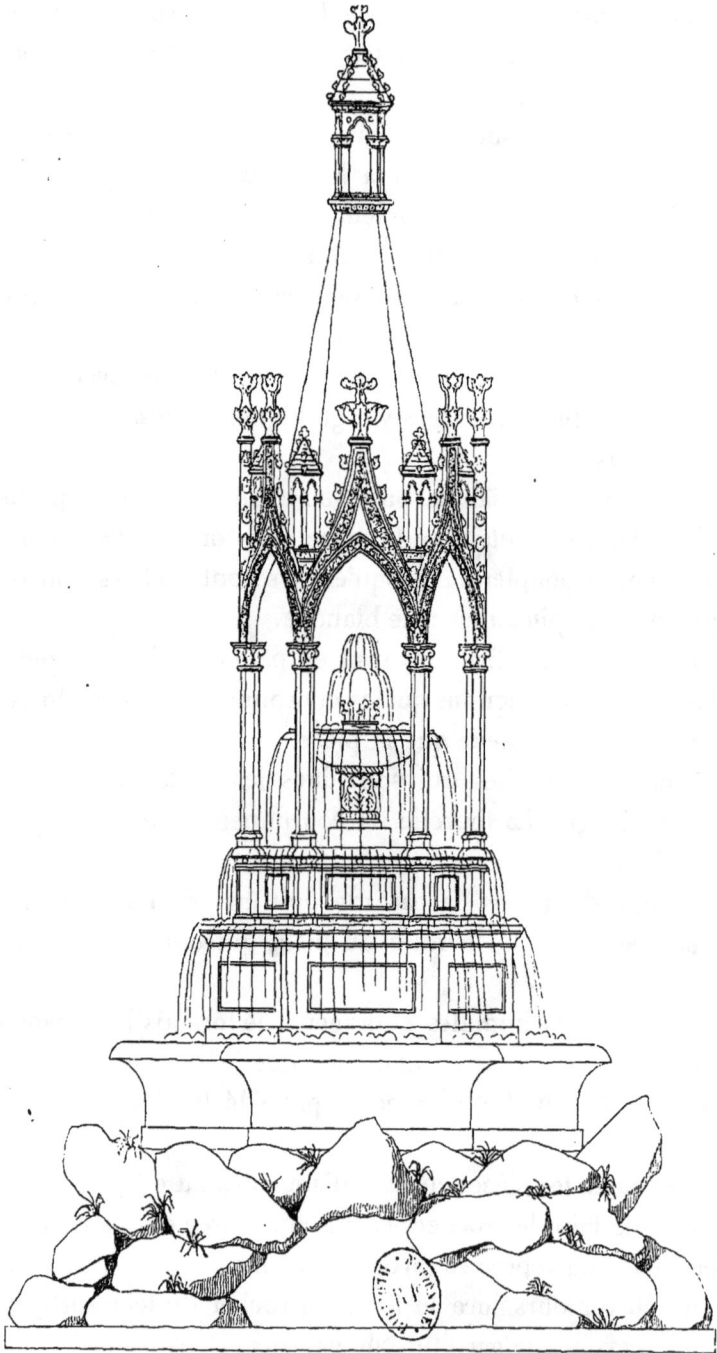

51. — Fontaine gothique.

## LYRE ORNÉE DE SUCRE FILÉ.

Quoique ce sujet soit décrit dans tous les livres de cuisine et de pâtisserie, je n'ai pas hésité à lui donner place dans cet ouvrage. C'est, selon moi, un fort joli modèle et qui, bien exécuté, est toujours d'un effet charmant.

Une lyre peut être représentée de bien des façons. Celle que représente le dessin est en pâte d'office.

52. — Lyre sur socle.

Cette pièce peut se faire en pâte d'office, en pastillage et en nougat. Je vais décrire ces différentes préparations.

On beurre légèrement une plaque d'office, on pose dessus une abaisse de pâte de 5 millimètres, on découpe trois abaisses sur une seule, on perce trois trous de chaque côté.

On fait cuire, on met en presse, et sitôt que la pâte est

refroidie, on colle les trois abaisses l'une sur l'autre, en ayant soin que l'abaisse percée soit dessus.

Parez la lyre avec une râpe à bois. Mettez au sucre rose les côtés et une surface. Faites sécher.

La lyre refroidie, mettez le dernier côté au sucre.

Lorsqu'elle a été ainsi préparée, collez-la sur le socle, qui doit être fait de pâte d'office mise au sucre rose, et la moulure avec feuilletage à blanc ou au cornet.

Décorez la lyre.

Faites l'étoile qui couronne le milieu, ainsi que les cordes en sucre filé blanc.

La grande couronne qui enlace la lyre doit être en sucre filé vert.

Cette pièce sert à couronner de grosses pièces de pâtisserie, de même que celles en pastillage.

Pour celles-ci, c'est à peu près le même travail. Après avoir découpé deux lyres en pastillage rose et percé une abaisse de trous de chaque côté, on laisse sécher, puis on fait une bande de 2 centimètres de large que l'on colle sur l'abaisse qui n'a pas été percée. Il faut avoir soin de la coller bien droite et de suivre les sinuosités de la lyre, car, lorsque l'on rapportera l'autre abaisse dessus, un collage irrégulier produirait un mauvais effet.

Laissez sécher, puis collez la seconde abaisse dessus.

Laissez sécher de nouveau.

La lyre une fois sèche, décorez-la au cornet avec glace royale blanche ou pastillage blanc. Faites les cordes et la rosace du couronnement en pastillage blanc et la couronne en pastillage vert.

Le socle se fait de même en pastillage rose décoré de blanc

Pour la lyre en nougat on procédera comme pour la lyre en pastillage.

Deux abaisses.

Collez une bande de nougat sur l'une.

Recollez l'abaisse dessus et décorez cette lyre avec feuilletage à blanc et sucre filé.

Le socle se fait en nougat.

On sert généralement cette lyre pour entremets. On la met sur un fond de pâte d'office mis au sucre vert et garni de gâteaux.

Servez sur un plat garni d'une serviette.

### PORTE-BOUQUET.

Ce dessin est l'œuvre de mon frère Alphonse Gouffé.

Il l'a servi garni d'un bouquet de fleurs en pastillage blanc

53 — Porte-bouquet.

et une autre fois garni de fleurs naturelles. Comme tous les sujets qui précèdent et qui suivent, on peut le servir pour entremets monté ou pour couronner de grosses pièces de pâtisserie.

Pour exécuter ce dessin, il faut bien s'en rendre compte.

Faites d'abord le premier socle, qui est rond; levez le patron du deuxième, qui est triangulaire, puis celui des moitiés d'S qui supportent la couronne, puis les grandes S.

Prenez ensuite un moule représentant la corbeille; faites du pastillage : colorez-en une partie en rose.

Faites une abaisse de 3 millimètres d'épaisseur.

Laissez reposer.

Détaillez tous les morceaux qui composent la pièce et, comme pour la lyre, collez des bandes autour d'une abaisse, et lorsque celle-ci sera sèche, collez l'autre.

Foncez la corbeille.

Faites l'anneau en deux parties et collez un fil de fer dans le milieu pour lui donner de la solidité.

De même mettez du fil de fer dans l'intérieur des grandes S, ainsi que dans le pied. De cette manière on ne craint pas les accidents.

Lorsque le tout est préparé, on colle, puis on laisse sécher.

Quand tout est bien ajusté, on décore avec le pastillage comme le dessin l'indique.

Pour la couronne du milieu, on peut très-facilement la faire à la main.

Je conseille de faire le bouquet en pastillage blanc, ainsi que les grandes feuilles qui garnissent le bord de la corbeille.

Les écussons se font séparément, et on les ajuste après l'achèvement de la pièce.

Quant au chiffre, il varie avec les circonstances.

Quoique ce dessin soit d'une exécution difficile et qu'il dépasse le but que je me suis proposé de ne présenter que des modèles faciles, je n'ai pu m'empêcher de lui donner la place qui lui appartient dans mon livre. Celui qui voudra devenir bon ouvrier doit travailler jusqu'à ce qu'il fasse ces modèles bien nets et bien droits; je lui prédis qu'il pourra ensuite faire en pièce montée tous les sujets qu'il voudra. Qu'il ne se rebute pas, qu'il les recommence plusieurs fois; plus il s'exercera, plus il deviendra capable. Qu'il en croie ma vieille expérience : ce n'est qu'en travaillant beaucoup que l'on devient un ouvrier vraiment habile.

Ce sujet, exécuté dans des proportions deux fois plus grandes que le dessin, est un très-joli couronnement d'entremets ou de grosses pièces de pâtisserie.

### CASSOLETTE BRULE-PARFUM.

Pour cette cassolette il faut, comme pour les pièces montées, exécuter le modèle en carton, et avoir des moules en ferblanc pour faire la coupe et son couvercle.

Si on était dans l'impossibilité de se procurer des moules, on

54. — Cassolettes.

prendrait un dôme en ferblanc. On pourrait même à la rigueur se servir d'un bol en porcelaine. On ferait un petit socle de 2 centimètres de hauteur et le dôme plus plat que celui de la coupe.

Lorsque l'on a tout ce qui est nécessaire, on commence par foncer la coupe et le couvercle. On découpe le montant de la cassolette pour les cercles, on prend des coupe-pâte dans la boîte unie. Le cercle qui est posé sur les montants doit se faire sur un coupe-pâte.

Le tout collé et bien sec, on décore le culot de la coupe, on pose le laurier sur le grand cercle, puis on colle la pièce sur le fond.

On pose des filets avec le cornet sur les montants.

On décore le couvercle comme le dessin l'indique, puis on colle les guirlandes que l'on aura faites à la main ou levées à la planche.

Lorsque l'on voudra brûler des parfums dans la coupe, on aura un petit dôme en ferblanc dans lequel on mettra de l'esprit-de-vin et le parfum, et on allumera l'esprit au moment où l'on posera la pièce sur table. On aura soin de mettre un peu de coton dans la coupe, afin que le feu ne chauffe pas trop le pastillage.

Ne pas oublier les fils de fer dans le montant pour en assurer la solidité.

Pour faire la cassolette n° **2**, il faut absolument des moules comme ceux que représente le dessin. On forme tous ces moules avec du pastillage rose ; on les décore avec du pastillage blanc qui sert à tirer les ornements des planches ou au cornet et à la glace royale.

Cette pièce est une des plus faciles à exécuter : c'est un bon modèle pour les commençants.

On peut faire toutes ces petites pièces en pastillage bleu, violet, orange, mais toujours décorées en blanc, soit glace royale, soit pastillage.

### MAPPEMONDE.

La mappemonde, comme la lyre, est un sujet bien vieux, mais il produit toujours un bon effet sur la table. Je conseille de ne pas abandonner ce dessin : on s'en trouvera bien.

Cette pièce peut se faire en pâte d'office mise au sucre ou en pastillage ; en pâte d'office, elle est plus brillante ; les sucres de couleur font meilleur effet avec le sucre filé que le pastillage.

Si on n'a pas de moule pour le pied, on le fera par le même procédé que le socle mauresque.

On fera les cercles comme le dessin l'indique, puis, après avoir mis les surfaces plates au sucre rose, les coupes en sucre vert, on les collera sur le cercle du milieu, on laissera bien sécher, on mettra le pied au sucre rose, les bords du fond au sucre vert.

Les filets qui forment les panneaux sur le pied sont en glace

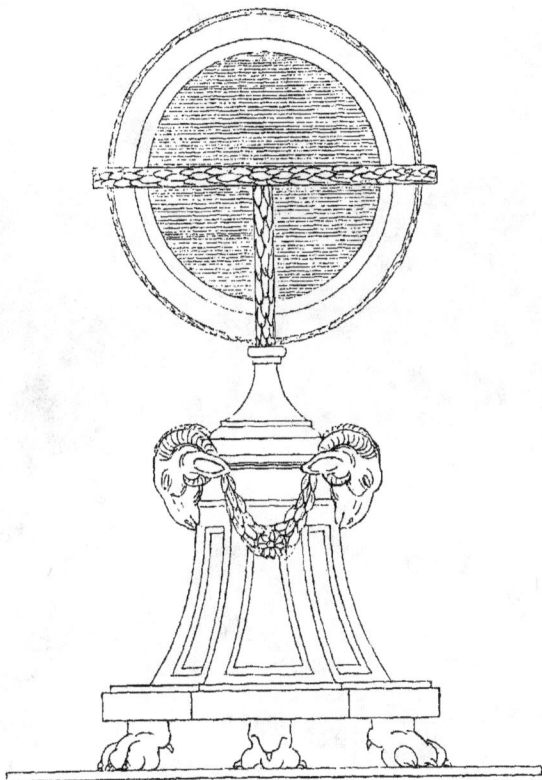

55. — Mappemonde.

royale blanche; les têtes de bélier et les guirlandes sont en pastillage blanc.

On posera avec le cornet des filets de points blancs sur la coupe des cercles qui sont au sucre vert.

Les griffes qui supportent le tout doivent être mises au sucre vert.

On ne collera le cercle de dessus que lorsque l'on aura posé le globe en sucre filé.

Si on sert la mappemonde comme entremets monté, on fera le fond plus grand et on mettra une garniture de gâteaux.

56. — Trophée militaire.

La boule en sucre filé ne se pose que 20 minutes avant le service.

*Observation*. — Toutes les pièces montées demandent beaucoup de soin et de propreté, car lorsqu'elles sont mal mises au sucre, que le repère paraît, que le décor n'est pas régulier et correctement placé, que la pièce est mal ajustée et montée de travers, l'effet est totalement manqué, et le pâtissier n'a qu'une chose à faire : recommencer et faire mieux.

### TROPHÉE MILITAIRE.

Toutes les pièces du trophée ont été moulées en pâte et coulées en soufre, et c'est de ces moules que je les ai tirées.

On doit faire la bombe du casque, ainsi que la cuirasse, en deux parties. Lorsqu'elles sont bien sèches, on les colle ensemble; puis tous les ornements du casque et ceux de la cuirasse se découpent avec le petit couteau d'office.

Pour accélérer le travail, on fait à la main les poignées des sabres, les sabretaches, les gibernes, les haches, les pelles et généralement tous les accessoires.

Les moules à cuirasse, ainsi que le casque et généralement tous les objets qui n'ont pas de dépouilles, se font en deux parties.

Lorsque tout est moulé et collé sur le marbre, on entoure de pâte et on coule le soufre. Par ce procédé on met moitié moins de temps à faire le trophée.

Pour faciliter l'exécution du palmier, j'ai fait faire au ferblantier une tige en ferblanc et au haut de petites feuilles en ferblanc qui m'ont servi à coller celles de pastillage. On bombe ces feuilles sur un morceau de carton; puis, lorsqu'elles sont à moitié sèches, on les colle sur les feuilles de ferblanc, ce qui permet de leur donner une forme convenable. On met en dessous, pour masquer le ferblanc, une feuille plus petite, car il ne faut pas que l'on voie le métal. Ce procédé abrége encore le travail, car sans ce secours il est très-difficile de coller les feuilles du palmier.

Pour le socle j'ai fait faire des mandrins en bois qui, recouverts de pastillage, décorés, vernis et bronzés, étaient d'une solidité à toute épreuve. Un trophée bien fait et collé avec soin peut durer plus de vingt ans.

Toutes les pièces levées, habillées et bien sèches, on les vernit avec du vernis à l'esprit-de-vin, puis lorsque celui-ci est aux trois quarts sec, ce dont on s'assure en posant le doigt dessus (si l'objet est sec à point, le vernis doit à peine coller au doigt), avec un pinceau en putois que l'on trempe dans du bronze en poudre, on frotte les objets légèrement pour en dorer les aspérités.

Pour que le bronze soit réussi, il faut que les fonds soient verts.

Lorsque le socle et le palmier sont terminés, on groupe autour du palmier tous les accessoires.

Les drapeaux se font au moment où on les place; ils se vernissent et se bronzent lorsque le trophée est terminé.

Ces trophées se servent sur des tambours en pâte d'office garnis de gâteaux. J'en ai servi quelquefois quatre comme contre-flancs, et ils ont toujours produit un bon effet.

### TROPHÉE DE MARINE.

Pour le trophée de marine comme pour le trophée militaire, on doit commencer par faire tous les moules en soufre, puis tirer tous les ornements des moules, les sécher, les parer, les habiller, les vernir, les bronzer, et finir comme le précédent.

Je conseille aux jeunes gens qui sauront modeler de faire leurs modèles en cire et les creux en plâtre : ils auront plus de facilité qu'avec la pâte et obtiendront un meilleur résultat.

Si ces pièces sont un peu longues à établir, elles durent fort longtemps, et pour des banquets militaires il n'y a pas de pièces montées qui conviennent mieux. J'en ai servi quatre pour contre-flancs. A cet effet, je les avais mises sur des tambours en pâte d'office mis au sucre et garnis de gâteaux. L'amphitryon en a été satisfait, ainsi que ses convives.

57. — Trophée de marine.

## SOCLE A LA VIGNE.

Il faut commencer par marquer ce socle par des cercles en pâte d'office superposés les uns sur les autres et collés au repère comme on l'a fait pour le socle mauresque.

58. — Socle à la vigne.

Divisez le socle en cinq parties, sans compter le fond, sur lequel vous collerez le socle.

Faites d'abord les deux premiers petits tambours qui supportent le pied cannelé, en second lieu le pied cannelé, ensuite le pied de la coupe, puis la coupe seule.

Lorsque les cinq pièces seront terminées, qu'elles seront parées bien juste, vous mettrez les deux petits tambours au sucre rose, les fonds de dessus en sucre vert, le pied cannelé en sucre rose et les cannelures en sucre vert, le pied de la coupe en sucre rose et le fond du bracelet, ainsi que les deux filets, en sucre vert, la coupe en sucre rose. La moulure du pied, la guirlande, les olives du bracelet, le cep de vigne, sont en pastillage blanc.

Pour faciliter le travail du cep, on colle sur le bord de la coupe une demi-bande roulée d'un centimètre de grosseur; on lève sur une planche des feuilles de vigne sur lesquelles on colle un brin de fil de fer très-fin, comme celui qu'emploient les fleuristes. On donne la forme de la feuille sur un carton ployé. On fait les grappes en petites boules de pastillage. On met également un fil de fer à chaque boule, ce qui facilite le montage. On aura soin, en groupant le cep, de ne pas laisser paraître le fil de fer.

Lorsque le socle est terminé, on le colle sur le grand fond, qui doit être masqué en vert.

Je conseille de mettre dans l'intérieur une tige de fer d'un demi-centimètre, que l'on fixe avec du repère sur le grand fond et sur le fond de la coupe. Quant à la garniture de gâteaux, je la laisse à la volonté de l'opérateur.

### COUPE EN NOUGAT SUR SOCLE GARNIE DE FRAISES.

Levez les patrons avec du carton sur la planche X.

Préparez des amandes hâchées (voir p. 24).

Ayez un moule à coupe avec son pied.

Faites le nougat, formez la coupe et le pied dans les moules.

Faites le socle avec des abaisses au nougat.

Mettez dans le pied de la coupe une tige en fil de fer. Cette tige doit traverser le pied dans toute sa longueur et dépasser de 3 centimètres dans la coupe. Cette précaution est indispensable pour assurer la solidité de l'ouvrage.

Lorsque tout sera préparé, ajusté, décoré et monté, glacez avec du sucre au cassé de belles fraises anglaises à peine mûres.

Posez dans le milieu de la coupe un cône en nougat que vous aurez moulé dans un entonnoir.

Puis groupez la fraise en pyramide. Placez dans les intervalles des feuilles en angélique ou en sucre vert, puis posez

Pl. X.

COUPE EN NOUGAT GARNIE DE FRAISES *(sur socle)*

feuilles et clochettes sur le bord de la coupe, comme le dessin l'indique.

Dans les médaillons qui décorent le socle on met le chiffre, qui doit toujours être de circonstance.

### GRADIN GARNI DE TARTELETTES DE POIRES.

Faites un gradin semblable à celui que représente le dessin. Sablez au sucre vert les fonds, les bracelets des douilles et

59. — Gradins de tartelettes de poires.

les bords de la coupe. Les autres parties doivent être sablées au sucre rose.

Les demi-feuilles sont en feuilletage à blanc.

La coupe est garnie de petits choux glacés au sucre au cassé et masqués de petit sucre.

Au moment de servir, on garnit le gradin de tartelettes et on le pose sur un plat garni d'une serviette.

On fait usage de ce gradin pour servir tous les petits gâteaux que l'on ne peut placer les uns sur les autres.

## DÉCORATION AU CORNET.

La décoration au cornet offre de grands avantages au pâtissier qui a du goût et une certaine adresse. Elle peut donner de beaux effets et permet une grande rapidité dans l'exécution. Elle se plie à toutes les fantaisies de forme et de coloration, et s'exécute avec un matériel et des moyens relativement simples, à la portée de tous, et qui se rencontrent pour ainsi dire en tout lieu. Une feuille de papier, un blanc d'œuf et du sucre peuvent suffire au besoin.

L'instrument ou l'outil dans sa forme primitive est un simple cornet de papier. La matière est du blanc d'œuf battu avec du sucre passé au tamis de soie.

J'ai pensé qu'il serait utile de mettre, par une démonstration claire et mathématiquement précise, l'usage du cornet dans la main de tout le monde.

Pour faire un cornet à décorer, on prend une feuille de papier d'office bien collée, bien ferme, et on la découpe en équerre, de façon qu'elle représente la surface d'un triangle rectangle A B C, dont un des côtés AB de l'angle droit soit le double de l'autre côté AC. Le côté CB doit être divisé en trois parties égales, savoir : CO, OD, DB. On fait un pli de A en O, de façon que C puisse tomber en F, milieu de AB. On forme un autre pli de D en E, en faisant tomber B en O.

On a un triangle de papier répondant exactement à toutes ces conditions, en le découpant dans une feuille rectangulaire dont la base serait égale à deux fois la hauteur.

En coupant le rectangle suivant une diagonale, on obtient deux triangles de papier avec lesquels on peut faire deux cornets.

Lorsque les opérations simples que je viens de décrire sont exécutées, il faut rouler le papier en cornet. On y parviendra facilement, avec l'adresse la plus vulgaire et la main la moins exercée, en suivant scrupuleusement les indications suivantes :

Le point O doit former la pointe du cornet, c'est-à-dire le sommet du cône.

Le point A sera le point opposé, de manière que la ligne AO mesurera le cornet dans toute sa hauteur.

Ceci bien arrêté, on prend le papier avec la main gauche en mettant le pouce sur le point O et en ayant soin de maintenir le grand côté C B devant soi.

C étant à droite et B à gauche, avec la main droite on abaisse

60. — Confection du cornet à décorer.

le point C sur la ligne AO en C', de manière que CO' se superpose dans toute son étendue sur C' O.

Par cette première opération, on obtient déjà la forme et le calibre du cornet.

Pour le terminer, il suffit, en retirant le pouce gauche, de maintenir le point C sur C' avec le pouce et l'index de la main droite et de continuer à enrouler le papier sur lui-même, en faisant tourner le point F sur la ligne A O.

Enfin, en continuant d'enrouler, le point D vient tomber

exactement en *d*, le pli DE s'applique sur le bord de l'ouverture en *d e*, et permet d'introduire dans l'intérieur du cornet le petit triangle DBE de papier restant, dont le point B descend jusqu'au fond en *b* et coïncide avec le point O.

Cette dernière opération termine le cornet et le maintient solidement dans sa forme.

On introduit alors la glace dans le cornet, que l'on remplit aux trois quarts environ, puis on le ferme par deux plis latéraux, dont celui de gauche se superpose sur celui de droite, et

61. — Douilles pour décorer au cornet.

enfin par un troisième pli qui vient, à angle droit avec les deux premiers, les fixer et clore définitivement le cornet.

En jetant les yeux sur la figure 60, on se rendra compte de la manière de disposer ces trois plis.

Il reste une dernière opération à faire pour que le cornet soit en état de fonctionner : elle consiste à en couper le bout pour donner issue à la glace sous la pression des doigts; cette ouverture doit être plus ou moins grande, suivant le calibre que l'on veut obtenir.

Lorsqu'on se propose de faire un travail d'ornementation bien régulier et bien soigné, après avoir confectionné le cornet et avant de le remplir de glace, on en coupe le bout et on y introduit un cône métallique qui en réglera constamment le débit et dont l'ouverture peut varier de forme à l'infini, suivant le genre de décoration que l'on a en vue. Je donne ici le dessin de quelques échantillons de ces cônes métalliques.

La figure 62 représente deux de ces cônes ou douilles coniques. Pour faire usage du cornet ainsi préparé, rempli de glace et fermé, on le saisit de la main droite entre l'index et le doigt majeur, la pointe en dehors, et on applique le pouce de la même main sur le dernier pli ou base du cornet, de façon qu'en pressant avec le pouce on puisse faire sortir la glace par le bout.

La main gauche doit soutenir le poignet droit et le diriger pendant tout le travail.

62. — Douilles.

La glace, chassée par la pression, se moule dans l'orifice du cône ou de la douille et vient se déposer sur la pièce à décorer, suivant les mouvements imprimés par la main gauche.

Il y a des opérateurs qui acquièrent une très-grande habileté dans ce genre de travail et qui, avec du goût et quelques notions de dessin, arrivent à des effets surprenants, tout en procédant avec la rapidité que l'on met à exécuter un parafe.

L'orifice d'écoulement pouvant varier de forme, de dimension et de couleur, suivant la volonté de l'exécutant, on peut

dire que ce genre de décoration offre des ressources infinies et
peut se plier à tous les caprices.

Le blanc d'œuf battu, le sucre et les diverses couleurs ne
sont pas les seuls éléments de la décoration au cornet; toutes
les matières susceptibles d'être mises en pâte molle peuvent
être employées, à la condition qu'elles soient composées ou
manipulées de façon à conserver leur forme et être pour ainsi
dire plastiques. Lorsqu'elles ne sèchent pas ou ne deviennent

63. — Rosace faite au cornet.

pas fermes et dures par l'évaporation, on les met au four ou à
l'étuve.

Rien ne doit échapper au talent du décorateur au cornet; il
peut exercer son habileté et son savoir sur tous les sujets, car
l'instrument qu'il a en main est le plus souple et le plus

obéissant, soit qu'il procède par grosses masses, soit qu'il ne laisse passer que des filets déliés.

Outre l'ornementation vulgaire qui se renferme dans une disposition plus ou moins heureuse de filets ou d'arabesques, on peut aborder des sujets plus compliqués et rivaliser, pour ainsi dire, à la fois avec le peintre, le sculpteur et l'architecte.

Pour apprendre à décorer au cornet, il faut beaucoup travailler et ne jamais se rebuter : en toutes choses les commencements sont difficiles. Il faut donc commencer par dessiner, puis lorsque l'on veut faire un décor, bien se rendre compte de ce que l'on veut exécuter. On fait d'abord un dessin sur du papier, on le colle sur un verre à vitre que l'on retourne, ce qui vous donne un transparent; puis, avec le cornet, on suit toutes les lignes et on obtient un décor correct. On doit travailler sur le verre jusqu'à ce que l'on ait l'œil juste et la main sûre : alors on pourra faire avec assurance du décor sur n'importe quels gâteaux ou pièces montées.

Pour ce qui est du modelage au cornet, c'est une partie à part que l'on ne peut apprendre qu'avec les artistes qui exécutent ces travaux; mais, je le répète avec assurance, on peut devenir bon décorateur avec le procédé que je viens d'indiquer.

Un pâtissier qui sait bien décorer au cornet et qui travaille le sucre, soit coulé, soit filé, a deux grandes ressources pour faire bien et vite; il faut donc que ceux qui se destinent à cet état, se pénètrent bien de cette vérité et ne craignent pas de travailler avec ardeur : je prédis le succès à ceux qui voudront bien suivre mes conseils.

Je donne dans la figure 63 un dessin qui peut servir de modèle pour apprendre le décor; que le jeune homme qui a vraiment le désir de devenir grand ouvrier, essaye d'exécuter ce modèle sans le secours de mesures, c'est-à-dire qu'il habitue son regard à être juste, car il est très-difficile dans notre métier de se servir d'instruments de mathématiques : il faut travailler à vue d'œil. Lorsqu'il aura obtenu ce résultat, les premières difficultés seront vaincues et tout deviendra facile.

### BISCUITS AU CORNET.

L'outillage employé pour la fabrication du biscuit a une grande analogie avec celui qui est en usage pour la décoration au cornet. Le principe est le même : il s'agit de débiter dans une certaine mesure une pâte molle.

Pour la fabrication du biscuit, le cornet de papier est rem-

64. — Poche en toile ou coutil.

placé par une poche en toile ou en coutil serré qui affecte, comme le cornet, une forme conique.

On adapte au sommet du cône, c'est-à-dire à l'extrémité de la poche, une douille de 18 millimètres de diamètre à son orifice, afin d'obtenir un débit de matière uniforme pour une pression égale.

On remplit la poche de la pâte à biscuit jusqu'aux deux tiers, en ayant soin de la bien tasser, afin qu'aucune chambre d'air ne se forme dans sa masse et que le travail ait toutes les chances d'être régulier. Il est bon de prendre la précaution de fermer l'orifice de la douille avec le bout du doigt.

La poche se ferme au moyen d'une succession de plis serrés et ramenés régulièrement les uns sur les autres comme les plis d'un éventail fermé.

Pour opérer, ces plis sont maintenus solidement et à pleine main avec la main droite, de façon qu'ils dépassent l'hiatus formé par le pouce et l'index et que le petit doigt et la partie de la paume de la main qui y fait suite reposent sur la masse de la pâte enveloppée dans la poche.

La main gauche saisit la partie inférieure de la poche par un mouvement inverse de celui de la main droite, de façon que le petit doigt et la partie de la paume qui y fait suite s'ap-

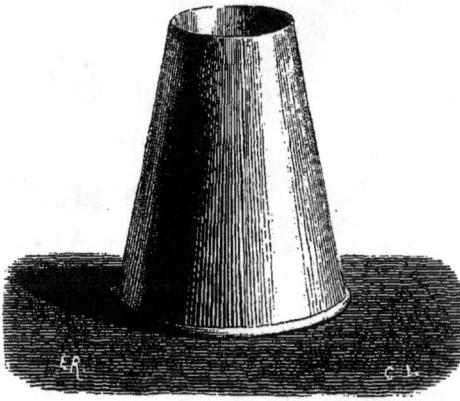

65. — Douille.

pliquent sur la panse de la poche et que le pouce et l'index la saisissent tout près du bourrelet de la douille. La paume de la main est tournée vers le haut.

Il est facile de comprendre que dans cette position, si l'opérateur amène l'extrémité de la douille à une petite distance d'une feuille de papier posée sur une table et qu'il exerce avec la main droite une légère pression, la pâte à biscuit s'écoulera et se déposera sur la feuille de papier en quantité correspondante à la force et à la durée de la pression.

La main droite, à chaque pression, doit descendre d'une

petite quantité et se rapprocher, par conséquent, de la main gauche à mesure que la pâte à biscuit se débite.

66. — Manière de se servir de la poche.

La pression doit s'exercer en serrant fortement les doigts, et non en appuyant le poignet sur la poche.

L'opération se conduit avec la main gauche, dont la pression sert à corriger les effets de celle de la main droite.

# CHAPITRE III.

## GATEAUX D'AMANDES ET GATEAUX FOURRÉS.

### GATEAUX D'AMANDES A LA VANILLE, DITS DE PITHIVIERS.

Les gâteaux de Pithiviers se font avec de la pâte brisée (voir p. 36).

Faites 250 grammes de farine de cette pâte.

Laissez-la reposer, séparez-la en deux, moulez.

Abaissez la pâte d'un demi-centimètre.

Beurrez légèrement un plafond; mettez une abaisse dessus; étalez de la crème d'amandes sur l'abaisse, à une épaisseur de 3 centimètres, jusqu'à 4 centimètres du bord.

Mouillez légèrement le tour.

Couvrez-le avec l'autre abaisse.

Appuyez avec le pouce pour bien souder les deux abaisses ensemble; coupez le bord en formant des demi-côtes tout autour.

Lorsque le gâteau est fini, mouillez légèrement et rayez-le en coupant la pâte de 2 millimètres en sens opposé, de manière à former de petits chevrons.

Faites cuire à chaleur *papier brun*.

Retirez le gâteau du four, glacez-le légèrement avec la boîte et de la glace de sucre, et laissez refroidir sur un clayon.

Au moment de le servir, reglacez-le pour qu'il soit blanc.

Mettez le gâteau sur un plat couvert d'une serviette et servez.

67. — Boîte à glacer.

Ce gâteau doit se faire la veille; il sera moins blanc d'aspect, mais meilleur à manger que s'il était servi chaud.

### GATEAU D'AMANDES GRILLÉES.

Faites 250 grammes de farine de feuilletage fin (voir p. 53) Donnez 6 tours.

Coupez en deux, moulez, abaissez chaque partie de feuilletage d'un demi-centimètre d'épaisseur.

Mettez-en une sur un plafond, légèrement beurré; garnissez avec la crème d'amandes au sucre de citron (voir p. 86 et 87).

Mouillez les bords, couvrez avec l'abaisse, appuyez avec le pouce pour souder ensemble les deux abaisses; coupez le bord en formant une cannelure tout autour avec le petit couteau; dorez à la dorure; étalez très-également des amandes hachées et pralinées; glacez légèrement avec de la glace de sucre et faites cuire à chaleur *papier brun clair*.

Faites refroidir sur un clayon et réservez pour servir froid.

### GATEAU D'AMANDES AMÈRES GLACÉ A VIF.

Faites 250 grammes de farine de feuilletage fin; ajoutez

à la crème d'amandes 10 grammes d'amandes amères pilées; abaissez les deux morceaux de feuilletage; mettez un morceau sur un plafond beurré, garnissez-le de crème; mouillez les bords.

Couvrez, soudez parfaitement, cannelez le bord, dorez, rayez à une profondeur de 2 millimètres.

Faites cuire à chaleur *papier brun*.

Saupoudrez de glace de sucre et remettez au four; glacez à la flamme (voir p. 7); mettez refroidir sur clayon.

### GATEAU D'AMANDES AUX PISTACHES ET AU GROS SUCRE.

Préparez un gâteau d'amandes (ajoutez à la crème d'amandes du sucre d'orange) comme le gâteau d'amandes grillées.

Lorsqu'il sera cuit, étalez dessus une couche de meringue.

Glacez avec glace de sucre et semez dessus des pistaches en feuilles et gros sucre (voir p. 19).

Faites sécher blanc au four et servez froid.

### GATEAU D'AMANDES AU RAISIN DE CORINTHE ET AU GROS SUCRE.

Même préparation.

Ajoutez à la crème d'amandes du sucre de cannelle.

Remplacez les pistaches par du raisin de Corinthe.

Servez froid.

### GATEAU D'AMANDES A LA CONDÉ.

Préparez un gâteau d'amandes (ajoutez à la crème d'amandes du sucre de citron) comme le gâteau d'amandes grillées; coupez-le uni au lieu de le couper à côtes.

Faites un appareil à condé.

Étalez cet appareil à une épaisseur de 4 millimètres sur le gâteau.

Glacez à la glace de sucre.

Faites cuire à four *papier brun*.

Faites refroidir sur un clayon.

### GATEAU D'AMANDES A LA ROYALE.

Préparez un gâteau comme le gâteau aux amandes grillées; ajoutez à la crème du sucre à la fleur d'oranger.

Coupez les bords et couvrez d'une couche de glace royale à royaux (voir p. 81).

Faites cuire à four *papier brun clair*.

Réservez sur clayon et servez froid.

### GATEAU FOURRÉ DE MARMELADE D'ABRICOTS GLACÉS A VIF.

Préparez 250 grammes de farine de feuilletage fin; donnez 6 tours; laissez reposer; coupez en deux parties.

Moulez et abaissez d'un demi-centimètre d'épaisseur.

Mettez une abaisse sur un plafond légèrement beurré; étendez sur l'abaisse une couche de marmelade d'un centimètre d'épaisseur et à 4 centimètres du bord; mouillez légèrement l'abaisse; posez la deuxième dessus; appuyez avec le pouce pour bien souder les deux abaisses.

Parez le bord en formant des côtes tout autour; dorez avec de la dorure.

Rayez et faites cuire à four *papier brun foncé*.

Glacez le gâteau avec glace de sucre.

Remettez-le au four et glacez-le à la flamme.

On obtient toujours un plus beau glacé avec la flamme (voir page 7).

### GATEAU FOURRÉ GARNI DE CERISES.

Même préparation que pour le gâteau à marmelade d'abricots.

Remplacez la marmelade par de la confiture de cerises.

Servez froid.

## GATEAU FOURRÉ DE GELÉE DE GROSEILLES.

Préparez et finissez comme le gâteau fourré à l'abricot.
Remplacez la marmelade par de la gelée de groseilles.
Servez froid.

## GATEAU FOURRÉ DE MARMELADE DE PRUNES DE MIRABELLE.

Même travail que pour le gâteau fourré aux abricots.
Remplacez la marmelade d'abricots par de la marmelade de
mirabelles.
Servez froid.

## GATEAU FOURRÉ DE MARMELADE DE POMMES A LA CANNELLE.

Même préparation que pour le fourré d'abricots.
Remplacez l'abricot par de la marmelade de pommes.
Servez froid.
Les gâteaux fourrés de pommes se font aussi grillés avec des
amandes hachées et pralinées.
Glacez avec de la glace royale ou avec appareil à condé.

## GATEAU FOURRÉ DE CRÈME PATISSIÈRE, DIT FRANGIPANE
## A LA VANILLE.

Préparez un gâteau comme le gâteau d'amandes glacé à vif.
Remplacez la crème d'amandes par la frangipane (voir p. 79).
Cette frangipane demande à être assaisonnée de sucre de
macaron écrasé, de sucre de vanille et de beurre fondu à la noi-
sette, c'est-à-dire qu'on lui fait prendre une couleur blonde
sur un feu doux.
Finissez ce gâteau fourré comme le gâteau d'amandes.
Glacez-le à vif.
Ce gâteau se sert chaud.

## GATEAU FOURRÉ DE FRANGIPANE AU SUCRE D'ORANGE.

Préparez comme le gâteau à la vanille.

Remplacez le sucre de vanille par le sucre d'orange et finissez de même.

Servez chaud.


## GATEAU FOURRÉ AU GROS SUCRE ET AUX PISTACHES.

Préparez comme le gâteau d'amandes au gros sucre et aux pistaches.

Finissez de même.

Servez chaud.


## GATEAU FOURRE DE FRANGIPANE AU GROS SUCRE ET AU RAISIN DE CORINTHE.

Préparez et finissez comme le gâteau d'amandes au gros sucre et au raisin de Corinthe.

Servez chaud.

*Observation.* — Pour éviter que les gâteaux d'amandes et fourrés ne soufflent dans le four, il faut avoir la précaution de les piquer avec le petit couteau. Si, malgré cela, ils gonflaient, on les rapprocherait de la bouche du four et on les piquerait pour en faire sortir l'air; autrement ces gâteaux se déformeraient et ne pourraient être servis convenablement.

# CHAPITRE IV.

## TOURTES D'ENTREMETS.

### TOURTE DE CRÈME FRANGIPANE A LA MOELLE.

Faites 250 grammes de farine de feuilletage fin.

Donnez 6 tours. En donnant les deux derniers tours, il faut que le feuilletage ait 80 centimètres de longueur. Pour former la bande, coupez la lisière du feuilletage de 1 centimètre et la bande de 2 centimètres et demi.

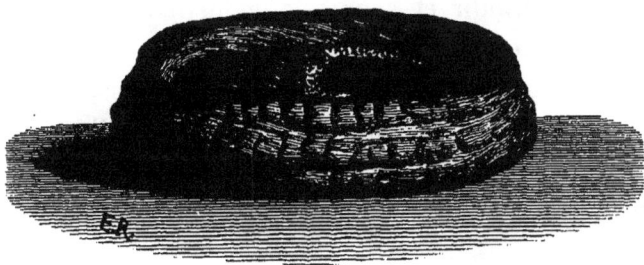

68. — Tourte de crème frangipane à la moelle.

Donnez un tour aux rognures et faites un fond de 24 centimètres de large.

Posez ce fond sur un plafond beurré ; mouillez le tour du fond légèrement.

Posez la bande sur la place mouillée.

Pour bien poser une bande de tourte, il faut amincir le bout de la bande, la maintenir de la main gauche et appuyer avec le pouce de la main droite.

Lorsque l'on est prêt à la souder, il faut amincir le bout, de manière que les deux bouts appliqués l'un sur l'autre n'aient pas plus d'épaisseur que la bande.

Appuyez une seconde fois légèrement avec le pouce sur tout le tour de la bande.

Dorez le dessus sans mettre de dorure sur la coupe.

Garnissez avec de la frangipane (voir p. 79).

Assaisonnez avec sucre en poudre, sucre de vanille, moelle de bœuf hachée, fondue et passée au tamis, macarons écrasés et rhum.

La crème ainsi assaisonnée, garnissez la tourte.

Faites cuire à four *papier brun.*

Glacez la tourte avec la glace de sucre et ensuite à la flamme.

Servez-la chaude.

### TOURTE FRANGIPANE AU CITRON ET AUX ROGNONS DE VEAU.

Faites rôtir la moitié d'un rognon de veau avec sa graisse.

Laissez-le refroidir et coupez-le en petits dés.

Préparez cette crème comme la crème à la moelle, en remplaçant la moelle par le rognon et la graisse, le sucre de vanille par le sucre de citron et le rhum par de l'eau-de-vie.

Faites la tourte de même cuisson.

Servez très-chaud.

### TOURTE FRANGIPANE AUX ÉPINARDS.

Préparez la frangipane comme la frangipane à la moelle.

Remplacez la moelle par des épinards blanchis, hachés et desséchés avec du beurre très-fin; ajoutez de la crème double et finissez la tourte comme la tourte à la moelle.

Servez cette tourte chaude.

### TOURTE FRANGIPANE AUX PISTACHES.

Assaisonnez la frangipane avec pistaches mondées et pilées, sucre, kirsch, beurre fondu à la noisette et vert d'épinards passé au tamis de soie.

Cette crème doit être d'un beau vert, sans être trop foncée.

Faites une tourte comme la tourte à la moelle; garnissez-la avec la crème aux pistaches et faites cuire.

Glacez à vif et servez chaud.

### TOURTE FRANGIPANE AUX AVELINES.

Torréfiez au four des avelines après qu'elles auront été mondées. .

Hachez-les grossièrement.

Faites fondre du sucre dans un poêlon d'office; mettez-y les avelines et faites-les grainer comme les pralines.

Laissez refroidir.

Hachez les avelines une seconde fois.

Mettez-les dans la frangipane avec le sucre pilé, le kirsch et le beurre fondu.

Faites une tourte comme la tourte à la moelle.

Garnissez-la avec la frangipane.

Faites-la cuire.

Glacez et servez-la chaude.

### TOURTE FRANGIPANE AU CÉDRAT.

Après avoir assaisonné la frangipane avec du sucre pilé, du beurre fondu, du sucre de citron et du cédrat confit coupé en petits dés, finissez comme la tourte à la moelle.

Servez cette tourte froide.

### TOURTE FRANGIPANE A L'ORANGE CONFITE.

Assaisonnez la frangipane avec du sucre pilé, du beurre, du sucre d'orange et l'écorce d'orange confite coupée en petits dés.

Faites une tourte; garnissez, faites cuire, glacez et servez froid.

## TOURTE FRANGIPANE A L'ANGÉLIQUE.

Coupez de l'angélique confite en petits dés, que vous ajoutez à la frangipane et que vous assaisonnez de sucre et de beurre fondu.

Finissez comme la tourte à la moelle.

## TOURTE FRANGIPANE AUX CERISES DEMI-SUCRE.

Coupez les cerises en deux et mêlez-les dans de la frangipane; assaisonnez de sucre pilé, beurre fondu et kirsch.

Finissez comme la tourte à la moelle.

Servez froid.

## TOURTE FRANGIPANE AU RAISIN DE CORINTHE.

Ajoutez à la frangipane sucre pilé, beurre fondu, raisin de Corinthe parfaitement nettoyé et séché (voir p. 28) et sucre de cannelle.

Finissez comme la tourte à la moelle.

Servez froid.

## TOURTE FRANGIPANE AU RAISIN DE MALAGA.

Coupez des raisins de Malaga; retirez les pepins; mettez les raisins dans la frangipane avec sucre de fleur d'oranger.

Assaisonnez et finissez la tourte comme la tourte à la moelle.

Servez froid.

## TOURTE FRANGIPANE AU CHOCOLAT.

Ajoutez à la crème du sucre pilé, du beurre fondu, du sucre de vanille, du chocolat sans sucre.

Finissez comme la tourte à la moelle.

Servez chaud.

*Observation.* — Comme les tourtes ne sont pas toujours de même grandeur, j'indiquerai comme base de proportions :

100 grammes de moelle pour 500 grammes de frangipane ;

100 grammes de beurre pour 500 grammes de frangipane ;

50 grammes de graisse et 100 grammes de rognon de veau pour 500 grammes de frangipane ;

Pour les épinards, moitié de frangipane ;

200 grammes de pistaches pour 500 grammes de frangipane ;

200 grammes de chocolat pour 500 grammes de frangipane ;

25 grammes de liqueur pour 500 grammes de frangipane.

## TOURTES DE MARMELADE ET GELÉE DE FRUITS.

### TOURTE DE MARMELADE D'ABRICOTS.

Faites 250 grammes de farine de feuilletage fin.

Donnez 6 tours.

Faites la bande.

Donnez un tour aux rognures.

Faites deux abaisses de 24 centimètres.

Posez une abaisse sur un plafond beurré.

Garnissez le fond avec une couche de marmelade d'abricots d'un centimètre d'épaisseur et à 4 centimètres du bord ; mouillez le tour du fond ; posez la seconde abaisse sur la marmelade ; appuyez avec le pouce pour souder les abaisses ; parez le bord ; mouillez et posez la bande.

Dorez, rayez légèrement le dessus de la seconde abaisse et faites cuire à chaleur *papier brun*.

Glacez à la glace de sucre et à la flamme.

### TOURTE DE MARMELADE DE PÊCHES.

Préparez la tourte comme celle de marmelade d'abricots, en remplaçant celle-ci par de la marmelade de pêches.

Finissez; faites cuire et glacez comme la tourte à marmelade d'abricots.

Servez froid.

### TOURTE DE MARMELADE DE PRUNES DE REINE-CLAUDE.

Faire comme la tourte de marmelade d'abricots.

Mettez de la marmelade de prunes de reine-Claude au lieu de marmelade d'abricots.

Finissez; faites cuire.

Glacez à la glace de sucre et à la flamme.

Servez froid.

### TOURTE DE MARMELADE DE PRUNES DE MIRABELLE.

Même travail que pour la tourte à marmelade d'abricots, en remplaçant celle-ci par de la marmelade de prunes de mirabelle.

Finissez; faites cuire; glacez au sucre et à la flamme comme la tourte de marmelade d'abricots.

Servez froid.

### TOURTE DE MARMELADE D'ANANAS.

Faites une tourte comme les précédentes, en employant de la marmelade d'ananas.

Finissez; faites cuire; glacez à la glace de sucre et à la flamme.

Servez froid.

### TOURTE DE GELÉE DE GROSEILLES.

Faites une tourte comme celle de marmelade d'abricots.

Garnissez avec gelée de groseilles.

Faites cuire et glacez à la glace de sucre et à la flamme.

Servez froid.

### TOURTE DE GELÉE DE POMMES.

Même préparation que pour la tourte de marmelade d'a-
bricots.

Remplacez par de la gelée de pommes.

Même travail, même cuisson et même glaçage.

Servez froid.

### TOURTE DE GELÉE DE FRAMBOISES.

Faites la tourte comme les précédentes, en employant de la
gelée de framboises.

Même cuisson, même glaçage.

Servez froid.

### TOURTE DE GELÉE DE VERJUS.

Même travail, même cuisson, même glaçage, et servez froid.

### TOURTE AUX CONFITURES DE CERISES.

Faites une tourte comme celle de marmelade d'abricots en
employant de la confiture de cerises.

Faites cuire au four chaleur *papier brun*.

Glacez à la glace de sucre et à la flamme.

Servez froid.

## TOURTES DE FRUITS CRUS.

Ces tourtes se font de deux manières : les unes sont garnies
de fruits crus, c'est-à-dire de fruits mis immédiatement dans la
pâte et au four; pour les autres, on fait la croûte à part et l'on
cuit les fruits comme pour compote.

On garnit la croûte de la tourte au moment de servir et on
la sauce avec du sirop à 34 degrés.

Les personnes qui aiment la pâtisserie croquante préféreront cette dernière manière.

### TOURTE D'ABRICOTS CRUS.

Faites 250 grammes de feuilletage à 6 tours.

Faites une tourte comme celle de frangipane.

Séparez en deux des abricots qui soient bien mûrs.

Mettez du sucre pilé sur le fond de la tourte, en évitant d'en mettre sur la bande, parce que les parties de la bande qui seraient couvertes de sucre brûleraient et feraient des taches noires.

Rangez les moitiés d'abricots sur le sucre et à 1 centimètre de la bande.

Faites cuire à four *papier brun clair*.

Glacez à la glace de sucre et à la flamme.

Lorsque vous aurez retiré la tourte du four, saupoudrez de sucre pilé les abricots et servez froid.

### TOURTE DE PRUNES DE REINE-CLAUDE CRUES.

Faites une tourte comme celle d'abricots crus.

Garnissez avec des prunes de reine-Claude bien mûres.

Finissez de même et servez froid.

### TOURTE DE PRUNES DE MIRABELLE CRUES.

Même travail et même cuisson que pour la tourte de reine-Claude.

### TOURTE DE PÊCHES CRUES.

Faites blanchir des pêches dans du sirop de sucre jusqu'à ce que la peau s'enlève.

Égouttez les pêches.

Faites une tourte comme celle d'abricots, et garnissez-la avec les pêches.

Faites cuire; glacez et saupoudrez de sucre pilé à la sortie du four.

Laissez refroidir et servez.

## TOURTE DE CERISES CRUES.

Épluchez de belles cerises.

Retirez queues et noyaux.

Faites une tourte comme celle d'abricots.

Garnissez la croûte avec les cerises.

Faites cuire et terminez comme ci-dessus.

Servez froid.

## TOURTE DE MARMELADE DE POMMES.

Épluchez avec soin des pommes de reinette de Canada, coupez-les en quartiers, retirez-en les pepins, faites-les cuire à casserole couverte avec très-peu d'eau; ajoutez du sucre en morceaux et du sucre de citron ou de cannelle.

Faites cuire à feu doux jusqu'à ce que la pomme soit fondue; ensuite travaillez-la à la spatule pendant 5 minutes.

Préparez 250 grammes de feuilletage fin.

Donnez 6 tours : les deux derniers tours doivent être donnés en longueur pour faire la bande.

Donnez 3 tours aux rognures.

Faites le fond de la tourte.

Abaissez le reste du feuilletage de 4 millimètres d'épaisseur; coupez de petites bandes de 4 millimètres de large.

Garnissez le fond de la tourte avec de la marmelade de pommes de 3 centimètres d'épaisseur.

Laissez un bord de 3 centimètres pour poser la bande.

Lorsque la tourte est garnie, vous formez sur toute la surface de la pomme un grillage avec de petites bandes de pâte, soit en carré, soit en losange. Ces petites bandes doivent être collées sur le fond où il n'y a pas de marmelade.

Lorsque le grillage est terminé à la surface de la tourte, appuyez sur toutes les extrémités de petites bandes pour les assujettir et voir si elles sont égales.

Mouillez le tour et posez la bande.

Dorez avec la dorure à l'œuf et au pinceau. Il faut avoir soin de ne pas dorer la coupe du feuilletage.

Faites cuire à four *papier brun clair.*

Glacez à la glace de sucre et à la flamme.

Servez froid.

### TOURTE DE MARMELADE DE POMMES ET DE POIRES ENTIÈRES.

Prenez des poires de saison : les premières sont celles d'Angleterre.

Tournez-les pour en enlever la peau et les pepins avec un vide-poire.

Faites-les cuire dans du sirop à 20 degrés.

Laissez-les refroidir et égoutter sur un tamis.

Faites une tourte comme la tourte à la marmelade de pommes.

Posez les poires droites sur la marmelade.

Faites cuire à four *papier brun clair.*

Glacez à la glace de sucre et à la flamme.

Pour glacer les tourtes, il vaut mieux se servir de braise bien allumée que d'une grande flamme qui pourrait brûler les poires et ôter la bonne mine de ce genre de tourte.

Cinq minutes avant de servir, vous glacerez les poires et la marmelade avec le sirop des poires qui aura été réduit à 34 degrés.

Servez froid, à moins de recommandation contraire.

### TOURTE DE POIRES DE CATILLAC.

Coupez des poires de Catillac en quartiers.

Réservez une moitié de poire que vous parerez ronde lorsque vous dresserez; les autres quartiers doivent être épluchés en trois coups de couteau.

A mesure que vous les parez, mettez les morceaux de poire

dans l'eau froide, ensuite dans une casserole bien étamée et remplie d'eau.

Sucrez l'eau légèrement : trop de sucre empêcherait les fruits de cuire.

Faites mijoter très-doucement jusqu'à bonne cuisson : les poires doivent être d'un beau rose. Si on n'obtenait pas ce résultat, on ajouterait un peu de carmin liquide dans la cuisson.

Faites une tourte comme la précédente, d'une couche de marmelade de pommes de 2 centimètres d'épaisseur; rangez les morceaux de poires en rosace et placez au milieu le morceau rond que vous avez réservé.

Glacez ces poires avec le même soin que les poires d'Angleterre.

Faites réduire la cuisson des poires jusqu'à 32 degrés, en ajoutant du sucre en morceaux.

Au moment de servir, glacez-les avec le sirop et servez froid.

*Observation.* — Les tourtes de poires de rousselet et de martin-sec se font comme les tourtes aux poires d'Angleterre; les poires de Saint-Germain et de bon-chrétien se préparent comme celles de Catillac, seulement elles doivent être blanches.


## TOURTES DE FRUITS EN COMPOTE.

### TOURTE AUX ABRICOTS.

Faites une tourte comme la tourte aux abricots crus.

Piquez le fond avec le petit couteau pour éviter qu'il ne bouffe; mettez un rond de fort papier beurré sur le fond de la tourte; pour maintenir le papier, posez dessus des moules à darioles à côté les uns des autres.

Lorsque la croûte est aux trois quarts cuite, retirez les moules à darioles et le papier et glacez-la avec de la glace de sucre et à la flamme.

Laissez-la refroidir.

Coupez en deux de beaux abricots bien mûrs; retirez les noyaux.

Mettez-les cuire dans un poêlon d'office avec du sirop à 30 degrés.

Faites cuire à très-petits bouillons pour que les abricots ne s'abîment pas.

Lorsque vous faites cuire, ne mettez pas trop d'abricots dans le poêlon, parce que s'ils étaient trop serrés, ils ne cuiraient pas également. Il faut les faire cuire par petites parties, comme du reste tous les autres fruits.

Égouttez sur un tamis.

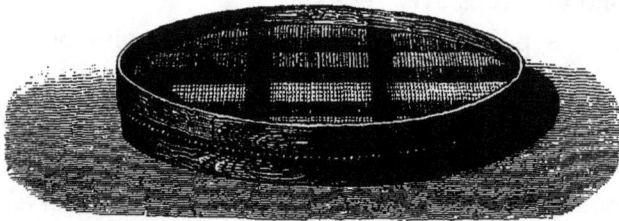

69. — Tamis à égoutter.

Passez le sirop au tamis et faites-le réduire à 32 degrés.

Cassez les noyaux d'abricots, mondez les amandes et laissez-les dégorger dans de l'eau froide.

Rangez les abricots dans la tourte.

Au moment de servir, essuyez les amandes dans une serviette et placez-les sur les abricots.

Saucez avec le sirop réduit à 34 degrés et servez froid.

### TOURTE AUX PRUNES DE REINE-CLAUDE.

Ayez de belles prunes de reine-Claude au même degré de maturité; fendez-les pour en retirer les noyaux sans les séparer.

Faites-les cuire comme les abricots et mettez-les refroidir dans une terrine avec le sirop.

Égouttez-les sur une grille ou un tamis.

Passez le sirop.

Faites-le réduire à 34 degrés.

Préparez une croûte de tourte comme celle d'abricots.

Rangez les prunes dans la croûte.

Saucez-les avec le sirop et servez froid.

70. — Grille à égoutter.

La grande qualité de ces tourtes de fruits étant d'être croquantes, je conseille de ne les finir qu'au moment de servir.

### TOURTE AUX PRUNES DE MIRABELLE.

Retirez les noyaux, sans les séparer, à de jolies prunes de
mirabelle.

Faites-les cuire dans du sirop.

Égouttez les prunes.

Finissez la tourte comme celle de reine-Claude et servez
froid.

### TOURTE AUX PRUNES DE MONSIEUR.

Ayez des prunes de monsieur; fendez-les en deux sans les
séparer; retirez les noyaux.

Faites-les cuire comme les reines-Claudes.

Retirez-leur la peau et laissez-les refroidir dans le sirop.

Faites une croûte comme celle pour abricots.

Egouttez les prunes et rangez-les très-serré dans la croûte.

Passez le sirop au tamis et faites-le réduire à 34 degrés.

Saucez et servez froid.

### TOURTE DE PÊCHES.

Séparez les pêches en deux et faites-les cuire dans le sirop à
20 degrés.

Retirez la peau; mettez les pêches dans une terrine avec le sirop.

Faites une croûte de tourte comme je l'ai indiqué plus haut.

Cassez les noyaux et mondez les amandes.

Égouttez les pêches; passez le sirop au tamis; faites-le réduire à 34 degrés; garnissez la croûte; essuyez les amandes, placez-les sur les pêches.

Saucez et servez froid.

*Observation.* — On ne doit jamais mettre le sirop chaud sur les fruits.

### TOURTE DE CERISES.

Retirez queues et noyaux à de belles cerises de Montmorency; faites-les cuire dans du sirop à 40 degrés et mettez-les refroidir dans une terrine.

Faites une croûte de tourte comme il est dit à la tourte d'abricots.

Égouttez les cerises; faites réduire le sirop à 34 degrés; mettez un demi-décilitre de kirsch pour parfumer le sirop.

Passez-le au tamis de crin et laissez refroidir.

Garnissez la croûte avec les cerises.

Saucez et servez froid.

### TOURTE DE GROSEILLES ROUGES.

Égrenez de belles groseilles rouges; lavez et égouttez-les.

Mettez-les dans une terrine avec du sucre en poudre. Si le sucre ne fondait pas, on ajouterait quelques gouttes d'eau. Ce mélange de groseilles et d'eau produit le sirop, qui se convertit en gelée.

Faites une croûte de tourte comme celle d'abricots.

Garnissez avec les groseilles et servez froid.

Les tourtes aux groseilles blanches, aux framboises rouges et blanches, se font de la même manière que les tourtes aux groseilles rouges.

### TOURTE DE FRAISES DES QUATRE-SAISONS.

Epluchez et lavez de belles fraises des quatre-saisons; mettez-les dans une terrine avec du sucre en poudre et du marasquin pour faire sirop.

Faites une croûte comme celle de la tourte d'abricots.

Garnissez et servez froid.

*Observation*. — Les fraises ne doivent être épluchées et lavées qu'au dernier moment.

### TOURTE AU CHASSELAS.

Égrenez du chasselas; lavez-le et mettez-le dans une terrine avec du sucre en poudre et du vin blanc pour faire sirop.

Faites une croûte de tourte.

Garnissez et servez froid.

### TOURTE AUX BRUGNONS.

Séparez les brugnons en deux; retirez les noyaux; faites cuire dans du sirop; retirez-leur la peau et remettez-les dans le sirop.

Faites une croûte de tourte comme il est dit plus haut.

Égouttez les brugnons.

Passez le sirop; faites réduire à 34 degrés; garnissez, saucez et servez froid.

*Observation*. — On fait aussi des croûtes de tourte comme il est dit pour la tourte d'abricots cuits au sirop; on les garnit avec de la gelée de pommes, de groseilles, d'ananas, de verjus, de confitures de framboises, de fraises, et aussi avec des gelées et des marmelades.

On fait également les tourtes de fruits avec des fruits conservés en bouteilles et cuits au bain-marie.

# CHAPITRE V.

## ENTREMETS MOULÉS.

### GATEAU DE COMPIÈGNE AUX CERISES DITES DE MONTMORENCY.

Moulez dans un moule d'entrée uni, que vous aurez beurré avec du beurre froid et épongé, de la pâte à Compiègne (voir p. 42).

Mettez dans la pâte 2 hectos de cerises confites, que vous aurez coupées en deux.

Faites revenir.

Lorsque la pâte sera montée du double, faites cuire à four *papier brun.*

Démoulez sur un clayon.

Servez sur un plat garni d'une serviette avec une sauce au kirsch.

### GATEAU DE COMPIÈGNE A L'ANGÉLIQUE.

Beurrez un moule uni comme pour le Compiègne ci-dessus.

Coupez de l'angélique confite en petits dés que vous mêlerez à la pâte.

Mettez la pâte dans le moule et faites revenir.

Faites cuire.

Démoulez sur un clayon et servez sur un plat garni d'une serviette, avec une sauce à la crème d'angélique à part.

### GATEAU DE COMPIÈGNE AU CÉDRAT.

Beurrez un moule d'entremets à cylindre.

Mêlez du cédrat confit coupé en petits dés à la pâte du gâteau de Compiègne.

Faites revenir dans un endroit chaud.

Faites-le cuire et démoulez sur un clayon.

Servez avec sauce au rhum à part.

### GATEAU DE COMPIÈGNE A L'ORANGE.

Coupez de l'orange confite en petits dés et mêlez à la pâte.

Beurrez un moule à cylindre cannelé avec du beurre froid et épongé.

Mettez la pâte dans le moule; faites-la revenir.

Faites cuire et démoulez le gâteau sur un clayon et servez sur un plat garni d'une serviette.

Faites une sauce à l'orange à part.

### GATEAU DE COMPIÈGNE A L'ANISETTE.

Mêlez à la pâte du sucre d'anis (voir p. 31).

Moulez dans un moule à cylindre que vous aurez beurré.

Faites revenir et cuire.

Démoulez et servez sur un plat garni d'une serviette.

Faites une sauce à l'anisette à part.

### GATEAU DE COMPIÈGNE SANS PARFUM NI SUCRE.

Ce gâteau a été imaginé pour faire boire les bons vins d'entremets, tels que les vins de Marsala, Alicante, Lunel, Rivessaltes, Syracuse, Malvoisie, et aussi les vins sucrés, si appréciés par les dames.

Je le recommande aux vrais gourmets, et j'engage mes confrères à ne pas le négliger.

Beurrez un moule uni à cylindre avec du beurre froid éponge; semez dessus des amandes hachées.

Prenez de la pâte à Compiègne comme il est dit p. 42.

Remplissez avec la pâte la moitié du moule.

Laissez revenir.

Faites cuire et démoulez sur clayon.

Servez ce gâteau froid.

### GATEAU DE COMPIÈGNE AU CUMIN.

Beurrez un moule à cylindre à côtes avec du beurre froid bien épongé.

Mêlez du cumin à la pâte.

Faites revenir.

Mettez cuire le gâteau; démoulez et servez chaud avec une sauce au vin de Marsala.

### GATEAU DE COMPIÈGNE AUX ABRICOTS.

Coupez en dés des abricots confits.

Mêlez-les à la pâte.

Mettez la pâte dans un moule beurré à froid.

Faites revenir, faites cuire et servez chaud avec une sauce à l'abricot.

*Observation.* — Pour tous ces gâteaux, il ne faut remplir les moules qu'à un peu plus de moitié.

Si à la cuisson la pâte montait trop, on mettrait au haut du moule une bande de papier que l'on fixerait avec de la colle, faite avec de l'eau et de la farine.

Lorsque l'on veut s'assurer de la cuisson, on introduit dans le gâteau la lame du petit couteau : elle doit en ressortir sans humidité.

On peut aussi servir ces gâteaux froids; on les arrose alors avec du sirop de sucre et de la liqueur, et on les glace avec du fondant.

Il y en a pour tous les goûts : pour les personnes qui aiment la pâtisserie mouillée de sirop et de liqueur et pour celles qui préfèrent le gâteau non arrosé. Pour ma part, je partage le goût de ces dernières.

### GATEAU DE MUNICH.

Beurrez un moule d'entremets uni à cylindre.

Semez des amandes sur le beurre.

Prenez de la pâte à gâteau chaudron.

Emplissez le moule à moitié.

Laissez revenir la pâte.

Faites cuire.

Démoulez.

Une demi-heure après que le gâteau aura été retiré du four, arrosez-le avec du sirop à 30 degrés additionné de rhum.

Servez chaud.

### GATEAU MAZARIN.

Beurrez un moule uni d'entrée avec du beurre froid et épongé.

Semez sur le beurre des amandes coupées en filets très-minces.

Mettez de la pâte à solilem (voir p. 44).

Faites revenir et mettez cuire.

Faites une sauce avec du sirop à 36 degrés et du rhum; ajoutez de l'angélique et du cédrat coupés en petits filets minces.

Donnez un bouillon.

Retirez du feu.

Pour un demi-litre de sauce, mettez 200 grammes de beurre très-fin.

Coupez le gâteau en deux par le travers.

Arrosez chaque partie avec moitié de la sauce et remettez les morceaux l'un sur l'autre.

Servez très-chaud sur un plat garni de serviette.

### SOLILEM.

Beurrez un moule uni avec beurre froid.

Emplissez la moitié du moule avec la pâte.

Laissez revenir la pâte ; faites cuire.

Coupez le gâteau en deux par le travers et arrosez chaque partie avec du beurre très-fin, fondu et légèrement salé.

Remettez les morceaux l'un sur l'autre et servez très-chaud.

Ce gâteau se sert plus souvent avec les thés que dans les dîners.

### MERINGUE EN RUCHE.

71. — Décor de la meringue en ruche.

Faites 5 couronnes en meringue de 10 centimètres de diamètre sur 5 de largeur et 5 de hauteur.

Ces couronnes se font sur plafond beurré et glacé.

Quant au toit, faites-le sur un moule en ferblanc en forme d'entonnoir que vous aurez beurré et glacé, et dont la base sera de même largeur que les couronnes du bas.

Lorsque ces couronnes seront cuites, collez-les les unes sur les autres avec de la glace royale.

Posez-les sur un fond d'office de 18 centimètres.

72. — Corps de la meringue en ruche.

Remasquez les couronnes et faites l'imitation du chaume avec de la meringue colorée avec du jaune végétal.

Réservez une petite porte dans le bas comme le dessin l'indique.

Finissez de même le toit comme l'indique le dessin.

Faites sécher au four, et lorsque la meringue sera sèche, masquez le fond avec du sucre vert.

Quant aux abeilles, elles se forment avec une pistache, un grain de raisin de Corinthe; les ailes se font avec des filets d'amandes très-minces.

Les abeilles doivent être colorées avec de la glace royale jaune.

Ces ruches se garnissent avec de la crème Chantilly ou des glaces.

Pour exécuter ces pièces, il faut bien se rendre compte des détails du dessin.

### JAMBON ET CYGNE DE CARÊME.

Ces pièces ne se font presque plus : la mode en est passée. Cependant il est toujours bon de savoir les faire, et je crois utile de leur donner une place dans ce livre. Il y a cinquante ans, elles ont fait la réputation de M. Legras, pâtissier, dont

73. — Jambon de carême

l'établissement a disparu, comme la plupart des grandes maisons qui étaient très-florissantes au commencement du siècle.

Faites un biscuit à la vanille dans un moule ovale.

Laissez-le refroidir.

Parez-le en forme de jambon.

Ouvrez sur le dessus.

Videz le biscuit en ne laissant qu'une épaisseur de 4 centimètres.

Remplissez ce vide avec une crème cuite au chocolat.

Retirez la mie du couvercle et couvrez-en la crème.

Posez le biscuit sur un fond d'office mis au sucre vert.

Mettez un manche en pâte d'office et une papillote.

Modelez le jambon avec de la crème Chantilly très-ferme.

Formez la couenne avec de la pâte d'amandes au chocolat et

décorez le jambon avec un cornet et de la crème rose ou chocolat.

Réservez pour servir.

Dans les grandes chaleurs, où il est très-difficile d'avoir de la crème Chantilly, on la remplace par de la meringue à l'ita-

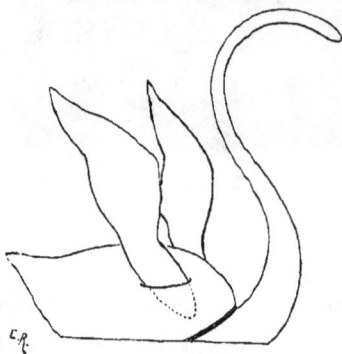

74. Cygne de carême.

lienne, que l'on fait prendre au four sans laisser la pièce se colorer.

On place aussi ces pièces sur de petits fonds d'office. On les dresse sur le plat. On les entoure de croûtons et de gelée d'orange hachée.

Pour le cygne, faites un biscuit comme pour le jambon.

Parez-le en lui donnant la forme du cygne (voir le dessin).

Faites le cou avec de la pâte d'office, ainsi que les ailes, qui doivent être assez longues pour entrer dans le biscuit.

Placez le biscuit sur le fond d'office.

Collez le cou sur le fond et finissez comme le jambon avec crème fouettée ou meringue à l'italienne.

Faites de petits roseaux (voir le dessin).

Collez-les autour du cygne et servez.

On fait aussi dans ce genre des hures de sanglier, des cerfs et des caniches.

## BRIOCHE ALLEMANDE AU MADÈRE.

Beurrez un moule uni d'entrée au beurre clarifié (voir chap. I<sup>er</sup>, p. 34).

Emplissez le moule aux trois quarts de pâte à brioche (voir p. 39).

Laissez revenir pendant 2 heures.

Faites cuire à four *papier brun clair*.

Coupez la brioche en cinq parties par le travers; masquez chaque partie avec de la marmelade d'abricots détendue avec du vin de Madère.

Remettez tous les morceaux l'un sur l'autre; glacez le dessus et le tour avec de la marmelade d'abricots.

Servez chaud sur un plat garni d'une serviette et à part une sauce d'abricots et madère.

## BRIOCHE ALLEMANDE AU MARASQUIN ET A L'ANANAS.

Préparez la brioche comme la brioche au madère.

Garnissez-la avec de la marmelade d'ananas détendue avec du marasquin.

Finissez comme la brioche allemande au madère.

Servez froid.

## BABA MODERNE GLACÉ AU RHUM.

Beurrez un moule à baba d'entremets avec du beurre clarifié (voir chap. I<sup>er</sup>, p. 34, et chap. II, p. 40).

Ajoutez à la pàte du cédrat coupé en dés, raisin de Corinthe et de Malaga; emplissez de pâte la moitié du moule; faites revenir.

75. — Moule à babas.

Mettez au four *papier brun clair*.

Assurez-vous de la cuisson en sondant avec le petit couteau.

76. — Baba noir chemisé.

Il faut que ce gàteau soit bien ressuyé : un gâteau *gras cuit* perd de sa qualité.

Laissez refroidir et arrosez le gâteau avec du sucre et du rhum.

Glacez-le au rhum fait à froid (voir p. 84).

## SAVARIN.

Beurrez un moule à savarin avec du beurre froid et épongé.
Semez des amandes hachées sur le beurre.
Ajoutez à la pâte de l'orange confite coupée en dés.

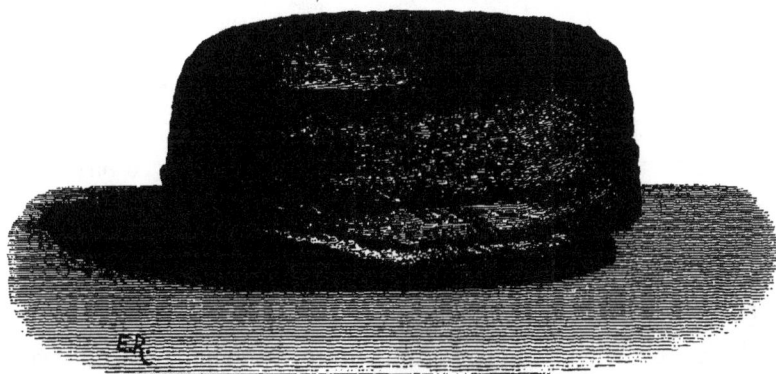

77. — Savarin.

Mettez le gâteau revenir.
Faites cuire et assurez-vous de la cuisson.
Laissez refroidir et arrosez le savarin avec du sirop de sucre
et de l'anisette.

### KOUGLOF VIENNOIS.

Beurrez un moule à baba d'entremets avec beurre froid et
bien épongé.
Mettez de la pâte à kouglof viennois (voir p. 46) un peu
plus que moitié du moule; laissez revenir; faites cuire; assurez-
vous de la cuisson et servez chaud.

### GORONFLOT.

Ce gâteau se fait avec de la pâte à savarin dans des moules
de ferblanc de forme hexagone.
Prenez un moule qui ait au moins 20 centimètres de large;
beurrez-le avec du beurre clarifié (voir p. 31).
Mettez dans le moule un peu plus de la moitié de la pâte à

15

savarin; faites-la revenir et faites cuire aussitôt que le gâteau sera monté à son point, c'est-à-dire au double de son volume.

Lorsqu'il sera cuit, démoulez.

Laissez refroidir 20 minutes.

Trempez le gâteau dans du sirop fait avec du lait d'amandes et du sucre.

## GATEAUX SAINT-HONORÉ.

Ces gâteaux se garnissent avec crème cuite ou avec bavarois.

### SAINT-HONORÉ, CRÈME CUITE A LA VANILLE.

Faites un fond de pâte à foncer (voir p. 35).

Couchez sur le fond une couronne de pâte à choux (voir p. 89).

Dorez; faites cuire à four *papier brun*.

78. — Saint-honoré.

Lorsque la croûte est cuite, glacez à la glace de sucre et à la flamme.

Faites des boules avec la pâte à choux, grosses de 2 centimètres.

Faites-les cuire.

Laissez-les refroidir.

Faites cuire du sucre au cassé.

Trempez les boules dans le sucre l'une après l'autre et posez-les sur le bord de pâte à choux qui est sur le fond de pâte.

Garnissez avec une crème cuite à la vanille (voir p. 80).

Servez froid.

### SAINT-HONORÉ AU CAFÉ.

Préparez un saint-honoré comme le précédent.

Garnissez de crème au café.

### SAINT-HONORÉ AU CHOCOLAT.

Faites un saint-honoré comme le saint-honoré à la vanille.

Garnissez de crème au chocolat.

### SAINT-HONORÉ A L'ORANGE.

Même préparation comme pour le saint-honoré à la vanille.

Remplacez les boules de choux par des quartiers d'orange.

Glacez au sucre au cassé.

Garnissez avec une crème au zeste d'orange.

### SAINT-HONORÉ AU BAVAROIS DE FRAISES.

Faites une croûte de saint-honoré comme celle qui est préparée à la crème vanille; remplacez les boules de choux par de belles fraises anglaises.

Glacez au cassé.

Garnissez avec un bavarois de fraises.

Faites comme suit : passez au tamis des fraises des quatre-saisons; mêlez du sucre en poudre avec la purée; ajoutez 10 grammes de grenetine pour 200 grammes de purée.

Faites fondre la grenetine au bain-marie; laissez-la refroidir et ensuite mêlez-la avec la purée de fraises.

Faites prendre la purée.

Ajoutez le double de crème Chantilly.

Mettez un peu de carmin liquide pour roser le bavarois.

Au moment de servir, garnissez la croûte avec le bavarois et mettez-le sur un plat garni d'une serviette.

Servez froid.

### SAINT-HONORÉ AU BAVAROIS D'ABRICOTS.

Faites une croûte de saint-honoré comme celle du gâteau à la vanille.

Remplacez les boules de choux par de petites prunes de mirabelle confites dont vous aurez retiré les noyaux.

Glacez au cassé.

Garnissez avec un bavarois d'abricots fait comme le bavarois aux fraises, en remplaçant la purée de fraises par celle d'abricots.

### SAINT-HONORÉ AU BAVAROIS CHOCOLAT A LA VANILLE.

Préparez une croûte comme celle du saint-honoré à la vanille.

Faites un bavarois au chocolat comme suit :

Faites fondre du chocolat sans sucre avec de l'eau, du sucre en poudre et du sucre de vanille.

Passez au tamis.

Mettez 10 grammes de grenetine pour 200 grammes de chocolat.

Faites prendre sur la glace.

Ajoutez la crème fouettée.

Mêlez.

Garnissez la croûte, et servez au dernier moment pour que le bavarois soit toujours très-froid.

### SAINT-HONORÉ AUX FRAMBOISES.

Faites une croûte comme celle du saint-honoré à la vanille.

Faites un bavarois à la framboise; faites prendre; mêlez la crème fouettée.

Garnissez et servez froid.

## SAINT-HONORÉ A L'ANANAS.

Préparez une croûte de saint-honoré comme la précédente.

Faites un bavarois avec de la purée d'ananas.

Mêlez la grenetine.

Faites prendre sur la glace ; mêlez la Chantilly.

Garnissez la croûte et servez sur un plat garni d'une serviette.

## GATEAU FLAMAND.

Faites de la pâte à gâteaux flamands (voir p. 101).

Ajoutez raisin de Corinthe et raisin de Malaga préparés (voir p. 27 et 28).

Couchez dans un moule uni de 15 centimètres de large sur 7 de haut.

Faites cuire à four *papier jaune*.

Dorez le gâteau.

Étalez dessus une couche d'amandes ; glacez à la glace de sucre.

Faites prendre couleur à four fermé.

Retirez le gâteau lorsqu'il sera blond.

Démoulez sur clayon et servez froid.

## MANQUÉ AU CÉDRAT GRILLE.

Beurrez un moule comme celui du gâteau flamand.

Faites de la pâte à manqué comme il est dit p. 98.

Ajoutez à la pâte du cédrat confit coupé en dés.

Faites cuire.

Lorsque le manqué est aux trois quarts cuit, retirez-le du four ; dorez le dessus.

Étalez une couche d'amandes hachées et pralinées.

Glacez à la glace de sucre; remettez au four ; faites prendre couleur; démoulez sur un clayon et servez froid.

## MANQUÉ A L'ORANGE, AUX PISTACHES ET AU GROS SUCRE.

Préparez un gâteau comme celui du manqué grillé.

Mettez dans la pâte de l'orange confite coupée en dés.

Faites cuire, démoulez sur clayon.

Fouettez 2 blancs d'œufs; mêlez du sucre en poudre dans les blancs d'œufs.

Fouettez ; étalez une couche de blanc sur le manqué; glacez avec de la glace de sucre.

Semez dessus des pistaches en feuilles et du gros sucre.

Faites sécher le gâteau au four sans lui laisser prendre couleur.

## MANQUÉ AU CITRON, AU RAISIN DE CORINTHE ET AU GROS SUCRE.

Faites un gâteau comme le précédent.

Mettez dans la pâte du sucre de citron et du cédrat confit coupé en dés.

Lorsque le manqué est cuit, couvrez-le de blancs d'œufs fouettés et mêlés de sucre.

Glacez à la glace de sucre.

Semez dessus gros sucre et raisin de Corinthe.

Faites sécher à blanc et servez froid.

## MANQUE A L'ANANAS.

Faites un manqué comme le manqué aux pistaches et au gros sucre.

Mettez dans la pâte de l'ananas confit coupé en dés.

Faites cuire; laissez refroidir.

Glacez à la glace de fondant à l'ananas.

### MANQUÉ AU CUMIN.

Faites un manqué comme le manqué à l'orange, aux pistaches et au gros sucre.

Ajoutez du cumin en poudre.

Faites cuire ; démoulez; laissez refroidir.

Glacez à la glace de fondant à l'anisette.

Servez froid.

### MANQUÉ AUX ABRICOTS.

Préparez un gâteau comme le manqué à l'orange, aux pistaches et au gros sucre.

Ajoutez de l'abricot confit coupé en dés.

Faites cuire et laissez refroidir.

Glacez à la glace de fondant à l'abricot.

Servez froid.

### MANQUÉ A LA VANILLE.

Faites un manqué comme le manqué au cédrat grillé.

Mettez sucre de vanille; faites cuire ; démoulez; laissez refroidir ; glacez à la glace de fondant à la vanille.

Servez froid.

## BISCUITS MOUSSELINE GLACÉS.

### BISCUIT MOUSSELINE AU CAFÉ.

Faites 5 œufs de biscuit fin (voir p. 91).

Couchez cette pâte dans un moule en ferblanc bas et évas que vous aurez beurré et glacé à beurre froid et épongé.

Faites cuire; démoulez; laissez refroidir sur clayon et glacez avec de la glace de fondant au café.

Servez froid.

### BISCUIT GLACÉ A LA GLACE DE FONDANT A LA FRAMBOISE.

Faites un biscuit comme le biscuit au café.
Glacez à la glace de fondant aux framboises.

### BISCUIT GLACÉ AU FONDANT A L'ORANGE.

Faites un biscuit comme le précédent et glacez à la glace de fondant à l'orange.

### BISCUIT GLACÉ AU FONDANT AUX FRAISES.

Faites un biscuit comme le biscuit glacé au café.
Glacez à la glace de fondant aux fraises.
Servez froid.

### BISCUIT GLACÉ AU RHUM.

Faites un biscuit comme le biscuit au café.
Laissez refroidir sur un clayon.
Lorsqu'il sera refroidi, glacez au rhum et servez froid.

### BISCUIT GLACÉ AU KIRSCH.

Faites un biscuit comme ci-dessus.
Glacez-le avec glace de fondant au kirsch.

### BISCUIT GLACÉ A L'ANISETTE.

Faites un biscuit comme les précédents.
Lorsqu'il sera froid, glacez à la glace de fondant à l'anisette.
Servez froid.

### BISCUIT GLACÉ A LA CRÈME DE MOKA.

Faites un biscuit comme le biscuit glacé au café.

Laissez refroidir ; glacez à la glace de fondant à la crème de
moka.

Servez froid.

### PAIN D'AVELINES AU RHUM.

250 grammes d'avelines,
250    —    de sucre en morceaux,
250    —    de fécule,
30    —    de cédrat,
Un demi-décilitre de rhum,
8 œufs,
Une prise de sel.

Beurrez un moule uni avec du beurre clarifié (voir p. 31).

Torréfiez les avelines pour en retirer la peau.

Pilez les avelines, le cédrat, le sucre et mouillez avec le rhum
et 2 œufs entiers.

Lorsque le tout formera une pâte bien lisse, mettez-la dans
une terrine.

Ajoutez la moitié de la fécule et 2 œufs.

Travaillez fortement.

Séparez les blancs des jaunes des quatre derniers œufs.

Mettez le restant de la fécule et la moitié des jaunes.

Travaillez de nouveau et finissez avec le reste des jaunes.

Fouettez les blancs très-ferme et mêlez-les avec l'appareil.

Mettez l'appareil dans le moule et faites cuire à four *papier
jaune foncé*.

Assurez-vous de la cuisson après 1 heure de four.

Lorsque le gâteau sera refroidi, glacez avec de la glace de
fondant au rhum.

Servez froid.

### PAIN D'AMANDES AU MARASQUIN.

300 grammes d'amandes douces,
25    —    d'amandes amères,

200 grammes de fécule,

9 œufs,

Le quart d'un décilitre de marasquin,

300 grammes de sucre en poudre,

Une prise de sel.

Beurrez un moule uni et évasé avec du beurre clarifié (voir p. 31).

Mondez les amandes, douces et amères.

Lavez, égouttez et ressuyez-les dans une serviette.

Pilez les amandes en les mouillant avec le marasquin et des blancs d'œufs.

Ensuite mettez-les dans une terrine avec le sucre et 3 œufs et mêlez.

Ajoutez la fécule, 2 œufs et travaillez.

Séparez les jaunes d'œufs des blancs.

Mettez en deux fois les jaunes dans l'appareil avec le sel et travaillez-les avec la spatule.

Fouettez les blancs et mêlez-les à l'appareil.

Faites cuire à feu doux.

Assurez-vous de la cuisson.

Démoulez; laissez refroidir.

Glacez au fondant de marasquin.


### GATEAU D'AMANDES.

500 grammes de sucre en poudre,

480 — d'amandes douces,

20 — d'amandes amères,

Râpure de zeste de citron,

200 grammes de fécule,

10 œufs, dont 4 blancs fouettés,

Une prise de sel.

Beurrez un moule à biscuit (qui soit bas de forme) avec le beurre clarifié (voir p. 31).

Préparez les amandes, douces et amères.

Lavez et essuyez-les avec une serviette.

Pilez-les avec le sucre  n morceaux.

Passez-les au tamis de crin.

Lorsque le sucre et les amandes seront pilés, mettez-les dans une terrine avec 3 œufs entiers ; travaillez 5 minutes.

Ajoutez la fécule et 2 œufs.

Séparez les jaunes des blancs des cinq derniers œufs.

Mettez en deux fois les jaunes dans l'appareil et travaillez-les.

Ajoutez le sel.

Fouettez les blancs.

Mêlez les blancs à l'appareil.

Faites cuire à four *papier brun clair*.

Assurez-vous de la cuisson.

Démoulez sur clayon.

*Observation.* —Ces gâteaux sont très-bons. Ils n'ont pas d'aspect artistique et se servent tout unis de forme. Cependant on peut les glacer à toutes les glaces.

Je conseille de les servir sans glaçage et de leur conserver leur caractère primitif. Si on tenait à les glacer, on le ferait au lait d'amandes, car c'est le seul goût qui leur convienne.

Ce gâteau a l'avantage de se conserver pendant quinze jours au moins.

Il est considéré comme gâteau de voyage ; c'est pourquoi je conseille de lui laisser sa forme brute, parce qu'il ne peut se détériorer dans son enveloppe.

### POUPELIN A L'ABRICOT.

Pour un poupelin d'entremets, il faut faire 20 œufs de pâte à choux à croquembouche.

Prenez un moule d'entrée uni, beurrez-le, et remplissez-le entièrement avec la pâte.

Lissez le dessus avec le couteau.

Mettez-le sur un très-grand plafond, parce qu'à la cuisson il sort beaucoup de pâte du moule. Il faut avoir le soin d'enlever cette pâte avec la pelle pour dégager le moule et faciliter la cuisson.

Faites cuire à four *papier brun clair*.

On est sûr de la cuisson lorsque la masse de pâte quitte la croûte, qui doit former une croustade.

Retirez alors le moule du four.

Videz la croustade.

Remettez-la au four pendant 5 minutes.

Après cela démoulez.

Réservez sur un plafond.

Une heure avant de servir, glacez le poupelin avec de la marmelade d'abricots passée au tamis.

Décorez ensuite avec cerises, abricots, prunes confites et amandes mondées.

*Observation*. —Dans l'origine, on décorait ce gâteau avec du biscuit de couleur, vert et rose.

Pour bien réussir cet entremets, il faut apporter beaucoup de soin et surtout emplir le moule à ras.

On sert à part un fromage Chantilly à la vanille ou à tout autre goût.

La pâte qui est sortie du moule doit se faire cuire à part. On la saupoudre de sucre et on la sert à l'office.

Ce gâteau n'est plus en usage ; cependant j'ai cru devoir en donner la recette pour les personnes qui voudraient s'en passer la fantaisie.

Lors de sa création, on le décorait avec des biscuits de couleur ; plus tard on l'a décoré avec des fruits confits, ce qui lui donnait un aspect plus agréable.

### VACHERIN SUISSE A LA VANILLE.

Faites une pâte comme il est dit p. 87, Pâte d'amandes à abaisse.

Abaissez un rond de 20 centimètres de large et d'un demi-centimètre d'épaisseur.

Faites un cercle avec la même pâte de 14 centimètres de large sur 5 de haut.

Faites sécher à la bouche du four.

Posez le rond sur un fond de papier saupoudré de sucre ;

collez le cercle sur le rond avec de la glace royale un peu ferme et faites colorer au four.

Laissez refroidir.

Ayez de la crème Chantilly très-ferme.

Assaisonnez avec sucre de vanille et glace de sucre.

Couvrez le cercle avec la Chantilly.

Formez un dôme à 2 centimètres du bord, haut de 9 centimètres.

Colorez de la Chantilly en rose.

Poussez avec le cornet une rangée de gros points autour du dôme.

Faites une forte rosace sur le sommet.

Servez sur un plat garni d'une serviettte.

*Observation.* —La qualité du vacherin dépend de la crème.

On fait aussi des vacherins au chocolat et au café. Pour cela, on ajoute du chocolat à la vanille que l'on détend avec du sirop pour le mêler à la Chantilly et on décore le vacherin avec de la Chantilly blanche.

Pour faire la crème de café, on emploie du sirop fait à l'essence de café et on décore en blanc.

Pour fraises et framboises, purée de fruits, mêlez avec du sucre.

Décorez en blanc.

Pour la composition des vacherins, c'est toujours un fond de pâte d'amandes et un cercle. On en fait aussi dans des meringues, mais alors il diffère du véritable vacherin.

J'ai décrit le vacherin tel qu'on le fait en Suisse.

## PLUM-CAKE.

500 grammes de farine,
500 — de sucre en poudre,
500 — de beurre,
8 œufs,
Une pincée de sel,
50 grammes de raisin, épepiné et coupé en deux,

50 grammes de raison de Corinthe parfaitement épluché, lavé et séché.

25 — de citron confit coupé en petits dés,

25 — d'orange, également coupée en petits dés.

Mettez dans une terrine beurre, sucre et sel.

Travaillez à la spatule pendant 5 minutes.

Mettez un œuf, travaillez, et ainsi de suite pour chaque œuf.

Lorsque les œufs sont bien mêlés, ajoutez la farine travaillée, et quand l'appareil est parfaitement lisse, ajoutez raisin, orange, citron confit.

79 — Plum-cake.

Beurrez un moule uni d'entremets.

Mettez un rond de papier dans le fond du moule et autour une bande que vous aurez dentelée.

Emplissez le moule et faites cuire à four *papier brun clair*.

Une heure 45 minutes doivent suffire pour la cuisson. On doit d'ailleurs toujours s'assurer si la cuisson est parfaite avant de retirer du four.

Ce gâteau se sert froid et avec le papier.

On fait ce gâteau exactement pareil sans y mettre les raisins; on met seulement le citron et l'orange coupés en petits filets.

## PUNCH-CAKE.

Faites dans un moule à flan de 20 centimètres un biscuit avec de la pâte à 20 œufs, additionnée de sucre d'orange.

Faites une crème comme il va être dit :

500 grammes de marmelade passée au tamis,

500 — de sucre en poudre,

1 décilitre de rhum,

1 décilitre de curaçao,

18 blancs d'œufs.

Mettez dans une casserole la marmelade, le sucre, le curaçao, le rhum.

Faites cuire le tout 5 minutes.

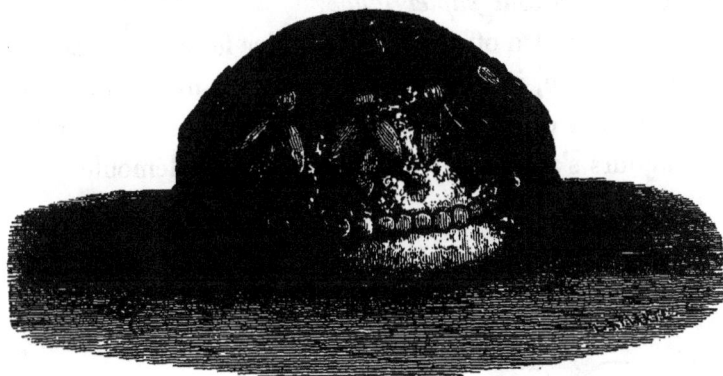

80. — Punch-cake.

Mêlez avec la spatule.

Fouettez les blancs d'œufs très-ferme et mêlez l'appareil, qui doit être presque froid, avec les blancs d'œufs.

Travaillez le tout pour en faire un pâte lisse.

Formez un dôme sur le biscuit.

Mettez 5 minutes au four.

Puis glacez avec de la glace de sucre et passez une pelle rouge dessus pour lui donner une couleur brune.

Il faut qu'il soit glacé entièrement.

Servez.

Cet appareil doit suffire pour faire quatre de ces gâteaux.

## GATEAU SABLE.

250 grammes de sucre,
250 — de fécule,
8 œufs,
Râpure d'une orange.

Mettez dans une terrine 250 grammes de sucre en poudre.

Mêlez les jaunes un à un avec le sucre.

Travaillez avec la spatule.

Ajoutez la fécule.

Travaillez encore 2 minutes.

Ayez un moule à cylindre cannelé que vous glacez et beurrez à la fécule.

Emplissez le moule aux deux tiers.

Faites cuire à four *papier jaune*.

Faites un fond d'office pour démouler le gâteau dessus, car, étant très-fragile, il a besoin de reposer sur un fond solide.

Trois quarts d'heure suffisent pour le cuire. Cependant il faut toujours s'assurer de la cuisson avant de démouler.

## GATEAU DE MACHECOUL.

350 grammes de farine,
200 — de sucre,
2 décilitres d'eau,
10 grammes de sel,
3 jaunes d'œufs,
5 blancs fouettés,
1 cuillerée à bouche d'eau de fleur d'oranger.

Détrempez la farine avec l'eau, le sel, le sucre.

La pâte mêlée, ajoutez les trois jaunes d'œufs et les blancs à moitié fouettés.

Fraisez plusieurs fois la pâte mêlée.

Battez-la 3 minutes avec le rouleau.

Mettez la pâte dans une terrine et laissez reposer une nuit.

Le lendemain, rompez la pâte en la battant de nouveau avec le rouleau.

Abaissez de 5 millimètres d'épaisseur.

Puis coupez des ronds avec un coupe-pâte uni de 8 centimètres de large.

Piquez ces ronds avec une fourchette.

Faites bouillir de l'eau et mettez les ronds un à un dans l'eau bouillante.

Lorsqu'un rond remonte à la surface, retirez-le de l'eau avec une écumoire et mettez-le sur une serviette.

Laissez reposer 5 heures et faites cuire sur plaque beurrée à four *papier jaune.*

## BISCUIT A L'ITALIENNE AU CHOCOLAT EN SURPRISE.

Faites dans un moule uni d'entrée, que vous aurez beurré et glacé, un biscuit avec de la pâte à biscuit fin (voir p. 91).

Faites cuire à four *papier brun clair.*

Assurez-vous de la cuisson.

Laissez refroidir.

Parez et videz.

Glacez à la glace de fondant au chocolat; ensuite décorez avec de la glace royale blanche.

Garnissez de crème fouettée à la vanille et couvrez avec le pompon en sucre filé (voir pl. IV, fig. 1).

Il ne faut pas que l'on voie que le biscuit est garni.

## BISCUIT A L'ITALIENNE AUX FRAISES.

Préparez un biscuit comme le précédent.

Lorsqu'il est cuit, parez et videz-le.

Glacez-le à la glace de fondant aux fraises et décorez-le à la glace royale blanche.

Garnissez de crème fouettée aux fraises.

Terminez et servez comme le biscuit au chocolat.

Pour assaisonner la crème, on met de la purée de fraises passée au tamis que l'on mêle avec du sucre.

### BISCUIT A L'ITALIENNE AU CAFÉ.

Faites un biscuit comme le biscuit au chocolat.

Videz et glacez-le avec de la glace de fondant au café.

Garnissez-le avec de la crème fouettée au café.

On assaisonne cette crème avec du sirop à l'essence de café.

Ce biscuit se décore avec de la glace royale blanche.

Finissez et servez comme le biscuit au chocolat.

### BISCUIT A L'ITALIENNE A L'ANANAS.

Faites un biscuit comme le biscuit au chocolat.

Lorsque le biscuit est cuit, laissez-le refroidir; ensuite videz-le.

Glacez-le à la glace de fondant à l'ananas.

Garnissez avec de la crème fouettée.

Assaisonnez de glace de sucre et de purée d'ananas.

Passez au tamis de soie.

Servez-le sur un plat garni d'une serviette.

### BISCUIT A L'ITALIENNE AUX ABRICOTS.

Faites un biscuit comme le biscuit au chocolat.

Videz le biscuit

Glacez-le à la glace de fondant aux abricots ; garnissez-le avec de la crème fouettée assaisonnée avec de la purée d'abricots et de la glace de sucre.

Servez sur un plat garni d'une serviette.

### BISCUIT AUX PISTACHES.

Faites un biscuit comme il est dit précédemment ; glacez-le avec de la glace verte au kirsch.

Pilez des pistaches, mouillez-les avec du sirop à 34 degrés et passez-les au tamis de soie.

BISCUIT A L'ITALIENNE

CROQUEMBOUCHE D'AMANDES ET DE PISTACHES

*(pièces ornées de sucre filé)*

Mêlez le tout à la crème et finissez comme le biscuit au chocolat.

*Observation.* — On peut, pour tous ces biscuits, remplacer la crème par des glaces de tous genres.

On fait aussi des entremets moulés de toutes les grosses pièces décrites au chapitre I$^{er}$ de la 2$^e$ partie, telles que :

Baba polonais ;

Gros biscuit ;

Gâteau millefeuille, en biscuit à la royale ;

Millefeuille à l'italienne ;

Millefeuille ordinaire, napolitain ;

Breton à la vanille, à l'orange au kirsch, aux fraises, au citron ;

Croquembouche de choux ordinaire,

       —      historié garni de crème vanille,

       —      garni d'abricots,

       —      de gimblettes de choux,

       —      de génoise, kirsch et chocolat, etc. ;

Pyramide de savarins à l'orange et glacés au rhum ;

Gâteau génois à l'ananas,

       —      au noyau, au citron ;

Nougat ordinaire,

       —    à la parisienne,

       —    à la reine ;

Sultane filée au poêlon,

       —    coulée en treillage ;

Croquante à l'ancienne,

       —      moderne, etc.

# CHAPITRE VI.

## TIMBALES D'ENTREMETS SUCRÉS.

### TIMBALE CHATEAUBRIANT.

100 grammes d'amandes,
100 — de sucre en poudre,
50 — de beurre fin,
150 — de farine,
Une râpure de zeste de citron,
Une prise de sel,
Des œufs entiers.

Mondez, lavez, essuyez et pilez les amandes.

Ajoutez le beurre, le sucre, la farine, le sel et 2 œufs entiers.
Pilez.

Pour bien mêler, ajoutez des œufs pour détremper la pâte
et en faire une pâte ferme.

Laissez reposer.

Faites une abaisse de pâte très-mince sur un plafond; mettez
cuire et coupez des ronds avec un coupe-pâte de 2 centimètres
1/2. On réserve ces ronds pour le fond du moule.

Abaissez des bandes de pâte de 4 millimètres d'épaisseur et
de la hauteur du moule qui servira à faire la timbale.

Faites cuire; en retirant les bandes du four, coupez-les toutes
chaudes et sur le travers d'une largeur de 2 centimètres 1/2.

Lorsque les ronds et les bandes seront bien refroidis, faites de la glace royale pas trop molle ; mettez un rond de papier dans le fond du moule ; collez les ronds avec de la glace ; chevalez-les les uns sur les autres ; formez des rangées circulaires allant du milieu du moule aux deux extrémités.

Consolidez tous ces ronds avec de la glace royale et faites en sorte qu'elle ne paraisse pas extérieurement.

Collez les bandes les unes sur les autres et fixez-les sur les

81. — Timbale Châteaubriant.

ronds du fond ; consolidez de même les bandes avec de la glace royale ; faites sécher à l'étuve ou au four.

Cette timbale doit être pâle et de couleur uniforme.

Démoulez-la sur un plafond et glacez-la avec de la marmelade d'abricots détendue avec du sirop.

Cette timbale sert à couvrir une glace Châteaubriant, que l'on fait avec une glace de vanille dans laquelle on ajoute poires, pommes, abricots, cerises confites. On doit la mouler dans un

moule uni qui ait un couvercle fermant bien, car il faut éviter
que le sel n'entre dans la glace.

Cette glace doit entrer sous la timbale, et celle-ci ne doit
avoir qu'un couvercle. Il est important qu'elle soit bien
frappée.

Lorsqu'elle est démoulée, on la met sur une serviette et on
la couvre avec la timbale.

### TIMBALE SICILIENNE.

Faites une timbale pareille à la précédente.

Lorsqu'elle est bien sèche, démoulez-la sur un plafond et
masquez-la avec un pinceau et de la glace royale mollette.

Semez sur la glace un granit composé de pistaches hachées
et de sucre granit n° 3 (voir p. 19).

Cette timbale est garnie d'une glace chocolat, moulée et frappée comme celle du Châteaubriant.

### TIMBALE PASTAFROLLE.

Faites une pâte avec 300 grammes d'amandes,

500 grammes de farine,

300 — de sucre,

300 — de beurre,

Râpure de zeste d'orange,

Une prise de sel,

Et des œufs.

Pour ce que boira la pâte, faites même travail que pour la
pâte à timbale Châteaubriant.

Faites avec toute la pâte des cercles de 10 centimètres de
large, et videz-les avec un coupe-pâte de 8 centimètres de large.

Faites cuire *blond*; laissez refroidir.

Faites une glace très-consistante avec du jus de groseille et
du sucre passé au tamis de soie ; mettez-la dans un cornet et
couchez sur chaque rond un cordon de 5 millimètres; posez
successivement un rond et un autre cordon jusqu'au dernier.

Faites un fond de pâte d'office que vous ferez cuire et que vous parerez.

Sablez-le avec du sucre vert ; fixez-le avec du blanc d'œuf fouetté et au sucre.

Lorsque la timbale sera sèche, parez-la bien ronde.

Glacez-la avec de la marmelade d'abricots passée au tamis ; posez-la sur le fond d'office et décorez avec du feuilletage blanc, en employant le même procédé que pour le feuilletage fin décrit p. 53.

Choisissez du beurre en livre très-blanc ; moyennant cette précaution on obtiendra du beau feuilletag.

Donnez-lui 12 tours, et lorsqu'il est abaissé, laissez reposer pour le découper; glacez-le avec de la glace de sucre et cuisez à four gai. Lorsque vous retirez le feuilletage du four, il doit encore être flexible sous le doigt.

En plaçant le décor il faut éviter de crever le dessus du fleuron, ce qui ferait perdre à la timbale toute sa beauté.

Cette timbale est garnie d'une glace vanille (voir pl. V, fig. 1).

### TIMBALE DE GÉNOISE AU CHOCOLAT.

Faites une plaque de pâte de génoise à croquembouche comme il est dit p. 101.

Faites cuire.

Lorsque la génoise sera cuite et refroidie, taillez un morceau de carton de 7 centimètres de large sur 13 de haut ; taillez de même un carton hexagone de 13 centimètres 1/2 de pointe en pointe.

Taillez six morceaux de génoise sur le carton en carré long et un morceau de génoise sur le carton hexagone.

Coupez également en biseau les angles des morceaux en carré long, sur leur longueur, pour faciliter les soudures.

Glacez la surface des six morceaux.

Glacez le morceau de dessus et les côtés.

Faites-les sécher ; décorez-les avec un cornet et glace royale et collez-les sur un fond de pâte d'office cuit, qui a été paré et mis au sucre vert.

Si les carrés ne sont pas bien nets, posez des cordons de points sur les angles; posez-en également en bas et en haut de la timbale; garnissez au dernier moment et servez.

Au commencement du service mettez la timbale vide sur la table et ne la garnissez qu'au dernier moment d'un bavarois au chocolat.

### TIMBALE DE GÉNOISE ROSE ET BLANCHE EN COLONNES.

Ayez un moule uni à timbale.

Faites une plaque de génoise comme il est dit plus haut.

Lorsque la génoise sera cuite et refroidie, coupez un rond de 2 centimètres plus grand que le moule ainsi que des colonnes de 2 centimètres de large sur 12 de haut; coupez les angles en dedans pour que l'on voie les côtés serrés l'un contre l'autre sans laisser d'écartement.

Glacez le fond, la surface, le bord et la moitié des colonnes avec de la glace royale rose au kirsch.

Glacez l'autre moitié des colonnes avec de la glace royale blanche au kirsch.

Mettez une bande de papier blanc dans le moule; collez-la avec de la glace royale blanche.

Doublez la soudure en dedans avec de la glace pour que la timbale soit solide.

Faites sécher à chaleur très-douce, car le moindre excès de chaleur ferait suer la génoise, et la timbale ne pourrait plus servir.

Lorsque la timbale est bien sèche, démoulez-la et collez-la sur un fond d'office comme celui de la timbale au chocolat.

Posez avec un cornet un cordon de glace royale sur chaque angle.

Décorez le fond et réservez pour servir.

Cette timbale demande beaucoup de soin, et lorsqu'elle est bien faite, elle est très-appétissante.

On fait aussi ces timbales en losange que l'on appelle genre *arlequin*; on les fait en damier, en gimblettes et en points.

Je me contente d'indiquer ici les noms que l'on donne à ces diverses timbales.

### TIMBALE EN PATE D'AMANDES POUR PLOMBIÈRE.

Faites de la pâte d'amandes à abaisse (voir p. 87).

Faites avec la pâte de petites colonnes sur des moules ronds en bois, larges de 1 centimètre et longs de 18 centimètres.

Ayez un moule uni d'entrée.

Calculez ce qu'il faut de colonnes pour en faire le tour.

Lorsque les colonnes sont bien sèches, masquez-les avec du blanc fouetté et mêlez avec de la glace de sucre ; semez sur le blanc du sucre n° 4 (voir p. 19).

Faites sécher.

Mettez une bande de papier blanc autour du moule.

Collez les bâtons avec de la glace royale; faites un fond de pâte d'office, parez et sablez de sucre vert.

Lorsque la timbale a été séchée, démoulez-la et collez-la avec de la glace sur le fond d'office.

Entre chaque bâton, mettez un rang de points comme le dessin l'indique (voir pl. V, fig. 2).

Posez avec le cornet sur le rebord des bâtons un cordon de glace royale verte que vous tremperez dans de la pistache hachée.

Égouttez des cerises confites et mettez sur chaque bâton une demi-cerise que vous aurez arrondie.

Réservez pour servir.

### TIMBALE DE GAUFRES A L'ALLEMANDE.

Mondez, lavez et essuyez 225 grammes d'amandes.

Pilez-les avec 250 grammes de sucre et mouillez-les avec des blancs d'œufs.

Lorsque les amandes et le sucre auront été bien pilés, mettez-les dans une terrine.

Ajoutez 150 grammes de farine passée au tamis, du sucre de vanille; mouillez avec des œufs entiers pour en faire une pâte molle que l'on puisse étendre facilement.

TIMBALE EN PÂTE D'OFFICE GARNIE D'UNE DAME BLANCHE — TIMBALE EN PÂTE D'AMANDES GARNIE D'UNE DAME BLANCHE

Ayez des plaques d'office très-propres.

Faites-les chauffer et cirez-les très-légèrement avec de la cire vierge.

Laissez refroidir.

Couchez sur la longueur de la plaque de l'appareil à gaufre, à une hauteur de 13 centimètres.

Faites cuire, et lorsque la pâte est à moitié cuite, parez les bords des bandes pour que celles-ci soient très-égales.

Coupez sur la largeur des morceaux de 6 centimètres; remettez-les cuire; retirez-les du four.

Tournez les gaufres sur des morceaux de bois bien ronds de 2 centimètres de diamètre; serrez chaque gaufre sur le bâton. Si la gaufre venait à se refroidir et que l'on ne pût plus la tourner, faites-la chauffer sur un feu vif.

Lorsque toutes les gaufres seront formées, ayez de la glace royale vert pâle; trempez le bout des gaufres dans la glace et dans des pistaches hachées et faites-les sécher.

Ayez un moule uni d'entrée autour duquel vous poserez une bande de papier.

Collez les gaufres avec de la glace royale blanche.

Évitez que la glace ne paraisse quand la timbale sera démoulée.

Faites sécher.

Ayez un fond de pâte d'office cuit, paré et sablé de sucre rose.

Lorsque la timbale est séchée, démoulez.

Collez sur le fond avec de la glace royale verte.

Poussez au cornet des points avec de la glace blanche entre chaque gaufre et mettez sur le haut des gaufres un gros point de gelée de pommes.

Réservez.

### TIMBALE D'AVELINES.

Torréfiez 250 grammes d'avelines pour en retirer la peau.

Hachez-les très-fin et mettez-les dans une terrine avec 250 grammes de sucre en poudre, 100 grammes de farine passée au tamis, un petit verre de kirsch, des œufs entiers pour en faire une pâte très-mollette.

Cirez très-légèrement des plaques d'office avec de la cire vierge.

Couchez l'appareil très-mince sur des plaques.

Faites cuire.

Parez les bords pour que les gaufres soient bien égales; coupez sur le travers des morceaux de 6 centimètres; tournez les gaufres sur les bâtons, trempez les bouts dans de la glace royale verte et ensuite dans des pistaches hachées, et finissez comme la timbale de gaufres à l'allemande.

### TIMBALE DE PAINS A LA DUCHESSE.

Faites de la pâte à choux à croquembouche comme il est dit p. 89; couchez à la poche sur une plaque d'office des pains de 12 centimètres de long sur 1 1/2 de large; dorez à la dorure; faites cuire à four chaleur *papier brun clair*.

Laissez refroidir.

Glacez au sucre au cassé.

Faites un fond de pâte d'office; parez-le et mettez-le au sucre vert.

Ayez un moule uni d'entrée; collez dans ce moule les pains l'un à côté de l'autre, en appuyant le côté glacé sur le moule.

Lorsqu'ils sont refroidis, collez-les sur le fond d'office.

Posez un cordon de pistaches entre chaque pain et une cerise bien égouttée et glacée au cassé entre chaque pain et sur un fond d'office.

Mondez des amandes, séparez-les en deux et faites-les sécher bien blanches.

Collez 4 moitiés d'amandes ensemble pour former une fleur comme celle de l'oranger; collez les amandes en haut du cordon de pistaches sans qu'elles dépassent la tête des pains.

Mettez dans chaque fleur une cerise bien égouttée.

Réservez pour servir à toutes sortes de glaces.

### TIMBALE DE MERINGUE.

Faites de la pâte à meringue, comme il est dit p. 103.

Couchez sur des ronds de papier et à la poche des cercles en pâte de 9 centimètres de large et épais de 2 centimètres.

Faites-les cuire ; retournez-les ensuite sur plaque et faites sécher à four très-doux.

Faites-les refroidir et collez-les l'un sur l'autre avec de la glace royale, sur un fond de pâte d'office cuit et paré.

Recouvrez les cercles de pâte à meringue, de manière que les cercles représentent un moule uni à cylindre.

Décorez au cornet et saupoudrez de sucre pilé.

Faites prendre, au four, une couleur blonde très-égale.

On garnit ces timbales de crème Chantilly, assaisonnée de vanille, café, chocolat, fraises. On les garnit aussi avec des glaces de différents goûts.

# CHAPITRE VII.

## ENTREMETS CHAUDS POUR DÉJEUNERS.

### COURONNE DE BRIOCHE

Ayez 1 kilo de pâte à brioches pour petites brioches comme il est dit p. 39.

82. — Couronne de brioche.

Moulez ; faites un trou au milieu en appuyant avec le poing ; formez la couronne.

Dorez à la dorure.

Faites une fente en dedans, au milieu de la couronne, à une profondeur de 2 centimètres ; ouvrez la fente en relevant le bord du haut et en aplatissant celui du bas.

Faites cuire à four *papier brun*.

Servez chaud.

## COURONNE AU FROMAGE.

Ayez 1 kilo de pâte à brioche dans lequel vous mêlerez
125 grammes de fromage de parmesan râpé.

Laissez reposer la pâte.

Formez la couronne et dorez-la.

Ayez des lames de fromage de Gruyère, larges de 3 centimètres, longues de 4 et épaisses de 2 centimètres d'un bout et
de 1 centimètre de l'autre.

Faites des fentes en biais sur le dessus de la couronne; entrez
les lames de fromage dans les fentes du côté mince.

Fendez la couronne en dedans et faites cuire à four chaleur
*papier brun*.

## PETITES BRIOCHES.

Faites 1 kilo de pâte à brioche (voir p. 39).

83. — Brioche non cuite.

Divisez cette pâte en morceaux de 45 grammes; moulez la
pâte en forme de brioche comme le dessin l'indique.

Dorez et faites cuire à chaleur *papier brun foncé*.

## KOUQUES.

Faites de la pâte à solilem (voir p. 44); laissez-la revenir;
divisez-la en morceaux de 35 grammes.

Formez des petits pains avec les morceaux de pâte et faites-les revenir sur des plaques d'office.

Dorez et faites cuire comme les pains de brioche.

Sitôt que les pains sont cuits, fendez-les en deux sans les séparer.

Garnissez les pains avec du beurre très-fin et légèrement salé.

Servez très-chaud.

### PETITS SOLILEMS.

Ayez des moules ovales en ferblanc de 4 centimètres de largeur, 6 de longueur et 4 de hauteur.

Beurrez les moules avec du beurre clarifié (voir p. 31).

Mettez de la pâte à solilem (voir p. 44) à moitié du moule; laissez revenir.

Faites cuire à four *papier brun*.

Démoulez; coupez les solilems en deux sur le travers.

Arrosez chaque morceau avec du beurre très-fin, légèrement salé et fondu; remettez les morceaux l'un sur l'autre et servez très-chaud.

### GATEAUX DE PLOMB.

Faites de la pâte à gâteau de plomb (voir . 38).

Laissez reposer.

Faites une caisse ronde en fort papier, haute de 7 centimètres; faites-la sécher.

Beurrez au beurre clarifié; moulez la pâte; appuyez à la main à 5 centimètres d'épaisseur.

Chiquetez les bords du gâteau; mettez-le dans la caisse, la moulure en dessous; dorez, rayez le dessus du gâteau avec le petit couteau.

Piquez de plusieurs trous pour empêcher que le gâteau ne bouffe.

Faites cuire à four *papier brun clair*.

Assurez-vous de la cuisson du gâteau en le piquant avec un couteau.

Lorsqu'il est cuit, on met une assiette dessus avec un poids de 2 kilos.

Laissez refroidir sur un clayon.

Retirez la caisse et servez froid.

*Observation.* — Ce gâteau, pour être réussi, doit être très-compacte : il se conserve ainsi facilement plusieurs jours.

S'il restait du gâteau trop rassis, on le couperait en lames de 4 centimètres, on le ferait chauffer sur le gril, et on le mangerait chaud, parce que froid il n'est plus bon.

### PETITS GATEAUX DE PLOMB.

Faites de la pâte de plomb ; laissez-la reposer et divisez-la en petites parties de 35 grammes ; moulez ; aplatissez à la main ; chiquetez les bords.

Posez les gâteaux sur une plaque d'office, la moulure en dessous ; dorez, rayez, piquez et faites cuire à four chaud.

Servez sur un plat garni d'une serviette.

*Observation.* — On fait de gros gâteaux de plomb au cédrat, au raisin de Corinthe, à l'orange confite et aux fruits confits.

On sucre la pâte des gâteaux de plomb aux fruits. Pour cela, on coupe le cédrat et les autres fruits en dés.

On mêle à la pâte et on finit comme le gâteau de plomb ordinaire.

On fait aussi des gâteaux de plomb au fromage, en ajoutant à la pâte du parmesan râpé et du Gruyère coupé en petits dés. On finit comme le gros gâteau de plomb.

### KICHE A LA CRÈME.

Ayez un moule à flan, en ferblanc, qui puisse contenir un litre de crème ; beurrez le moule et le plafond.

Foncez avec du feuilletage à gâteau de roi à 6 tours.

Cassez 5 œufs dans une terrine ; battez-les comme pour une omelette.

Mettez une pincée de sel.

Mouillez avec 7 décilitres de crème double passée à l'étamine.

Mettez 12 morceaux de beurre gros comme des petites ave-lines dans le fond du flan.

Versez la crème dessus et faites cuire à four chaud.

Servez très-chaud.

La valeur de ce gâteau dépend de la qualité de la crème employée.

### KICHE SUCRÉE A LA CRÈME.

Préparez une kiche comme la précédente.

Ajoutez sucre et eau de fleur d'oranger.

### KICHE AU FROMAGE.

Préparez une kiche comme la kiche à la crème.

Ajoutez 1 hecto de fromage de parmesan râpé.

Finissez comme celle qui est faite à la crème.

Servez très-chaud.

### KICHE AUX NOUILLES SUCRÉES.

Faites de la pâte à nouilles comme il est dit p. 38.

Faites blanchir les nouilles.

Sautez-les avec beurre, sucre et crème double.

Foncez un moule à flan comme pour la kiche à la crème.

Garnissez avec les nouilles.

Faites cuire.

Glacez à blanc avec glace de sucre et servez chaud.

### KICHE DE NOUILLES AU FROMAGE.

Préparez et finissez comme pour les nouilles au sucre; rem-placez le sucre par 150 grammes de parmesan râpé.

Ajoutez du poivre et 50 grammes de beurre fin.

Faites cuire et servez sans glacer.

Semez du fromage râpé sur les nouilles avant de les mettre au four.

### KICHE AU RIZ A LA VANILLE.

Faites blanchir 2 hectos de riz bien lavé.

Rafraîchissez.

Mettez-le cuire avec 8 décilitres de crème, 60 grammes de beurre fin, une prise de sel, 120 grammes de sucre en poudre et 25 grammes de sucre de vanille.

Lorsque le riz sera bien crevé, foncez un moule comme on fait pour la kiche à la crème.

Garnissez, faites cuire et glacez à blanc.

Servez chaud.

### KICHE AU RIZ A LA CRÈME.

Préparez et finissez comme le riz à la vanille, sans mettre de sucre de vanille.

### RAMEQUIN.

Mettez dans une casserole 60 grammes de beurre,

2 décilitres d'eau,

Sel et poivre.

Faites bouillir.

Au premier bouillon, ajoutez 125 grammes de farine; mêlez avec la cuiller de bois.

Remettez 4 minutes sur le feu ; tournez avec la cuiller.

Ajoutez 1 hecto de fromage de parmesan râpé et mêlez.

Ajoutez 3 œufs l'un après l'autre.

Couchez l'appareil sur des plaques de la grosseur d'un petit œuf.

Dorez et mettez un petit bouquet de fromage de Gruyère coupé en dés sur chaque ramequin.

Faites cuire à *papier brun*.

Servez chaud.

### TALMOUSE DE SAINT-DENIS.

Faites de la pâte comme la pâte à ramequin, sans fromage ni poivre.

Couchez sur des plaques de la grosseur d'un petit œuf; dorez à l'œuf battu et faites cuire à four *papier brun*.

### TALMOUSE A L'ANCIENNE.

Ayez du feuilletage à gâteau de roi.

Faites une pâte à choux comme pour les ramequins, sans fromage ni poivre.

Ajoutez du sucre en poudre et du fromage blanc dans la proportion de 125 grammes de fromage pour 500 grammes de pâte à choux, et mêlez le tout parfaitement.

Couchez de la pâte gros comme un petit œuf sur des abaisses en feuilletage à gâteau de roi et à 6 tours; coupez avec un coupe-pâte godronné de 8 centimètres.

Dorez et relevez les bords de trois côtés pour donner à la talmouse une forme triangulaire.

Faites cuire à four *papier brun clair*.

Lorsque les talmouses seront cuites, glacez à blanc avec de la glace de sucre, et servez chaud.

### GATEAU DE NEMOURS.

Coupez avec un coupe-pâte godronné, large de 7 centimètres, des abaisses de feuilletage de gâteau de roi à 6 tours.

Foncez avec les abaisses des moules à tartelettes.

Faites une pâte à choux avec 70 grammes de beurre,

2 décilitres d'eau,

Une prise de sel,

60 grammes de sucre en poudre,

Et 125 grammes de farine.

Terminez comme la pâte à ramequin.

Mouillez avec 3 œufs.

Couchez dans chaque abaisse gros comme un œuf de pâte à choux.

Dorez; faites cuire et glacez avec de la glace de sucre et à la flamme.

Servez chaud.

## TARTELETTES A LA NECKER.

Mettez dans une casserole :
2 décilitres de lait,
20 grammes de sucre en poudre,
Une prise de sel,
60 grammes de beurre,
Et faites bouillir.
Ajoutez 125 grammes de farine.
Mêlez la farine avec le lait et le beurre.
Faites sécher 4 minutes sur le feu.
Mouillez avec moitié lait et moitié œuf.
Foncez des moules à tartelettes avec des abaisses de feuilletage à gâteau de roi à 6 tours.
Couchez de la pâte dans chaque abaisse.
Dorez et faites cuire à four *papier brun clair*.
Glacez les tartelettes à blanc avec de la glace de sucre.
Servez chaud.

## GNOCCI.

Mettez dans une casserole :
2 décilitres d'eau,
20 grammes de beurre,
Une prise de sel,
3 prises de poivre blanc.
Faites bouillir.
Ajoutez :
150 grammes de farine,
50 grammes de fromage de parmesan râpé.

Mêlez et tournez 2 minutes sur le feu avec la cuiller de bois.

Retirez du feu; ajoutez 3 œufs entiers, l'un après l'autre, et mêlez-les bien.

Saupoudrez la table de farine; mettez une forte cuillerée de pâte sur la farine.

Roulez la pâte en bandes de la grosseur de 1 centimètre 1/2; coupez des morceaux de même longueur, et formez des olives avec ces morceaux.

Faites-les pocher 5 minutes dans du lait bouillant.

Égouttez-les sur un tamis.

Faites une sauce avec le lait qui a servi à pocher la pâte, du beurre et de la farine.

Faites réduire et ajoutez du fromage de parmesan râpé.

Mettez les gnocci avec la sauce, et garnissez-en les moules à tartelettes que vous aurez foncés avec du feuilletage à gâteaux de roi (voir p. 51).

Lorsque les moules seront garnis, saupoudrez-les avec du fromage de parmesan râpé.

Faites cuire à chaleur *papier brun*.

Servez chaud.

## PETITES TIMBALES DE MACARONI.

Foncez avec du feuilletage à gâteau de roi à 6 tours des moules ovales de 6 centimètres de long, de 4 de large et de 4 centimètres de haut.

Beurrez avec du beurre froid et épongé ( voir p. **31**).

Faites cuire du petit macaroni d'Italie, cassé très-court, dans de l'eau, du sel, du poivre et du beurre.

Pour bien cuire le macaroni, et généralement toutes les pâtes, il faut les faire aller à très-petits bouillons.

Lorsque le macaroni est cuit, égouttez et mettez-le dans une casserole avec du beurre, du sel, du poivre, du fromage de Gruyère et de parmesan en parties égales.

Agitez fortement la casserole pour mêler l'assaisonnement. S'il arrivait que le macaroni ne se liât pas bien, on ajouterait de l'eau froide, on agiterait de nouveau la casserole et on sauterait le macaroni.

Emplissez les moules, saupoudrez-les de parmesan râpé et faites cuire à four *papier brun clair.*

Démoulez et servez chaud.

## PETITES TIMBALES DE NOUILLES.

Faites de la pâte à nouilles comme il est dit p. 38.

Abaissez, coupez et faites blanchir.

Finissez comme le macaroni.

Foncez des moules ovales (après les avoir beurrés à beurre froid) avec le feuilletage à gâteau de roi à 6 tours.

Finissez comme le macaroni.

Servez chaud.

## PETIT SOUFFLÉ DE FÉCULE A LA VANILLE.

Faites une bouillie avec 2 décilitres de lait,

15 grammes de fécule,

10 grammes de sucre en poudre,

Une petite prise de sel,

5 grammes de sucre de vanille.

Cette bouillie doit être très-consistante.

Séparez les blancs des jaunes à 4 œufs.

Mettez les jaunes dans la bouillie; mêlez et fouettez les blancs très-ferme et mêlez-les à la bouillie.

Couchez la bouillie dans des moules ovales, comme ceux du macaroni, que vous aurez beurrés et foncés de feuilletage à gâteau de roi.

Faites cuire à feu *papier brun clair.*

Démoulez, glacez à blanc avec glace de sucre et servez tout de suite.

*Observation.* — On fait aussi ces petits soufflés au citron ou à l'orange en remplaçant le sucre de vanille par le sucre de citron ou d'orange.

## PETITS GATEAUX DE RIZ.

Lavez et faites blanchir 300 grammes de riz.

Rafraîchissez et égouttez.

Mettez le riz dans une casserole avec 1 litre de lait,

30 grammes de sucre,

Une prise de sel,

Une demi-gousse de vanille,

25 grammes de beurre.

Faites cuire à feu très-doux.

Foncez, avec du feuilletage à gâteau de roi, des moules ovales comme ceux des petits macaronis.

Travaillez le riz avec la spatule; mettez-y deux œufs l'un après l'autre; garnissez les moules avec le riz.

Faites cuire à four gai; démoulez; glacez à la glace de sucre et servez chaud.

## DARIOLES.

Beurrez et foncez 12 moules à darioles avec du feuilletage à gâteau de roi et à 6 tours.

Mesurez deux moules de sucre et deux de farine et mettez-les dans une casserole.

Ajoutez 3 œufs et une prise de sel.

On aromatise les darioles avec sucre de vanille, de citron, d'orange et eau de fleurs d'oranger.

Travaillez 5 minutes avec une cuiller de bois; ajoutez 6 moules de lait deux par deux et trois macarons bien écrasés.

Lorsque l'appareil est bien mêlé, mettez gros comme une noisette de beurre fin dans chaque moule.

Remplissez chaque moule aux trois quarts.

Faites cuire à four gai.

Lorsque les darioles sont cuites, démoulez, saupoudrez de glace de sucre et servez chaud.

### PONT-NEUF.

Foncez des moules à tartelettes avec du feuilletage à gâteau de roi.

Mettez dans une terrine une partie de frangipane et une même quantité de pâte à pain de la Mecque (voir p. 90).

Ajoutez du sucre et des macarons amers écrasés.

Couchez gros comme un œuf de cette crème dans chaque moule.

Formez une croix sur la crème avec des bandes de feuilletage d'un demi-centimètre de large sur 3 millimètres d'épaisseur.

Faites cuire à four *papier brun clair.*

Le gâteau cuit, démoulez, glacez à blanc et servez chaud.

### CHOUX AU CHOCOLAT.

Faites de la pâte à choux à croquembouche comme il est dit p. 89.

Couchez gros comme un œuf de la pâte sur des plaques; dorez et faites cuire à four gai.

Préparez une crème saint-honoré au chocolat (voir p. 80).

Ouvrez les choux sur le côté et emplissez-les avec de la crème. Cette opération se fait avec un cornet.

Lorsque tous les choux sont garnis, on fait une sauce avec du chocolat à la vanille et du sirop à 20 degrés. Cette sauce bien préparée doit masquer la cuiller.

Dressez les choux sur le plat; saucez le premier rang; ajoutez un second rang et saucez; continuez en sauçant chaque rang.

Cet entremets doit se servir chaud. Il peut également se manger froid : il y a des personnes qui le préfèrent ainsi.

### GATEAUX FEUILLETÉS.

Faites 500 grammes de feuilletage fin.

Chaque fois que j'indique 500 grammes de farine, on doit

mettre le beurre, le sel et les œufs dans les proportions dé-
terminées pour 500 *grammes de farine*. En m'exprimant de
cette manière, je me sers d'un terme de métier pour préciser la
*quantité* de pâte à faire, sans en exclure les accessoires nécessaires.

## GATEAUX LOSANGE.

Lorsque le feuilletage aura 6 tours, abaissez-le de 8 millimètres d'épaisseur; coupez des bandes de 5 centimètres de large;
divisez ces bandes en losanges; rangez les gâteaux sur des plaques d'office très-propres et légèrement mouillées.

Dorez les dessus seulement sans mettre de dorure sur les côtés; rayez les dessus d'une profondeur de 2 millimètres.

Faites cuire à four chaud et glacez à la glace de sucre et à la
flamme.

Servez chaud.

## POLONAIS.

Préparez le feuilletage comme le précédent; abaissez les
bandes de 8 millimètres d'épaisseur; coupez-les en carrés de
6 centimètres.

Mouillez légèrement les coins et reployez-les sur le gâteau
pour lui donner 4 grands côtés et 4 petits.

Dorez, faites cuire et glacez comme les losanges.

## NOIX.

Faites du feuilletage à 6 tours.

Abaissez de 8 millimètres d'épaisseur; coupez au coupe-pâte
uni des ronds de 7 centimètres; mouillez légèrement la surface
et reployez de manière à faire un demi-rond.

Rangez sur des plaques d'office; mouillez légèrement; faites
cuire à four chaud.

Glacez à la glace de sucre et à la flamme.

Lorsque ces gâteaux sont cuits, on appuie le pouce au milieu pour y mettre une belle cerise bien égouttée ou une bande

de groseilles de 1 centimètre de largeur sur 1/2 centimètre d'épaisseur.

Servez.

## PUITS D'AMOUR.

Faites du feuilletage fin à 6 tours.

Abaissez-le de 8 millimètres d'épaisseur.

Coupez avec un coupe-pâte godronné des ronds de 5 centimètres de large.

Rangez-les sur des plaques d'office mouillées.

Coupez d'autres ronds de 3 centimètres de largeur sur 6 millimètres d'épaisseur avec un coupe-pâte godronné.

Videz les ronds avec un coupe-pâte uni, de 1 centimètre 1/2 de large.

Dorez les premiers ronds, posez les seconds ronds sur les premiers en appuyant avec le pouce pour les souder.

Faites cuire à four chaud.

Glacez à la glace de sucre et à la flamme.

On garnit les anneaux avec des cerises ou des verjus confits.

Servez chaud.

## CANAPÉS A LA GROSEILLE.

Faites du feuilletage fin à 6 tours.

Abaissez-le de 1 centimètre d'épaisseur sur 7 de largeur.

Coupez cette bande par parties de 1 centimètre 1/2 de large; rangez-les sur des plaques d'office; posez le feuilletage sur la coupe et à 4 centimètres de distance.

Mettez à four chaud.

Glacez à la glace de sucre et à la flamme.

Étalez de la gelée de groseille sur un canapé et recouvrez avec un autre canapé qui aura le côté glacé dessus.

Servez froid.

## CANAPÉ SIMPLE.

Préparez les canapés de la même manière que ceux qui sont garnis.

Dressez-les sans les garnir et servez chaud.

## TARTELETTES A DOUBLE FOND A LA FRANGIPANE AUX AMANDES AMÈRES.

Préparez de la crème à la frangipane comme il est dit p. 79.

Assaisonnez de sucre et de macarons amers écrasés; faites du feuilletage fin; donnez-lui 6 tours; abaissez de 4 millimètres d'épaisseur; coupez des ronds avec un coupe-pâte godronné de 5 centimètres de large.

Mouillez une plaque d'office; rangez les ronds dessus en ayant le soin de les retourner.

Abaissez du feuilletage de 5 millimètres d'épaisseur; coupez des ronds avec le même coupe-pâte et videz-les avec un coupe-pâte uni de 2 centimètres 1/2 de large; mouillez les bords du fond qui sont sur la plaque.

Posez les seconds ronds que vous avez vidés sur les premiers.

Appuyez avec le pouce pour les souder.

Dorez et garnissez-les avec de la crème, c'est-à-dire mettez dans le milieu gros comme deux avelines de frangipane.

Faites cuire à four chaud.

Glacez au sucre et à la flamme.

Servez chaud.

*Observation.* — Si les gâteaux étaient ce que l'on appelle, en terme du métier, *ferrés,* c'est-à-dire légèrement brûlés en dessous, on aurait soin d'enlever le noir à une épaisseur de 2 millimètres.

Dressez et servez chaud.

## TARTELETTES A DOUBLE FOND A LA MARMELADE D'ABRICOTS.

Préparez les tartelettes comme celles de frangipane.

Faites-les cuire sans les garnir.

Glacez-les au sucre et à la flamme.

Retirez-les du four et garnissez avec de la marmelade d'abricots.

Servez chaud.

On garnit ces tartelettes avec toutes sortes de gelées et marmelades.

Procédez comme pour les tartelettes à la marmelade d'abricots.

### TARTELETTES DE POMME MOSAÏQUE.

Foncez des moules avec du feuilletage à gâteau de roi; garnissez-les de marmelade de pommes dans laquelle vous aurez mis un quart de marmelade d'abricots.

Recouvrez-les avec des mosaïques levées sur des planches la mosaïque doit être de 4 millimètres plus grande que la tartelette.

Pour les mosaïques, on prend de la pâte comme celle des pâtés chauds dressés.

### TARTELETTES DE POMMES GLACÉES AU FOUR.

Foncez des moules à tartelettes avec des ronds de feuilletage à gâteau de roi à 6 tours.

Coupez-les au coupe-pâte godronné.

Faites de la marmelade de pommes avec de la reinette de Canada dans laquelle vous mettrez une prise de sucre de cannelle.

Garnissez les tartelettes avec de la marmelade

Faites-les cuire à four gai.

Glacez-les à la glace de sucre et à la flamme.

Servez chaud.

On fait aussi ces tartelettes saupoudrées d'amandes hachées et pralinées; on en fait de grillées avec des bandes de pâte comme les flans de pommes.

### RABOTTE DE POMMES.

Choisissez des pommes de Canada de moyenne grosseur; lavez et essuyez-les; videz-les avec un vide-pomme de 2 centimètres.

Faites des abaisses de pâte à foncer (voir p. 35) assez grandes pour emballer la pomme.

Mouillez légèrement la pâte; posez la pomme dessus; mettez du sucre en poudre dans le trou et enfermez la pomme dans la pâte.

Dorez; mettez sur le dessus un couvercle en feuilletage à gâteau de roi à 6 tours; coupez avec un coupe-pâte godronné de 5 centimètres.

Dorez le couvercle et piquez le dessus pour faire un trou d'un demi-centimètre.

Faites cuire à four gai; glacez au sucre et à la flamme et servez chaud.

### RABOTTE DE POIRES.

Videz par le dessous et aux trois quarts des poires de bon-chrétien ou de Saint-Germain; lavez et essuyez-les.

Faites-leur quelques incisions sur la peau avec le couteau.

84. — Rabotte de pommes et de poires.

Emballez les poires dans la pâte à foncer comme on fait des pommes pour rabotte.

Coupez à moitié les queues des poires.

Posez un couvercle de feuilletage.

Dorez, faites cuire, glacez au sucre et au four.

Servez chaud.

# CHAPITRE VIII.

## FLANS.

On fait les flans de deux manières, comme les tourtes de fruits : les uns en cuisant les fruits avec la pâte, et les autres en cuisant les fruits à part, comme on fait pour les compotes.

### FLAN D'ABRICOTS A CRU.

Foncez un moule à flan que vous aurez mis sur un plafond; beurrez légèrement; pincez le bord.

Mettez une couche de sucre pilé dans le fond du flan et rangez dessus des moitiés d'abricots bien mûrs.

Faites cuire.

Lorsque le flan est cuit, glacez la croûte au pinceau avec du sirop à 32 degrés; remettez 2 minutes au four; saupoudrez les abricots avec du sucre pilé et servez froid.

### FLAN DE PÊCHES.

Foncez un moule à flan.

Coupez en deux des pêches bien mûres.

Blanchissez-les dans du sirop pour en retirer la peau; égouttez-les; mettez du sucre pilé dans le fond du flan; rangez les pêches dessus; faites cuire et finissez comme le flan d'abricots.

Servez froid.

18

### FLAN DE PRUNES DE REINE-CLAUDE.

Retirez les noyaux à de belles prunes de reine-Claude qui ne soient pas trop mûres.

Ne séparez pas les prunes.

Foncez un flan; pincez le bord; saupoudrez le fond avec du sucre.

Rangez les prunes dans le flan, les unes contre les autres; faites cuire et finissez comme le flan d'abricots.

Servez très-froid.

### FLAN DE MARMELADE DE POMMES GRILLÉ.

Faites de la marmelade de pommes avec des reinettes de Canada en y ajoutant du sucre et du sucre de citron.

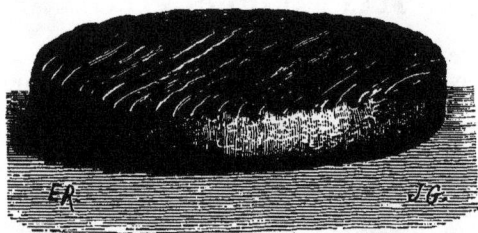

85. — Flan de marmelade de pommes grillé.

Foncez un flan avec de la pâte à foncer (voir p. 35).

Garnissez le flan de marmelade.

Abaissez de la pâte à foncer de l'épaisseur de 3 millimètres; saupoudrez l'abaisse de farine; ployez-la en deux et coupez des bandes de 5 millimètres de large.

Mouillez le bord du flan; déployez les bandes; formez un grillage sur la marmelade de pommes avec les bandes.

Soudez sur le bord sans tirer les bandes pour éviter le retrait au four.

Glacez au sirop ou à la glace de sucre et à la flamme. Cette dernière manière de glacer est plus difficile; c'est pourquoi je conseille l'emploi du sirop aux ouvriers qui ne seraient pas encore familiarisés avec le four.

### FLAN DE POMMES PORTUGAIS.

Coupez en deux des pommes de Calville; retirez-en le cœur avec une cuiller à café; parez chaque moitié de pomme en trois coups de couteau. Pour bien parer une pomme, il faut que ce soit la pomme qui tourne sous le couteau et non pas le couteau sur la pomme.

Faites cuire à petit bouillon dans du sirop.

Lorsque l'on cuit des pommes à grand feu, elles ne s'atteignent pas et se détériorent aux parois de la bassine.

Il faut en obtenir la cuisson sans les abimer et se rappeler que le manque de cuisson les fait noircir.

Foncez un flan; mettez dedans une couche de marmelade et faites cuire.

Lorsque le flan est cuit, glacez-le au sirop; égouttez les pommes; rangez-les sur la marmelade; mettez des cerises confites dans les intervalles et des moitiés de prunes de reine-Claude.

Glacez avec le sirop qui a servi à cuire les pommes, préalablement passé au tamis et réduit à 32 degrés.

On ne doit mettre le sirop qu'au dernier moment.

### FLAN PORTUGAIS AUX POMMES ENTIÈRES.

Videz les pommes de Calville avec un vide-pomme; faites-les cuire dans le sirop; foncez un flan avec de la pâte à foncer.

Finissez comme le flan portugais décrit ci-dessus.

### FLAN DE CERISES.

Épluchez de belles cerises; foncez un flan avec de la pâte à foncer (voir p. 35); pincez le bord du flan.

Saupoudrez le fond du flan avec du sucre pilé; rangez les cerises dessus; faites cuire et finissez comme le flan d'abricots.

Servez froid.

### FLAN DE PRUNES DE MIRABELLE.

Retirez les noyaux à de belles prunes de mirabelle.

Foncez un flan; saupoudrez le fond de sucre; pilez et rangez les prunes dessus.

Faites cuire et finissez comme le flan d'abricots.

Servez froid.

### FLAN DE POMMES ET DE POIRES D'ANGLETERRE ENTIÈRES.

Tournez des poires d'Angleterre; faites-les cuire dans du sirop; foncez un flan; mettez une couche de marmelade de pommes dans le fond du flan.

Égouttez les poires.

Rangez-les sur la marmelade.

Faites cuire croûtes et poires.

Glacez au sirop à 32 degrés.

Passez au four 2 minutes et réservez pour servir froid.

### FLAN DE POIRES DE ROUSSELET.

Tournez des poires de Rousselet; faites-les cuire dans du sirop avec une pointe de carmin, afin que l'aspect de ces poires soit d'un beau rose.

Foncez un moule à flan; mettez une couche de marmelade de pommes dans le fond; posez les poires dessus.

Faites cuire à four gai.

Glacez croûtes et poires au sirop à 32 degrés.

Mettez 2 minutes au four pour sécher le sirop.

Réservez sur clayon.

### FLAN DE POIRES DE SAINT-GERMAIN.

Coupez en deux des poires de Saint-Germain; parez-les; réservez une moitié de poire que vous parerez ronde pour la mettre sur le milieu lorsque l'on dressera la compote.

Faites cuire dans du sirop à 20 degrés; mouillez grandement pour rendre les poires bien blanches.

Foncez un flan et mettez dans le fond une couche de marmelade de pommes.

Égouttez les poires et rangez-les sur la marmelade en forme de rosace.

Placez la partie ronde de la poire au milieu de la compote.

Faites cuire et finissez comme le flan de poires d'Angleterre.

Réservez sur clayon.

### FLAN DE POIRES DE CATILLAC.

Coupez les poires en quatre; réservez une moitié de poire que vous couperez en rond pour le milieu du flan.

Parez les autres en quartiers.

Faites-les cuire avec du sirop et du carmin liquide.

Foncez un flan et finissez comme pour les poires de Saint-Germain.

### FLAN D'ABRICOTS CONFITS.

Foncez un flan avec de la pâte à gâteau de plomb (voir p. 39); pincez le bord.

Taillez un rond de papier de 4 centimètres plus grand que le flan; beurrez le papier et faites des coupures de 4 centimètres du bord au centre.

Mettez le papier dans le flan et le côté beurré sur la pâte; remplissez de farine.

Faites cuire le flan.

Retirez la farine et le papier.

Nettoyez bien la croûte.

Glacez au sirop à 32 degrés.

Faites sécher 2 minutes au four.

Coupez des abricots en deux; retirez les noyaux, et faites-les revenir dans du sirop à 28 degrés.

Mettez-les dans une terrine.

Au bout de 2 heures, égouttez les abricots; passez le sirop au tamis de Venise.

Faites-le réduire à 32 degrés.

Cassez les noyaux.

Mettez les amandes dans l'eau froide ; retirez la peau des amandes.

Rangez les abricots dans la croûte de flan ; saucez avec le sirop, qui doit être froid ; mettez les amandes sur les abricots.

Servez froid.

### FLAN DE PÊCHES.

Faites une croûte de flan, comme celle que l'on fait pour les abricots.

Faites cuire les pêches dans du sirop à 32 degrés.

Finissez comme le flan d'abricots.

Servez froid.

### FLAN DE PRUNES DE REINE-CLAUDE CONFITES.

Choisissez de belles prunes de reine-Claude ; retirez les noyaux sans les séparer.

Faites-les revenir dans du sirop à 24 degrés.

Faites une croûte de flan.

Égouttez les prunes ; passez le sirop au tamis ; faites-le réduire.

Garnissez la croûte avec les prunes et saucez au moment de servir avec le sirop froid.

### FLAN DE PRUNES DE MIRABELLE.

Même travail que pour le flan de prunes de reine-Claude.

### FLAN D'ABRICOTS CONFITS.

Fendez en deux des abricots confits ; mettez-les dans du sirop à 18 degrés et sur la cendre chaude pour les ramollir et les rendre flexibles sous le doigt.

Égouttez.

Passez le sirop ; faites-le réduire à 32 degrés.

Ayez une croûte de flan; garnissez-la avec des abricots; sau-
cez-la et servez froid.

### FLAN DE FRUITS CONFITS, MACÉDOINE.

Faites ramollir dans du sirop des abricots, des prunes de
reine-Claude, des prunes de mirabelle et des cerises.

Lorsque tous les fruits seront bien moelleux, égouttez-les.

Passez le sirop des abricots.

Faites une croûte de flan; garnissez-la avec les fruits; en
dressant, variez les couleurs.

Saucez avec le sirop d'abricots et servez froid.

*Observation.* — On fait aussi tous les flans de fruits avec des
fruits conservés en bouteilles. Pour les employer, il faut les
égoutter sur un tamis et ajouter du sucre en morceaux au
sirop.

Faites-le réduire et rangez les fruits dans une croûte de flan.

Saucez avec le sirop et servez froid.

### FLANS DE CRÈME DE FRANGIPANE MERINGUÉE.

Faites de la frangipane comme il est dit p. 79; assaisonnez de sucre pilé et de macarons écrasés; ajoutez une cuillerée à bouche d'eau de fleur d'oranger.

Foncez un moule à flan avec de la pâte à foncer.

Garnissez le flan avec de la frangipane.

Faites cuire.

Fouettez 4 blancs d'œufs.

Mettez 135 grammes de sucre en poudre dans les blancs.

Étalez une couche de blanc sur la crème.

Faites une rosace au milieu et des anneaux tout autour avec
un cornet. Les anneaux doivent avoir 2 centimètres.

Saupoudrez le dessus du flan avec du sucre pilé; faites-lui
prendre couleur au four.

Lorsque le flan sera cuit, garnissez-le avec des cerises confites bien égouttées.

Servez chaud.

## FLAN DE CRÈME AU CHOCOLAT, AU GROS SUCRE ET AUX PISTACHES.

Assaisonnez de la frangipane avec du chocolat et du sucre de vanille (voir p. 29 et 84).

Foncez un moule à flan avec du feuilletage à gâteau de roi.

Garnissez avec la crème.

Faites cuire.

Lorsque le flan sera cuit, étalez sur la crème une couche de blancs d'œufs.

Fouettez et mêlez avec du sucre en poudre ; glacez avec de la glace de sucre.

Semez pistaches et gros sucre sur les blancs d'œufs.

Faites sécher à blanc et servez chaud.

## FLAN DE CRÈME MERINGUÉE AU CITRON, AU GROS SUCRE ET AU RAISIN DE CORINTHE.

Assaisonnez de la frangipane avec du sucre de citron (voir p. 84).

Foncez un moule à flan avec du feuilletage à gâteau de roi et à 6 tours.

Garnissez avec la crème.

Faites cuire, meringuez, et finissez comme le flan aux pistaches et au gros sucre.

Remplacez la pistache par le raisin de Corinthe.

Servez chaud.

### FANCHETTE A LA VANILLE.

Cet entremets se fait dans des moules en cuivre à côtes, comme les moules à pâtés chauds, de 14 centimètres de largeur et de 5 centimètres de hauteur.

Nettoyez ces moules avec beaucoup de soin.

Foncez le moule avec du feuilletage à gâteau de roi à 6 tours ; faites une crème à fanchette, comme il est dit p. 84 ;

emplissez le moule; faites cuire et ensuite meringuez avec de la pâte à meringue (voir p. 103).

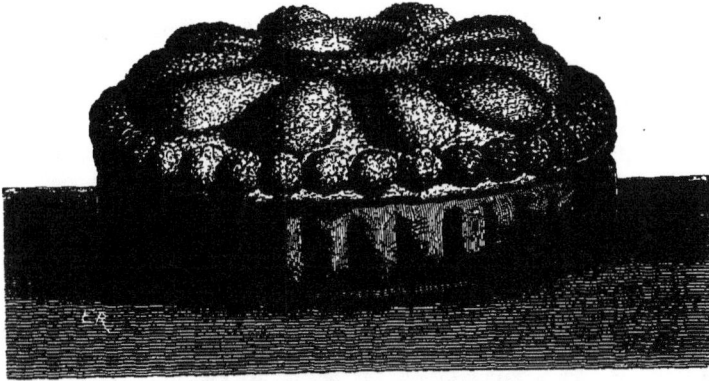

86. — Fanchette.

Décorez la fanchette avec un cornet; saupoudrez avec du sucre pilé.

Faites-lui prendre une couleur blonde au four et servez chaud.

### FANCHETTE AU CHOCOLAT.

Faites une crème fanchette au chocolat (voir p. 81).

Foncez un moule à fanchette avec du feuilletage à gâteau de roi (voir p. 51); garnissez avec la crème; faites cuire; meringuez, décorez et finissez comme la fanchette à la vanille.

Servez chaud.

### FANCHETTE AU CAFÉ.

Faites une crème à fanchette au café; foncez un moule à fanchette avec du feuilletage à gâteau de roi.

Garnissez avec de la crème.

Faites cuire, meringuez et saupoudrez de sucre pilé.

Faites prendre au gâteau une couleur blonde au four.

Servez chaud.

*Observation.* — On fait des fanchettes au cédrat, à l'orange, aux amandes douces et amères, aux liqueurs, et généralement pour tous les goûts.

### FLAN D'ABRICOTS AU RIZ.

Pour un flan de dix personnes, lavez et blanchissez 500 grammes de riz.

Après l'avoir égoutté, mettez le riz dans une casserole, avec 1 litre de lait, 25 grammes de beurre, 25 grammes de sucre en poudre et une prise de sel.

Faites cuire à feu doux.

Coupez 8 abricots en deux, retirez les noyaux.

Faites cuire dans du sirop à 28 degrés.

Foncez un moule à flan de 25 centimètres de large avec du feuilletage à gâteau de roi à 6 tours (voir p. 51).

Mettez la moitié du riz dans le fond du flan; égouttez les abricots, rangez-les sur le riz et recouvrez-les avec le reste du riz.

Faites cuire à four gai.

Ensuite glacez-le à blanc avec de la glace de sucre et servez chaud.

L'hiver, on fait ces flans avec des abricots de conserve ou de la marmelade d'abricots.

### FLAN DE PÊCHES AU RIZ.

Coupez 8 pêches en deux et retirez-en les noyaux.

Faites-les cuire dans du sirop à 28 degrés; retirez la peau des pêches.

Foncez un moule à flan avec du feuilletage à gâteau de roi à 6 tours (voir p. 51).

Ayez du riz cuit préparé comme pour le flan d'abricots.

Finissez, faites cuire et glacez à blanc avec glace de sucre.

Servez chaud.

### FLAN DE CERISES AU RIZ.

Retirez queues et noyaux à 750 grammes de belles cerises; faites-les cuire dans du sirop à 24 degrés.

Faites crever du riz dans du lait, du beurre, du sucre et du sel.

Foncez un moule à flan de 24 centimètres de large avec du feuilletage à gâteau de roi (voir p. 51).

Égouttez les cerises; mettez une couche de riz dans le fond du flan; mettez les cerises dessus; recouvrez avec le riz; faites cuire; glacez à blanc avec glace de sucre et servez chaud.

### FLAN DE PRUNES DE REINE-CLAUDE AU RIZ.

Coupez en deux 15 belles prunes de reine-Claude; retirez les noyaux.

Faites-les cuire dans du sirop à 24 degrés.

Faites crever du riz.

Foncez le moule à flan avec du feuilletage à gâteau de roi à 6 tours.

Finissez comme le flan de riz aux abricots.

### FLAN DE POIRES DE SAINT-GERMAIN AU RIZ.

Choisissez 8 poires de Saint-Germain; coupez-les en deux; parez-les et faites-les cuire dans du sirop et une demi-gousse de vanille.

Faites cuire 500 grammes de riz (voir Flan d'abricots, page 282).

Foncez un moule à flan avec feuilletage à gâteau de roi à 6 tours.

Égouttez les poires; mettez la moitié du riz dans le fond du flan; rangez les poires dessus et recouvrez-les avec le riz.

Faites cuire et glacez-les à blanc au moment de servir.

Servez chaud.

### FLAN DE POIRES AU RIZ.

On emploie dans les flans de riz les poires de crassane, de bon-chrétien, d'Angleterre et de Catillac.

Pour toutes ces poires, faites le même travail que pour le flan d'abricots.

On finit aussi ces flans en semant dessus du macaron écrasé avant de les mettre au four.

## FLAN MESSINOIS.

Foncez un moule à flan avec de la pâte à foncer.

Epluchez par quartiers bien égaux des pommes de reinette de Canada.

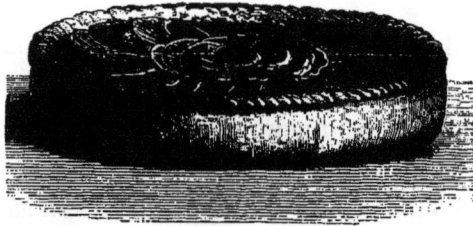

87. — Flan messinois.

Coupez chaque quartier en lames de 1 centimètre d'épaisseur pour en former des croissants.

Rangez ces pommes en les chevalant l'une sur l'autre depuis le bord du flan jusqu'au milieu et posez un rond de pommes au milieu.

Faites cuire à four gai.

Lorsque le flan est cuit, masquez-le légèrement avec de la marmelade d'abricots passée au tamis et ramollie avec du sirop.

Servez froid.

## FLAN RUSSE.

Faites un fond de 20 centimètres de large, de 8 millimètres d'épaisseur, avec de la pâte à napolitain; étalez dessus une couche de marmelade d'abricots de 1 centimètre d'épaisseur à 2 centimètres du bord du fond.

Faites cuire.

Laissez refroidir et couvrez avec une couche de pâte à meringue (voir p. 103) de 3 centimètres d'épaisseur.

Saupoudrez de sucre et mettez prendre couleur u four;

10 minutes suffisent pour donner la cuisson voulue à la meringue.

On peut faire ces flans avec toutes les marmelades possibles et par le même procédé que ci-dessus.

### FLAN A LA RELIGIEUSE AU CHOCOLAT.

Faites une croustade de pâte à gâteau de plomb; glacez-la au sirop à 32 degrés.

Faites 7 pains à la duchesse de 8 centimètres de long sur 4 de large; glacez les pains avec de la glace au chocolat, et ensuite garnissez-les avec de la crème saint-honoré au chocolat (voir p. 80).

Mettez dans le fond de la croûte une couche de crème au chocolat.

Rangez 5 pains sur la crème, en les chevalant les uns sur les autres.

Mettez de la crème dans le milieu.

Rangez les deux derniers pains sur les cinq premiers.

Servez froid.

### FLAN A LA RELIGIEUSE AU CAFE.

Faites une croustade dans un moule évasé de 15 centimètres de diamètre sur 4 de hauteur avec de la pâte qui sert à foncer les précieuses.

Faites de la pâte à choux à croquembouche.

Couchez sur un plafond 6 choux ovales de 9 centimètres de long sur 6 de large et un choux rond de grosseur ordinaire.

Faites 3 œufs de crème saint-honoré au café.

Remplissez les choux avec cette crème et mettez-en une couche dans le fond de la croustade.

Faites de la glace au café (voir p. 84).

Glacez les choux ovales chevalés l'un sur l'autre et en couronne.

Glacez de même le choux rond et mettez-le sur le haut des choux que vous avez dressés.

Faites de la glacé au beurre et au café et posez sur chaque chou une rosace.

Poussez au cornet.

Puis, sur le bord de la croustade, mettez un cordon de rosaces plus petites que celles qui sont sur les choux (voir le dessin).

88. — Flan à la religieuse au café.

Cet entremi          t froid, dressé sur un plat garni d'une serviette.

On fait aussi cet entremets au chocolat. On procède de la même manière, en remplaçant le café par le chocolat.

*Observation.* — Ces flans se font aussi aux fraises, aux framboises et aux abricots.

# CHAPITRE IX.

## ENTREMETS DÉTACHÉS.

### CHOUX GRILLÉS AUX AMANDES PRALINÉES.

Faites de la pâte à choux grillés (voir p. 89).

Couchez des morceaux de pâte de la grosseur d'un petit œuf sur des plaques d'office très-propres et à 4 centimètres les uns des autres.

Dorez et semez sur les choux des amandes hachées et pralinées (voir p. 26).

Mettez sur le milieu des choux gros comme une aveline de sucre pilé (voir pl. II, fig. 3).

Faites cuire à four *papier jaune.*

Relevez les choux et placez-les sur un clayon.

Réservez pour servir froid.

### PAINS DE LA MECQUE ORDINAIRES.

Faites de la pâte à pains de la Mecque comme il est dit p. 90.

Couchez des morceaux de pâte de la grosseur d'un petit œuf sur des plaques d'office; couvrez entièrement les pains avec du sucre pilé.

Laissez le sucre 4 minutes.

Retirez et renversez-le sur une feuille de papier, en retournant la plaque.

Faites cuire à four *papier jaune* (voir pl. III, fig. 1).

## PAINS DE LA MECQUE
### GARNIS DE CRÈME CHANTILLY VANILLÉE.

Préparez des pains de la Mecque comme les précédents.

Lorsqu'ils sont cuits, laissez-les refroidir.

Ouvrez le dessus des petits pains; garnissez-les avec de la Chantilly à la vanille; posez le petit couvercle sur la crème et servez.

*Observation*. — Les pains à la crème de café, chocolat, citron, orange, fraises, framboises, se font de la même manière que les pains à la crème de vanille.

## PAINS A LA DUCHESSE AU CAFÉ.

Faites de la pâte à choux comme pour les pains à la duchesse (voir p. 89).

Couchez sur des plaques avec une poche des pains longs de 8 centimètres et larges de 2 centimètres.

Dorez et faites cuire à four *papier jaune foncé*.

Laissez refroidir; glacez avec de la glace au café à froid (voir p. 84); garnissez le pain avec de la crème à la Chantilly au café.

Faites un trou dans un des bouts du pain avec un bâton pointu de 1 centimètre de grosseur; mettez la crème avec un cornet.

On a changé, depuis une vingtaine d'années, le nom de ces gâteaux : on les désigne actuellement sous le nom d'*éclairs*.

## PAINS A LA DUCHESSE AU CHOCOLAT.

Préparez des pains comme les précédents; glacez à la glace.

Garnissez avec de la crème Chantilly au chocolat.

### PAINS A LA DUCHESSE AUX FRAISES.

Faites des pains à la duchesse ; glacez-les avec de la glace aux fraises.

Garnissez avec de la crème à la Chantilly.

Assaisonnez avec de la purée de fraises sucrée.

*Observation.* — Les petits pains variés que l'on appelle *éclairs* se font avec de la pâte croquante et ne se garnissent qu'au dernier moment.

Je conseillerai de remplacer, dans les grandes chaleurs, la crème à la Chantilly par de la crème cuite dite saint-honoré. Cette crème se marie à tous les goûts de fruits, de liqueurs et de sucres parfumés, et remplace parfaitement la Chantilly.

### PAINS A LA DUCHESSE
### GLACÉS AU FOUR ET GARNIS DE GELÉE DE GROSEILLE.

Faites des pains à la duchesse ; glacez-les à la glace de sucre et à la flamme ; laissez-les refroidir et garnissez-les de gelée de groseille.

### PAINS A LA DUCHESSE
### GLACÉS AU FOUR, GARNIS DE MARMELADE D'ABRICOTS.

Même préparation que pour les pains à la duchesse.

Glacez au four et garnissez de marmelade d'abricots.

### PAINS A LA DUCHESSE
### GLACÉS AU FOUR, GARNIS DE MARMELADE DE POIRES.

Même préparation que pour les pains indiqués ci-dessus.

### PAINS A LA DUCHESSE GLACÉS AU CASSÉ.

Faites les pains à la duchesse comme les pains à la creme au café.

Lorsqu'ils sont cuits et refroidis, faites cuire du sucre au cassé et trempez chaque pain, l'un après l'autre, dans le sucre.

Laissez refroidir et servez.

On fait des pains glacés au cassé garnis de toutes sortes de gelées et marmelades.

## PAINS A LA DUCHE SE
### GLACÉS AU CASSÉ, AU GROS SUCRE ET AUX PISTACHES.

Préparez les pains de la même manière que les précédents.
Glacez-les au sucre au cassé.

Ayez du gros sucre et des pistaches coupées en dés; mêlez-les ensemble sur un plafond.

Trempez les pains dans le sucre et posez-les au fur et à mesure sur le sucre et les pistaches et placez-les sur une plaque à refroidir.

## PAINS A LA DUCHESSE
### GLACES AU RAISIN DE CORINTHE ET AU GROS SUCRE.

Préparez les pains comme les précédents; remplacez seulement les pistaches par du corinthe, et finissez de même.

## CHOUX GLACÉS AU FOUR ET GARNIS DE CRÈME DE VANILLE.

Faites des choux avec de la pâte à croquembouche (voir p. 89).

Dorez; faites cuire; glacez de glace de sucre et à la flamme.

Coupez un couvercle sur le dessus de la largeur de 3 centimètres.

Garnissez de crème vanille; replacez le couvercle sur la crème et servez.

## CHOUX A LA CRÈME AU CAFÉ.

Faites des choux comme les précédents; mettez dans la crème du sirop à l'essence de café; finissez comme les choux à la crème de vanille.

On garnit aussi ces choux avec de la crème de citron que l'on assaisonne avec du sucre de citron.

Pour les choux au chocolat, on assaisonne la crème avec du chocolat fondu et du sirop à 30 degrés.

Pour les choux à l'orange, on les assaisonne avec du sucre de zeste d'orange.

Pour toutes les crèmes de fruit, on assaisonne la crème avec de la purée de fruits mêlée de sucre en poudre.

On garnit les choux avec la crème et l'on pose le couvercle sur la crème.

### CHOUX GLACÉS AU CASSE.

Faites des choux avec de la pâte à choux pour croquembouches (voir p. 89).

Lorsque les choux sont cuits, glacez-les avec sucre au cassé et réservez pour servir.

### CHOUX GLACÉS AU CASSÉ ET GROS SUCRE.

Préparez des choux comme les précédents; glacez-les au cassé et trempez-les dans du gros sucre (voir p. 19, Gros sucre n° 1).

### CHOUX GLACÉS AU CASSÉ, GROS SUCRE ET PISTACHES.

Même préparation que pour les précédents; glacez au sucre au cassé.

Mettez sur un plafond du gros sucre n° 2 (voir p. 19) avec des pistaches coupées en dés de même grosseur que le sucre.

Réservez pour servir (voir pl. III, fig. 5).

### CHOUX GLACÉS AUX PISTACHES EN PETITS FILETS.

Préparez des choux comme les choux glacés au cassé.

Ayez des pistaches coupées en petits filets (voir p. 26); mettez les filets de pistaches sur un plafond.

Faites cuire du sucre au cassé.

Trempez les choux dans le sucre et ensuite dans les filets de pistaches.

Laissez refroidir.

Réservez pour servir.

## CHOUX GLACÉS AU SUCRE AU CASSÉ, AU GROS SUCRE ET AU RAISIN DE CORINTHE.

Faites des choux comme les choux glacés au cassé.

Mettez sur un plafond du gros sucre n° 2 et du raisin de Corinthe très-propre (voir p. 28).

Faites cuire du sucre au cassé.

Trempez-y les choux, et ensuite dans le sucre et le raisin de Corinthe.

Réservez pour servir.

Tous ces choux se garnissent de gelées, de confitures ou de marmelades de fruits.

## CHOUX PROFITEROLLES AU CHOCOLAT ET A LA VANILLE.

Faites des choux avec de la pâte à pains à la duchesse (voir p. 89); dorez et faites cuire.

Lorsque les choux sont cuits, coupez sur le dessus un rond de 3 centimètres.

Glacez les bords des choux avec de la glace au chocolat.

Faites sécher au four et refroidir.

Garnissez avec de la crème saint-honoré vanille (voir p. 80.)

Réservez pour servir.

## PROFITEROLLES AU CAFÉ.

Préparez des choux comme les précédents.

Glacez avec de la glace au café, et garnissez d'une crème saint-honoré au café.

Réservez pour servir.

## PROFITEROLLES AUX FRAISES.

Faites les choux comme les précédents.

Glacez à la glace de fraises (voir p. 82).

Garnissez avec de la crème saint-honoré aux fraises.

## PROFITEROLLES AUX FRAMBOISES.

Préparez les choux comme les choux aux fraises.

Remplacez les fraises par de la framboise et finissez de même.

## COURONNES DE CHOUX AU PETIT SUCRE GARNIES DE MARMELADE D'ABRICOTS.

Faites de la pâte à choux comme il est dit à Pâte à choux grillés (voir p. 89).

Faites des abaisses de feuilletage à gâteaux de roi à 6 tours (voir p. 51); coupez avec un coupe-pâte uni de 5 centimètres et de 3 millimètres d'épaisseur; rangez ces abaisses sur des plaques d'office légèrement mouillées à 2 centimètres de distance l'une de l'autre.

Couchez sur chaque abaisse, avec un cornet, un cordon de pâte à choux de 1 centimètre de large.

Dorez la couronne et mettez dessus du sucre en grain n° 2 (voir p. 19).

Faites cuire à four *papier jaune foncé*.

Lorsque les couronnes sont cuites, laissez refroidir et garnissez de marmelade d'abricots.

Dressez et servez.

## COURONNES DE CHOUX AU PETIT SUCRE GARNIES DE CERISES.

Préparez les couronnes comme les précédentes.

Lorsqu'elles sont cuites, garnissez-les avec des cerises confites bien égouttées.

Réservez pour servir.

## COURONNES AU PETIT SUCRE GARNIES DE VERJUS.

Faites des couronnes comme les couronnes aux cerises.

Remplacez pour la garniture les cerises par des verjus confits et bien égouttés.

J'insiste sur le soin à apporter à l'égouttage des fruits, parce que rien n'est moins appétissant qu'un gâteau dont le sirop a fondu le petit sucre et laissé des taches en plusieurs endroits.

Réservez pour servir.

### COURONNES GARNIES DE PRUNES DE REINE-CLAUDE.

Préparez des couronnes comme les précédentes.

Ayez de petites prunes de reine-Claude confites; retirez les noyaux sans les séparer.

Faites cuire du sucre au cassé; glacez les prunes; égouttez-les, placez-les dans le milieu des couronnes, et réservez pour servir.

*Observation*. — On garnit ces couronnes avec toutes sortes de marmelades, gelées et fruits confits, et on leur donne ainsi les goûts les plus variés.

### COURONNES GRILLÉES AVEC DES AMANDES EN PETITS FILETS.

Faites de la pâte à choux comme pour les choux grillés; couchez au cornet, sur des plaques, des couronnes de 6 centimètres de largeur et de 1 centimètre d'épaisseur.

Dorez les couronnes.

Mettez sur les couronnes des amandes coupées en petits filets et pralinées (voir Amandes en petits filets, p. 25).

Saupoudrez-les de sucre pilé et faites-les cuire à four *papier brun clair*.

### COURONNES AU PETIT SUCRE.

Faites de la pâte à choux comme pour les précédentes; couchez sur des plaques des couronnes de 6 centimètres de largeur et de 1 centimètre d'épaisseur; semez dessus du sucre en grain n° 2 (voir p. 19).

Faites cuire à four *papier jaune*.

Lorsque les couronnes sont cuites, réservez sur clayon.

## COURONNES GRILLÉES GARNIES DE PRUNES DE MIRABELLE.

Préparez des couronnes comme les précédentes; remplacez le petit sucre par des amandes hachées et pralinées.

Lorsque les couronnes sont cuites, préparez du sucre au cassé.

Retirez les noyaux des prunes sans les séparer; glacez les prunes dans le sucre cuit; posez une prune sur le milieu de la couronne.

Dressez et servez.

## BOUCHÉES PERLÉES GARNIES DE CERISES.

Faites du feuilletage fin à 7 tours.

Abaissez de 4 millimètres d'épaisseur.

Laissez reposer.

Coupez des ronds avec un coupe-pâte uni de 5 centimètres de large.

Mouillez légèrement des plaques d'office; rangez les ronds sur les plaques d'office, en ayant le soin de les retourner : cette précaution doit être observée dans tout emploi de feuilletage.

Lorsque toutes les plaques sont remplies, glacez les ronds avec de la glace de sucre.

Appuyez un coupe-pâte uni de 3 centimètres de large sur le rond, afin de le faire entrer de 2 millimètres.

Faites cuire à four *papier jaune*.

Ce gâteau doit être blanc après la cuisson.

Appuyez légèrement sur le milieu du gâteau et formez-y un trou pour recevoir les cerises confites.

Lorsque les bouchées sont refroidies, ayez de la pâte à meringue (voir p. 103); remplissez-en un cornet de papier pour former un cordon de perles, grosses de 4 millimètres, sur le bord des bouchées, et saupoudrez-les de sucre n° 4 (voir p. 19).

Faites sécher la meringue à la bouche du four sans que les perles prennent couleur et garnissez-les avec des cerises bien égouttées.

Laissez refroidir et garnissez.

L'aspect agréable de ces bouchées perlées tient à leur extrême blancheur.

### BOUCHÉES PERLÉES AU VERJUS.

Préparez ces bouchées comme les précédentes; garnissez-les avec du verjus bien égoutté, et réservez pour servir.

### BOUCHÉES PERLÉES GARNIES D'ABRICOTS.

Faites revenir dans du sirop des moitiés d'abricots (voir *Revenir*, au Vocabulaire, p. 9).

Préparez ces bouchées comme celles qui sont perlées aux cerises.

Égouttez les abricots.

Garnissez les bouchées et réservez pour servir.

### BOUCHÉES PERLÉES AU SUCRE ROSE GARNIES DE GELÉE DE POMMES.

Préparez des bouchées comme les bouchées perlées aux cerises.

Saupoudrez les perles avec du sucre rose (voir p. 20).

Évitez de laisser jaunir les perles. Si le sucre perdait sa belle couleur par un excès de chaleur, il faudrait reperler les bouchées plutôt que de les servir.

### BOUCHÉES AUX PISTACHES GARNIES DE MARMELADE D'ANANAS.

Préparez des bouchées comme celles aux cerises.

Lorsqu'elles sont cuites, ayez de la pâte à meringue colorée vert pâle.

Mettez la pâte dans un cornet.

Poussez un cordon de pâte à meringue sur le bord des gâteaux; semez des pistaches hachées sur le cordon de meringue. Faites sécher au four.

Laissez refroidir et garnissez avec de la marmelade d'ananas.

Réservez pour servir.

*Observation.* — On fait des bouchées perlées de couleur rose, blanche et verte, que l'on garnit avec toute espèce de gelées, de marmelades et de fruits confits.

### PÈLERINES A LA MARMELADE DE POMMES A LA CANNELLE.

Faites du feuilletage à gâteau de roi à 6 tours; abaissez-le de 4 millimètres d'épaisseur.

Laissez reposer.

Coupez des ronds avec un coupe-pâte de 8 centimètres.

Beurrez très-légèrement des moules à madeleine, en coquille, avec un pinceau et du beurre clarifié (voir p. 31).

Foncez les moules avec les ronds de feuilletage, en chassant tout l'air du fond.

Faites une abaisse avec les rognures du feuilletage; coupez des ronds avec un coupe-pâte uni un peu plus grand que le moule.

Garnissez avec de la marmelade les deux tiers du moule; mouillez les bords, posez les couvercles et appuyez avec le pouce.

Soudez le couvercle, faites un trou sur le milieu de la pèlerine avec le petit couteau.

Faites cuire à four *papier brun*.

Les pèlerines cuites, démoulez, glacez avec un pinceau et du sirop à 32 degrés; mettez les pèlerines sur un plafond, remettez-les 2 minutes au four et réservez-les sur un clayon.

Ces gâteaux se servent chauds ou froids.

On assaisonne les marmelades avec du sucre de vanille, du citron ou de l'orange, selon le goût qu'on veut leur donner.

### PÈLERINES A LA CRÈME AU CHOCOLAT.

Faites de la frangipane que vous assaisonnerez avec du sucre de vanille et du chocolat.

Foncez des moules à madeleine après les avoir beurrés; garnissez-les avec de la crème et finissez comme les pèlerines garnies de pommes.

Réservez sur un clayon.

### PÈLERINES A LA CRÈME AU MARASQUIN.

Faites de la frangipane (voir p. 79).

Assaisonnez avec sucre et marasquin.

Colorez en rose avec du carmin.

Beurrez des moules à madeleine.

Foncez les moules avec du feuilletage à gâteau de roi.

Garnissez avec la crème et finissez comme les pèlerines à la marmelade de pommes.

### PÈLERINES A LA CRÈME AUX PISTACHES.

Faites de la frangipane assaisonnée de pistaches pilées, de sucre en poudre et de kirsch.

Beurrez des moules à madeleine.

Foncez-les avec du feuilletage à gâteau de roi.

Garnissez avec la crème pistache et finissez comme les pèlerines à la marmelade de pommes.

### MADELEINES AU CÉDRAT.

La madeleine doit être très-blanche à l'intérieur, très-serrée, et la croûte bien lisse.

Pour obtenir ce résultat, il suffit de mêler farine, sucre et beurre avec la spatule sans travailler la pâte; autrement, si vous la travaillez, elle devient pelucheuse et légère : dans ces conditions, la madeleine peut être bonne à manger, mais elle perd de son caractère de perfection.

Beaucoup de gâteaux se marquent de même; il n'y a que la manière de les travailler qui les distingue au goût et à l'œil. Celui qui voudra faire de vraies madeleines devra suivre exactement les prescriptions suivantes :

250 grammes de farine,

250 — de sucre en poudre,

250 — de beurre fondu en crème, c'est-à-dire coupé en morceaux et remué pour que le beurre fonde sans se clarifier,

100 grammes de cédrat confit, coupé en petits dés,

Une prise de sel,

4 œufs.

Mettez dans une terrine la farine, le sucre et les 4 œufs.

Mêlez avec la spatule, sans travailler.

Ajoutez le beurre fondu, le sel et le cédrat.

Beurrez les moules à madeleine avec un pinceau et du beurre clarifié (voir p. 31).

Remplissez les moules aux deux tiers pour obtenir des madeleines bien égales.

Je conseille, lorsque l'on a rempli un moule, de le mettre dans la balance pour s'assurer de son poids, et de faire de même pour toutes les autres madeleines. Ce procédé n'exige pas plus de temps et permet de les faire toutes égales.

Cuisez à four *papier jaune*.

Démoulez les madeleines, mettez-les sur clayon et réservez pour servir (voir pl. III, fig. 4).

### MADELEINES AU RAISIN DE CORINTHE.

Préparez la pâte à madeleine comme la précédente.

Remplacez le cédrat par le raisin de Corinthe.

Remplissez les moules après les avoir beurrés.

Faites cuire et réservez sur clayon.

### MADELEINES AU RAISIN DE MALAGA.

Préparez la pâte comme la précédente.

Remplacez le raisin de Corinthe par du malaga, dont vous couperez les grains en quatre.

Beurrez les moules, emplissez et faites-les cuire.

Réservez sur clayon.

### MADELEINES EN SURPRISE A L'ANANAS.

Faites un appareil à madeleine comme il est dit aux madeleines au cédrat.

Beurrez des moules à darioles avec du beurre clarifié (voir p. 31).

Remplissez chaque moule aux deux tiers.

Faites cuire; laissez refroidir.

Parez le haut de la madeleine pour qu'elle se tienne bien droite.

Enlevez sur le dessus un rond de 2 centimètres.

Retirez le milieu de la madeleine.

Garnissez avec de la marmelade d'ananas.

Recouvrez le dessus de la madeleine.

Glacez avec de la glace au fondant à l'ananas.

Réservez sur clayon.

### MADELEINES EN SURPRISE AUX FRAISES.

Faites une purée de fraises avec du sucre.

Préparez des madeleines comme celles à l'ananas.

Garnissez avec de la purée de fraises et glacez avec de la glace au fondant à la fraise.

Réservez sur clayon.

### MADELEINES EN SURPRISE AUX PISTACHES.

Préparez de la crème frangipane.

Assaisonnez avec des pistaches pilées, du sucre en poudre et du kirsch.

Faites des madeleines dans des moules à darioles.

Videz, garnissez, glacez à la glace de pistache.

Finissez comme les madeleines à l'ananas en surprise.

## MADELEINES EN SURPRISE AUX ABRICOTS.

Ayez des abricots bien mûrs; passez-les à travers un tamis de Venise.

Mêlez la purée avec du sucre en poudre.

Faites des madeleines dans des moules à darioles.

Videz et garnissez-les de purée.

Remettez le couvercle sur les madeleines.

Glacez-les avec du fondant à l'abricot.

Réservez pour servir.

## MADELEINES EN SURPRISE A LA CRÈME D'AVELINES.

Mondez, pilez et passez au tamis des avelines en les mouillant avec de la bonne crème.

Passez les avelines au tamis de Venise.

Faites de la crème à fanchonnette.

89. — Moule à darioles.

Mêlez la purée d'avelines avec la crème à fanchonnette par parties égales, c'est-à-dire autant de purée que de crème.

Ajoutez de la liqueur de noyaux dans la proportion d'une cuillerée à café pour 4 décilitres de crème.

Faites des madeleines dans des moules à darioles, videz-les, garnissez-les avec la crème d'avelines, et glacez à la glace au fondant et au lait d'amandes.

### GÉNOISES A L'ANCIENNE GRILLEÉS.

Faites une plaque de génoise à l'ancienne avec du sucre d'orange (voir p. 102).

Lorsque la génoise sera aux trois quarts cuite, démoulez.

Coupez des bandes de 7 centimètres de large; dorez sur la bande avec de l'œuf battu; étalez des amandes hachées et pralinées plus mollettes que pour les choux grillés.

Lorsque les amandes sont étalées également sur toute la bande, glacez avec glace de sucre et coupez sur le travers de la bande d'une largeur de 2 centimètres 1/2.

Posez les génoises sur des plaques d'office et faites-leur prendre couleur au four.

Ces gâteaux doivent être blonds et croquants.

### GÉNOISES A L'ANCIENNE AU PETIT SUCRE.

Préparez les génoises comme les précédentes.

Étalez de la pâte à meringue de l'épaisseur de 2 millimètres; semez dessus du petit sucre n° 3 (voir p. 19).

Coupez des bandes de 2 centimètres 1/2.

Rangez sur des plaques et faites sécher à blanc.

### GÉNOISES A L'ANCIENNE AU CÉDRAT.

Préparez une plaque de génoise comme il est dit plus haut.

Remplacez le sucre d'orange par le sucre de cannelle.

Hachez du cédrat très-fin; étalez de la pâte à meringue sur les bandes de génoise.

Glacez avec de la glace de sucre.

Semez le cédrat haché pour couvrir entièrement la pâte à meringue.

Faites sécher blond et réservez pour servir.

### GÉNOISES ORDINAIRES A LA FLEUR D'ORANGER PRALINÉE.

Faites une plaque de génoise ordinaire de 2 centimètres

d'épaisseur, comme il est dit p. 102 ; semez dessus de la fleur d'oranger pralinée et du petit sucre n° 3 (voir p. 19).

Lorsque la génoise est cuite, démoulez-la sur la table et coupez-la en morceaux de 7 centimètres de long sur 2 1/2 de large.

Réservez sur tamis ou clayon.

### GÉNOISES A LA DAUPHINE.

Faites une plaque de génoise comme la précédente, avec sucre de citron.

Couchez dans la plaque à 1 centimètre d'épaisseur; faites cuire la génoise.

La génoise cuite, démoulez ; étalez dessus une couche d'abricots de 2 millimètres, une couche de crème d'amandes à gâteaux de Pithiviers (voir p. 79); couvrez la crème d'amandes d'une couche de pâte à meringue de 3 millimètres d'épaisseur.

Glacez avec la glace de sucre.

Coupez la génoise en bandes de 7 centimètres de long sur 2 1/2 de large.

Rangez les génoises sur des plaques.

Faites prendre une couleur blonde au four et réservez pour servir.

### GÉNOISES FOURRÉES AUX ABRICOTS.

Faites une plaque de génoise ordinaire avec sucre d'orange.
Couchez de 2 centimètres d'épaisseur.

La génoise cuite, démoulez.

Coupez des bandes de 7 centimètres de large; fendez-les en deux sur l'épaisseur; couvrez une bande d'une couche de marmelade d'abricots de 4 millimètres ; recouvrez avec la bande; appuyez légèrement pour souder les deux bandes.

Étalez de la pâte à meringue de 4 millimètres d'épaisseur sur le dessus.

Glacez à la glace de sucre et coupez les bandes en morceaux de 2 centimètres 1/2 de large.

Faites prendre une couleur blonde au four.

Réservez sur tamis.

### GÉNOISES AU RAISIN DE CORINTHE ET AU GROS SUCRE.

Faites une plaque de génoise.

Ajoutez à la pâte 5 grammes de sucre de gingembre; faites cuire.

La génoise cuite, démoulez.

Coupez les génoises en bandes comme les précédentes.

Étalez de la pâte à meringue sur la génoise de l'épaisseur de 4 millimètres.

Glacez à la glace de sucre; semez du raisin de Corinthe et gros sucre n° 3 (voir, pour sucre et raisin, p. 19 et 28).

Faites sécher à blanc.

Réservez pour servir.

### GÉNOISES AUX PISTACHES.

Faites une plaque de génoise comme il est dit plus haut.

Ajoutez sucre de vanille pour parfum et faites cuire.

Démoulez; coupez en bandes; étalez de la glace au kirsch à froid; semez des pistaches coupées en petits filets.

Coupez les bandes en morceaux de 2 centimètres 1/2.

Mettez les génoises sur plaques; faites sécher 4 minutes au four.

Réservez sur tamis.

### GÉNOISES EN DEMI-DEUIL.

Faites une plaque de génoise avec sucre de fleur d'oranger (voir p. 30).

Coupez en morceaux de 7 centimètres de long sur 2 1/2 de large.

Étalez une couche de pâte de meringue de 3 millimètres d'épaisseur.

Faites sur cette couche de meringue deux rangées de points de 6 millimètres de grosseur avec un cornet et de la pâte à meringue.

Saupoudrez les points de petit sucre n° 4 (voir p. 19); posez sur chaque point un gros grain de raisin de Corinthe, nettoyé comme il est dit p. 28.

Faites sécher à blanc à la bouche du four.

Réservez pour servir.

## GÉNOISES A LA CONDE.

Préparez une plaque de génoise avec rhum et sucre de citron.

La génoise cuite, fendez-la en deux par le travers; étalez de la marmelade de mirabelles passée au tamis; étalez de l'appareil à condé (voir p. 81).

Glacez l'appareil à condé avec la boîte à glacer et de la glace de sucre.

Coupez en morceaux de 7 centimètres de long sur 2 1/2 de large.

Mettez-les sur des plaques et faites-leur prendre couleur à four gai.

Laissez peu de temps au four, et lorsque les génoises seront d'une belle couleur blonde, réservez sur tamis.

## GÉNOISES PERLÉES GARNIES DE GELÉE DE GROSEILLE.

Coupez des génoises de 7 centimètres de long sur 2 1/2 de large.

Faites sur le dessus de chaque génoise, avec un cornet et de la pâte à meringue, un cordon de points de 3 millimètres de grosseur sur la longueur de chaque bord; saupoudrez ces points avec le petit sucre n° 4 (voir p. 19).

Faites sécher à blanc.

Laissez refroidir et garnissez le milieu de la génoise avec de la gelée de groseille très-ferme.

On peut garnir ces gâteaux avec toutes les gelées et marmelades de fruits.

### GÉNOISES AUX PISTACHES GARNIES DE GROSEILLE DE BAR.

Faites une plaque de génoise avec kirsch.

Lorsque la génoise est cuite, coupez des ronds de 4 centi-mètres 1/2 de diamètre.

Ayez de la glace au kirsch vert pâle ; mettez sur le bord des ronds un cordon de cette glace gros d'un demi-centimètre.

Semez sur le cordon des pistaches hachées.

Faites sécher.

Laissez refroidir et garnissez avec de la groseille de Bar rouge ou blanche.

Réservez sur tamis.

### GÉNOISES GLACÉES AU RHUM.

Coupez de la génoise en bandes de 7 centimètres ; étalez des-sus une légère couche de marmelade de pêches ; glacez la mar-melade avec de la glace de rhum à froid (voir p. 84).

Coupez en morceaux de 2 centimètres 1/2 de large.

Faites sécher 2 minutes à la bouche du four.

Réservez sur tamis.

### GÉNOISES MARBREES.

Faites de la glace royale rose avec marasquin, de la glace blanche avec kirsch et de la glace chocolat avec vanille.

Ayez des bandes de génoise à la vanille de 7 centimètres de large.

Étalez la glace blanche dessus et mettez avec une cuiller des filets de glace rose et de chocolat.

Faites des raies avec la pointe du couteau en long et en large : par ce procédé, vous marbrez parfaitement.

Lorsque la bande est ainsi marbrée, coupez des morceaux de 2 centimètres 1/2.

Mettez les génoises sur des plaques d'office.

Faites sécher et réservez sur tamis.

### GÉNOISES GLACÉES AU KIRSCH.

Coupez des génoises de 7 centimètres de long sur 2 1/2 de large ; masquez-les avec une couche de gelée de pommes.

Glacez entièrement le dessus et les bords avec de la glace au kirsch à froid.

Faites sécher et réservez sur tamis.

### GÉNOISES GLACÉES A L'ORANGE.

Coupez des génoises comme les précédentes.

Masquez-les d'une couche légère de gelée de pommes et glacez à la glace d'orange faite à froid (voir p. 83).

### GÉNOISES GLACÉES A L'ANISETTE.

Faites de la génoise avec du sucre d'anis.

Lorsque la génoise est cuite, coupez en morceaux de 7 centimètres de long sur 2 1/2 de large.

Glacez à la gelée de pommes et à la glace d'anisette.

Faites sécher et réservez sur tamis.

### GÉNOISES GLACÉES AU CHOCOLAT.

Faites une plaque de génoise avec sucre de vanille.

La génoise cuite, laissez refroidir.

Coupez des morceaux de 7 centimètres sur 2 1/2.

Masquez-les très-légèrement avec de la marmelade d'abricots passée au tamis, puis glacez à la glace au chocolat à froid.

Faites sécher et réservez sur tamis.

### GÉNOISES GLACÉES A LA GROSEILLE.

Coupez des génoises de 7 centimètres sur 2 1/2 ; masquez-les d'une légère couche de gelée de groseille et glacez entièrement la génoise avec de la glace de groseilles faite à froid (voir p. 83).

Faites sécher et réservez sur tamis.

### GÉNOISES GLACÉES A LA FRAISE.

Préparez de la génoise à la vanille.

Couchez sur une plaque, beurrez et faites cuire; démoulez après cuisson; laissez refroidir.

Coupez en morceaux de 7 centimètres sur 2 1/2; masquez légèrement de gelée de fraises et glacez entièrement la génoise avec la glace aux fraises.

### GÉNOISES GLACEES AU CITRON.

Faites une plaque de génoise au sucre de citron; coupez en morceaux de 7 centimètres sur 2 1/2.

Masquez avec de la gelée de pommes toutes les génoises et glacez-les ensuite entièrement avec de la glace au citron.

Faites sécher et réservez sur tamis.

### GATEAUX D'AMANDES.

230 grammes d'amandes douces,
 20    —    d'amandes amères,
250    —    de sucre pilé,
150    —    de fécule,
6 jaunes d'œufs,
2 œufs entiers,
4 blancs fouettés,
Une prise de sel.

Mondez les amandes.

Lavez, égouttez et ressuyez-les dans une serviette.

Pilez et mouillez-les avec un œuf entier pour éviter que les amandes tournent à l'huile.

Mettez les amandes dans une terrine avec le sucre, le sel et les jaunes d'œufs; travaillez-les 5 minutes; ajoutez un œuf et travaillez encore 5 minutes; fouettez les blancs et mêlez-les à l'appareil avec la fécule.

Ayez des moules ovales de 7 centimètres de long sur 3 1/2 de large et de 4 centimètres de haut.

Beurrez les moules avec beurre clarifié (voir p. 31); remplissez-les aux trois quarts, et faites cuire à four *papier jaune*. Réservez sur tamis.

90. — Moule à gâteaux d'amandes.

*Observation.* — Ces gâteaux, comme les génoises et les manqués, peuvent être glacés et décorés avec toutes les glaces faites à froid; cependant je conseille de les servir sans les glacer ni les décorer, afin de leur conserver leur caractère primitif.

### DENTS DE LOUP.

Préparez la pâte à dents de loup comme il est dit p. 103.

Ayez des moules à tartelettes ovales; beurrez et couchez la pâte dedans aux deux tiers du moule; semez dessus des petits anis de Verdun.

Faites cuire à four *papier jaune*.

Lorsque les dents sont cuites, démoulez et réservez sur tamis.

### CENDRILLONS.

Faites de la pâte à cendrillon, comme il est dit p. 100.

Couchez la pâte sur une épaisseur de 3 centimètres dans une plaque beurrée à beurre froid (voir p. 31).

Faites cuire à four *papier jaune*.

La pâte cuite, démoulez.

Laissez refroidir.

Coupez en bandes de 7 centimètres de large; glacez le dessus de chaque bande avec de la glace chocolat à froid (voir p. 84); coupez en morceaux de 2 centimètres 1/2.

Faites sécher sur des plaques.

Réservez sur tamis.

### BISCOTTES GRILLÉES.

Faites une plaque de pâte à biscottes de 3 centimètres d'épaisseur.

Lorsqu'elle est cuite, ayez des amandes hachées et pralinées et un peu molles.

Dorez le dessus de la plaque.

Étalez dessus une couche d'amandes bien égale; glacez à la glace de sucre.

Faites prendre au four une couleur blonde; démoulez et coupez en morceaux de 7 centimètres de long sur 3 de large.

Remettez 5 minutes au four et réservez sur tamis.

Ce gâteau doit être sec et croquant.

### BISCOTTES AU PETIT SUCRE ET AU RHUM.

Même procédé. On remplace la dorure par de la glace au rhum à froid et les amandes par du petit sucre n° 3.

Faites sécher 3 minutes au four.

Réservez sur tamis.

### CROQUETTES VANILLÉES.

250 grammes d'amandes douces,
200    —    de sucre,
 50    —    de sucre de vanille.

Mondez, lavez, égouttez et ressuyez les amandes dans une serviette.

Pilez-les avec le sucre en morceaux et le sucre de vanille.

Mouillez avec du blanc d'œuf.

Pilez parfaitement pour en faire une pâte ferme qui puisse s'abaisser au rouleau.

Lorsque la pâte est faite, laissez-la reposer une heure; ensuite abaissez la pâte en long pour former une abaisse de 7 centimètres de large.

Parez les bords, étalez dessus de la glace royale (voir p. 81).

Lorsque la bande est couverte de glace également, à une épaisseur de 2 millimètres, on coupe cette bande par le travers de 2 centimètres de large, de manière à avoir une croquette de 7 centimètres de long sur 2 de large.

Rangez les croquettes sur des plaques d'office, beurrez à beurre froid, épongez et farinez.

Faites cuire à four *papier jaune clair* jusqu'à couleur blonde.

Ensuite retirez du four et réservez sur tamis.

### CROQUETTES GRILLÉES AU CITRON.

Même préparation que ci-dessus.

Remplacez la vanille par le sucre de citron et la glace royale par des amandes hachées et pralinées.

Saupoudrez les amandes avec de la glace de sucre.

### GATEAUX CHARLES X.

Faites une abaisse de pâte d'amandes comme pour les croquettes de vanille; étalez dessus une couche de marmelade d'abricots de 3 millimètres; sur cette couche, étalez de l'appareil à condé.

Coupez la bande par le travers de 2 centimètres.

Rangez sur des plaques beurrées et farinées.

Glacez légèrement les gâteaux avec de la glace de sucre et faites cuire à four *papier jaune clair*.

Pour les croquettes aux avelines, on remplace les amandes par des avelines torréfiées pour qu'on puisse en enlever la peau.

Je tiens ce gâteau de M. Penelle, pâtissier du comte d'Artois.

### SUÉDOIS.

250 grammes d'amandes douces,

100    —    de glace de sucre,

100 grammes de sucre pilé,
 50  —  de sucre de citron.

Mondez les amandes, lavez et essuyez dans une serviette.

Coupez les amandes en filets.

Faites-les sécher 5 minutes à la bouche du four en les remuant pour qu'elles sèchent également.

Laissez refroidir.

Mettez dans une terrine le sucre, la glace de sucre et le sucre de citron; mouillez avec des blancs d'œufs pour faire une pâte ferme.

Mêlez les amandes et couchez la pâte en forme de croissant sur des feuilles de papier.

Ayez le soin d'éloigner les suédois les uns des autres, parce qu'ils grossissent beaucoup au four.

Les croissants ne doivent avoir que 6 centimètres de large sur 1 1/2 d'épaisseur.

Faites cuire à four doux jusqu'à couleur jaune pâle.

Réservez sur tamis.

### SUÉDOIS AU KIRSCH ET AUX PISTACHES.

100 grammes d'amandes douces,
150  —  de pistaches,
150  —  de glace de sucre,
100  —  de sucre pilé.

Mondez pistaches et amandes, lavez et ressuyez dans une serviette.

Coupez-les en filets et faites sécher.

Arrosez les pistaches avec trois cuillerées à bouche de kirsch, et faites-les sécher.

Mettez dans une terrine le sucre pilé et le sucre en glace; mêlez avec des blancs d'œufs pour faire une pâte ferme.

Finissez comme les suédois à la vanille, et faites cuire à four très-doux.

### GAUFRES ALLEMANDES A L'ORANGE.

250 grammes d'amandes,

125 grammes de sucre pilé,

75 — de farine,

Et de la râpure d'orange fraîche.

Mondez les amandes, lavez et ressuyez-les dans une serviette.

Fendez les amandes en deux, coupez-les en petits filets très-minces, mettez-les dans une terrine avec le sucre, la farine et 3 œufs entiers.

Travaillez à la spatule pour bien mêler.

Il faut que cette pâte soit mollette, afin qu'elle s'étale facilement.

Ayez des plaques d'office très-propres; faites-les chauffer fortement et étalez dessus une couche de cire vierge avec un morceau de papier blanc.

Lorsque les plaques sont refroidies, couchez la pâte sur les plaques à une épaisseur de 3 millimètres.

Faites cuire à four *papier brun clair*.

A moitié cuisson, retirez du four; coupez les gaufres en carrés longs de 7 centimètres sur 5 de diamètre.

Remettez au four.

Ayez des bâtons ronds de 3 centimètres de large.

Les gaufres cuites, relevez-les de dessus la plaque et tournez-les sur le bâton en posant chaque gaufre sur la longueur.

Lorsque toutes les gaufres sont formées, ayez de la pâte à meringue et des pistaches hachées.

Trempez chaque bout de la gaufre dans la pâte à meringue et ensuite dans les pistaches hachées.

Faites sécher à l'étuve ou à four très-doux et réservez au sec.

## GAUFRES ALLEMANDES AUX PISTACHES ET AU PETIT SUCRE.

Préparez les gaufres comme les précédentes.

Couchez-les sur des plaques cirées.

Semez des filets de pistaches et du sucre n° 2.

Faites cuire et finissez comme les gaufres à l'orange.

Trempez le bout des gaufres dans de la pâte à meringue, puis dans le petit sucre n° 3.

Pour les sucres n^os 2 et 3 et les pistaches en filets, voir p. 19 et 26.

Réservez au sec.


## GAUFRES ALLEMANDES AUX AVELINES, AU RAISIN DE CORINTHE ET AU PETIT SUCRE.

250 grammes d'avelines,
125    —    de sucre en morceaux,
 75    —    de farine,
3 œufs entiers.

Torréfiez les avelines, pilez-les avec le sucre, mouillez-les avec les œufs, et mettez la farine.

Lorsque la pâte est faite, couchez-la sur des plaques cirées; semez dessus raisin et sucre n° 3.

Finissez comme les gaufres allemandes à l'orange; trempez les bouts dans de la pâte à meringue et dans des amandes hachées et colorées en rose avec du carmin liquide (voir p. 20).

Réservez au sec.


## GAUFRES ITALIENNES GRILLÉES A LA CANNELLE.

100 grammes de farine,
100    —    de sucre,
100    —    d'amandes pilées,
 20    —    de beurre,
 25    —    de sucre de cannelle,
Une prise de sel,
2 œufs.

Mondez et pilez les amandes; mettez-les dans une terrine avec le sucre, la farine, le sucre de cannelle, le sel, le beurre; mouillez avec des œufs entiers pour avoir une pâte ferme.

Abaissez de 3 millimètres d'épaisseur.

Pour les gaufres, ayez des moules en ferblanc longs de 32

centimètres, larges de 3 et hauts de 2 et formés en demi-cercle; beurrez ces moules.

Coupez des morceaux de pâte de 6 centimètres de long sur 3 1/2 de large; posez les morceaux sur les moules; dorez à l'œuf; couvrez avec des amandes hachées et pralinées.

Faites cuire à four *papier jaune.*

Lorsque les gaufres sont cuites, démoulez.

Mettez les bouts au petit sucre en les trempant dans de la pâte à meringue.

Réservez au sec.

### GAUFRES EN PATE D'AMANDES AU PETIT SUCRE.

Faites de la pâte d'amandes.

Ajoutez des amandes amères dans la pâte, comme pour les croquantes.

Abaissez de 3 millimètres d'épaisseur.

Coupez la pâte en carrés longs de 6 centimètres de long sur 4 de large.

Beurrez les moules comme pour les gaufres à l'italienne.

Posez les morceaux de pâte d'amandes sur les moules.

Faites sécher au four ou à l'étuve.

Lorsque les gaufres sont sèches, démoulez, masquez-les de pâte à meringue avec un pinceau et sablez-les avec du petit sucre n° 3 (voir p. 19).

Masquez les bouts avec de la meringue et des amandes hachées et colorées en rose.

Réservez au sec.

On fait aussi ces gaufres avec de la pâte colorée en rose; on masque les bouts avec des pistaches hachées.

### MIRLITONS PARISIENS AU CHOCOLAT.

Faites de la pâte d'amandes comme pour les croquantes.

Ayez des bâtons ronds de 2 centimètres de diamètre.

Abaissez la pâte de 3 millimètres d'épaisseur.

Coupez des morceaux carrés longs de 7 centimètres et assez larges pour que, roulés sur le bâton, on puisse les souder.

Faites sécher à l'étuve ou dans un endroit chaud.

Lorsque les mirlitons sont secs, démoulez et masquez-les avec de la pâte à meringue.

Semez dessus du petit sucre n° 3 (voir p. 19).

Faites sécher.

Trempez le bout des mirlitons dans de la pâte à meringue et ensuite dans des amandes hachées et colorées en rose.

Garnissez avec un cornet et de la crème au chocolat vanillé.

On fait ces mirlitons en pâte rose et de même au petit sucre. On trempe les bouts dans des pistaches hachées; au moment de servir, on garnit les mirlitons de crème au kirsch, au marasquin ou d'autres parfums.

### PANIERS EN PATE D'AMANDES.

Faites de la pâte d'amandes comme pour les croquantes; abaissez cette pâte de 3 millimètres d'épaisseur.

Coupez des fonds ovales de 5 centimètres de long sur 3 de large.

Coupez également des bandes hautes de 2 centimètres 1/2.

Collez ces bandes autour du fond avec du repère fait avec de la pâte d'amandes ramollie avec des blancs d'œufs.

Soudez et évasez la bande pour lui donner la forme d'une petite corbeille.

Faites sécher à l'étuve.

Formez séparément les anses des paniers avec de la pâte d'amandes, soit en torsade, soit roulées ou aplaties.

Lorsque le panier est sec, masquez-le légèrement avec de la pâte à meringue et sablez sur la meringue du petit sucre n° 4 (voir p. 19).

Faites sécher et mettez sur le bord un léger cordon de glace royale et de pistaches hachées.

Faites sécher et collez l'anse avec du sucre au cassé très-blanc.

On garnit ces paniers de moyennes fraises, de grappes de

groseilles ou de cerises glacées au cassé et de feuilles d'angélique.

Cet entremets ne se sert que rarement; on doit le regretter,
car ces paniers, dressés sur gradins, étaient non-seulement fort
agréables à la vue, mais encore très-bons à manger.

### ABAISSES DE PATE D'AMANDES A LA CHANTILLY.

Abaissez de la pâte d'amandes à croquante de 3 millimètres
d'épaisseur.

Coupez un fond avec un coupe-pâte rond de 2 centimètres 1/2
de large.

Taillez des bandes de pâte d'amandes hautes de 3 centimètres.

Collez les bandes autour du fond, soudez et évasez l'abaisse.
Faites sécher.

Masquez-les de pâte à meringue et de petit sucre.

Faites-les sécher.

Mettez sur le bord un filet de pâte à meringue que vous tremperez dans des amandes hachées et colorées en rose (voir p. 24).

Faites sécher et refroidir.

Garnissez en pyramide avec de la crème Chantilly à la
vanille.

Mettez sur le haut une cerise confite et bien égouttée ou un
verjus, et, dans la saison, de belles fraises.

Ces abaisses se font en rose et bordées de sucre n° 3 (voir
p. 19). C'est une très-jolie garniture pour pièce montée et pour
socle de grosse pièce.

*Observation.* — En terminant ces entremets de pâte d'amandes, je ne saurais trop recommander de les garnir au dernier
moment, pour éviter le ramollissement de la pâte.

### CONDÉS AU SUCRE D'ANIS.

Faites du feuilletage à gâteau de roi à 6 tours.

Abaissez des bandes de 4 millimètres d'épaisseur et de 7 de
largeu.

Étalez sur la bande 4 millimètres d'épaisseur d'appareil à condé au sucre d'anis.

Coupez ces bandes de 2 centimètres 1/2 de large; rangez-les sur des plaques d'office; glacez-les à la glace de sucre.

Faites cuire les condés à four *papier brun clair*, retirez-les sur tamis après cuisson, et réservez.

### CONDÉS AU GROS SUCRE ET AUX PISTACHES.

Préparez des bandes de feuilletage à gâteau de roi à 6 tours, comme pour les condés à l'anis.

Lorsque l'appareil est étalé d'épaisseur bien égale, glacez à la glace de sucre et semez dessus du sucre en grain n° 2 et des pistaches n° 2 (voir p. 19 et 26).

Coupez les bandes de 2 centimètres 1/2 de large et rangez les gâteaux sur des plaques d'office très-propres.

Faites cuire comme les précédents et réservez sur tamis.

### CONDÉS AUX CERISES.

Faites des abaisses de feuilletage à gâteau de roi à 6 tours de 4 millimètres d'épaisseur.

91. — Boîte à coupe-pâte godronnés

Coupez au coupe-pâte godronné des ronds de 5 centimètres; rangez-les sur des plaques d'office légèrement mouillées.

Etalez de l'appareil à condé sur chaque rond.

Lorsque tous les ronds sont couverts d'appareil, posez au milieu un anneau de feuilletage à 8 tours de 2 centimètres de diamètre.

Glacez avec de la glace de sucre et faites cuire.

Lorsque les gâteaux sont cuits, réservez-les sur tamis et mettez dans l'anneau une grosse cerise confite et bien égouttée.

Réservez pour servir.

## CONDÉS FOURRÉS.

Faites deux abaisses de feuilletage à gâteau de roi à 6 tours, d'une épaisseur de 2 millimètres; parez-les de 7 centimètres de large; étalez de la marmelade d'abricots, passée au tamis, à 2 millimètres d'épaisseur; recouvrez avec la deuxième bande; étalez de l'appareil à condé sur le dessus de la seconde bande.

Glacez à la glace de sucre.

Coupez en morceaux de 2 centimètres 1/2 de large.

Rangez les gâteaux sur des plaques.

Faites cuire comme les condés au sucre d'anis.

Réservez sur tamis.

## CONDÉS EN CROISSANT A LA VANILLE.

Faites une abaisse ronde avec du feuilletage à gâteau de roi à 6 tours, de 4 millimètres d'épaisseur.

92. — Boîte à coupe-pâte unis.

Etalez dessus de l'appareil à condé au sucre de vanille.

Ayez un coupe-pâte uni de 6 centimètres; faites à l'abaisse

une échancrure de 3 centimètres avec le coupe-pâte ; coupez des croissants de 4 centimètres de large.

Rangez sur des plaques d'office.

Glacez à la glace de sucre.

Faites cuire et réservez sur tamis.

Lorsque l'on coupe les croissants avec soin, il ne doit pas rester de rognure.

### ROYAUX AU CITRON.

Faites une abaisse de feuilletage à gâteau de roi à 6 tours, de 4 millimètres d'épaisseur.

Coupez l'abaisse avec un coupe-pâte ovale de 8 centimètres de long sur 4 de large.

Rangez les gâteaux sur plaque d'office ; étalez sur chaque ovale 2 millimètres d'épaisseur de glace royale dans laquelle vous aurez mis du zeste de citron.

Faites cuire à four *papier jaune.*

Réservez sur tamis.

### ALLUMETTES.

Abaissez du feuilletage à gâteau de roi de 4 millimètres d'épaisseur.

Taillez des bandes de 8 centimètres de large ; étalez de la glace royale à royaux sur les bandes.

Coupez de 2 centimètres de large et rangez sur des plaques d'office.

Faites cuire comme les royaux.

Lorsque les allumettes sont cuites, réservez sur tamis.

### BATONS AU CHOCOLAT, AUX PISTACHES ET AU PETIT SUCRE.

250 grammes d'amandes,
250 — de sucre,
200 — de chocolat,
30 — de sucre de vanille.

Mondez, lavez, essuyez les amandes.

Pilez-les avec du sucre et les blancs d'œufs.

Réduisez-les en pâte.

Faites chauffer le chocolat à la bouche du four ; mêlez-le à la pâte d'amandes et ajoutez du blanc d'œuf.

Il ne faut pas que la pâte s'étale d'elle-même.

Divisez la pâte en morceaux pour en faire des bâtons de 8 centimètres de long sur 2 de large.

Roulez les bâtons très-égaux, émoussez un blanc d'œuf et passez-y chaque bâton et ensuite dans du petit sucre n° 3.

Rangez sur des plaques beurrées et farinées, et lorsque les bâtons sont cuits, trempez chaque bout dans de la pâte à meringue et dans des pistaches hachées.

Faites sécher et réservez sur un tamis et au sec.

### BATONS D'AVELINES.

250 grammes d'avelines,

250    —    de sucre en morceaux,

Une cuillerée à bouche de kirsch.

Pilez les avelines avec le sucre en morceaux après les avoir torréfiées pour en retirer la peau.

Mouillez-les avec des blancs d'œufs pour en faire une pâte ferme.

Faites des bâtons comme ceux au chocolat ; trempez-les dans du blanc d'œuf émoussé et roulez-les dans du petit sucre n° 3.

Finissez comme les bâtons au chocolat.

### GATEAUX FLAMANDS PRALINÉS.

Faites de la pâte à gâteaux flamands (voir p. 44).

Couchez dans une plaque ; beurrez de 3 centimètres et faites cuire à four *papier jaune*.

Retirez du four un quart d'heure avant la cuisson.

Dorez la surface du gâteau.

Étalez des amandes hachées et pralinées sur le gâteau, et remettez-le au four.

Lorsque les amandes sont devenues blondes, retirez et mettez sur clayon, les amandes en dessus.

Laissez refroidir.

Coupez en morceaux carrés de 3 centimètres 1/2, et réservez sur tamis.

### MANQUÉS GRILLÉS.

Faites une pâte à manqué comme il est dit p. 98; ajoutez du sucre de fleur d'oranger, couchez la pâte dans une plaque beurrée, haute de 4 centimètres.

Faites cuire.

93. — Plaque à genoises et à manqués.

Démoulez sur clayon et retournez.

Je ferai observer que, pour le manqué et pour le gâteau flamand, il faut les mettre à four doux et les laisser se bien ressuyer. Un manqué qui retombe est deux fois *manqué*.

Pralinez le manqué et finissez de même.

### MANQUÉS AUX PISTACHES.

Faites une plaque à manqué comme la précédente.

Ajoutez-y du sucre de citron.

Lorsque la pâte est refroidie, coupez-la en bandes de 3 centimètres 1/2 de large; étalez sur les bandes de la glace au citron à froid (voir p. 84).

Semez des pistaches hachées sur la glace pour la couvrir entièrement.

Coupez les bandes en morceaux de 3 centimètres 1/2, qui formeront des gâteaux carrés.

Faites sécher 2 minutes au four et réservez sur tamis.

### MANQUÉS AU PETIT SUCRE.

Faites une plaque de manqué dans laquelle vous mettrez du sucre de vanille.

Faites cuire, démoulez, laissez refroidir.

Coupez en bandes de 3 centimètres de large, étalez dessus de la glace de vanille faite à froid et semez dessus du petit sucre n° 3.

Coupez en morceaux de 3 centimètres 1/2.

Faites sécher et réservez sur tamis.

### MANQUÉS AU GROS SUCRE ET AU RAISIN DE CORINTHE.

Faites une plaque de manqué avec sucre de cannelle; cuisez; laissez refroidir; coupez en bandes; étalez 3 millimètres d'épaisseur de pâte de meringue sur la surface de la bande.

Glacez à la glace de sucre.

Semez dessus du gros sucre n° 2 et du raisin de Corinthe (voir p. 28).

Coupez des morceaux de 3 centimètres 1/2; rangez-les sur les plaques.

Faites sécher et réservez sur tamis.

### MANQUÉS GLACÉS AU CHOCOLAT.

Faites une plaque de manqué avec du sucre de vanille; faites cuire; laissez refroidir.

Coupez en morceaux de 4 centimètres sur 2 centimètres 1/2.

Masquez très-légèrement les morceaux avec de la gelée de pommes, excepté le côté qui pose sur la plaque.

Glacez chaque morceau avec de la glace de fondant au chocolat sur les côtés masqués de gelée de pommes.

### MANQUÉS GLACÉS AU CITRON.

Mettez du sucre de citron dans la pâte à manqué.

Faites cuire et finissez comme le manqué au chocolat, en remplaçant la glace de chocolat par de la glace de fondant au citron.

### MANQUÉS GLACÉS A L'ORANGE.

Même procédé que pour les manqués glacés au citron.

Remplacez le sucre de citron et la glace par celle d'orange, et finissez comme le manqué glacé au chocolat.

### MANQUÉS GLACÉS AUX FRAISES.

Faites une plaque de manqués à la vanille.

Coupez en morceaux de 4 centimètres sur 2 1/2.

Masquez très-légèrement avec de la glace de fraises, et glacez avec de la glace de fondant aux fraises.

Faites sécher et réservez sur tamis.

### MANQUÉS GLACÉS A LA FRAMBOISE.

Même travail que pour les manqués aux fraises.

### MANQUÉS GLACÉS AU RHUM.

Faites une plaque de manqués au sucre de citron.

Lorsque le manqué est cuit, laissez refroidir et coupez en morceaux de 4 centimètres sur 3.

Masquez légèrement de marmelade d'abricots passée au tamis, et glacez avec de la glace de fondant au rhum.

Faites sécher et réservez sur tamis.

### MANQUES GLACES AU CAFE.

Faites une plaque de manqués sans odeur.

Faites cuire, laissez refroidir, et masquez légèrement de gelée de pommes.

Glacez au fondant au café.

Faites sécher et réservez sur tamis.

Tous les manqués glacés à la glace de liqueur se font comme les manqués à la glace au rhum.

### CROQUETS SUISSES.

200 grammes d'amandes,
200 — de sucre pilé,
100 — de farine,
5 — de sucre de gingembre,
5 — de sucre de cannelle,
30 — de citron confit,

Du blanc d'œuf pour faire une pâte ferme qui puisse se rouler.

Essuyez les amandes dans une serviette; coupez chaque amande en filets.

Mettez le sucre dans une terrine avec du blanc d'œuf; travaillez à la spatule; mêlez la farine et le citron confit qui aura été coupé en petits dés et ajoutez une prise de sel; mêlez sans casser les amandes. Couchez en bâtons de 7 centimètres sur 1 1/2 de grosseur.

Rangez les croquets sur des plaques légèrement cirées avec de la cire vierge.

Dorez à la dorure (voir p. 29).

Faites cuire à four gai.

Lorsque les croquets sont cuits, passez sur chacun d'eux un pinceau trempé dans du sirop à 30 degrés.

Ces croquets doivent être assez éloignés l'un de l'autre sur les plaques.

Réservez sur tamis.

### CROQUETS DITS PORT-MAHON.

500 grammes de farine,
Une pincée de sel,
250 grammes de sucre,
250 — d'amandes,

2 œufs entiers,

La râpure d'un citron.

Sassez les amandes dans un torchon.

Passez la farine à travers un tamis pour en faire une fontaine.

Mettez sucre, amandes, râpure de citron et œufs dans la fontaine. Pétrissez.

Il faut que cette pâte soit mollette, sans cependant s'étaler d'elle-même. Si elle était trop ferme, on ajouterait de l'œuf pour la mettre à son point.

Laissez reposer 1 heure.

Beurrez légèrement une plaque d'office.

Couchez la pâte en bandes de la longueur de la plaque, de 2 centimètres d'épaisseur et de 10 centimètres de largeur.

Dorez à l'œuf.

Rayez le dessus avec la pointe du couteau, de manière que la rayure forme des carrés de 2 centimètres.

Faites cuire à four *papier brun clair.*

Sitôt cuite, mettez la bande sur la table.

Coupez-la sur une largeur de 2 centimètres.

Rangez les port-mahon sur la plaque, la coupe en dessus, et remettez-les au four pour que la coupe prenne une couleur jaune clair.

Rangez-les sur un tamis et réservez au sec.

Lorsque l'on fait des croquets, on peut remplacer les œufs par de l'eau. Ce procédé est plus économique, mais les croquets sont moins bons.

### AUTRES CROQUETS.

250 grammes d'amandes,

250   —   de sucre en poudre,

Râpure d'orange.

Nettoyez les amandes comme les précédentes.

Coupez-les en filets, mettez dans une terrine un blanc d'œuf, le sucre en poudre, et battez avec une cuiller.

Mêlez les amandes, couchez sur des plaques cirées à la cire vierge, en laissant un intervalle entre les croquets, parce qu'ils s'étalent facilement.

Lorsqu'ils sont cuits, réservez sur tamis et au sec.

### PETITS NOUGATS MOULÉS.

Mondez et hachez 300 grammes d'amandes.

Faites sécher à l'air.

Mettez dans un poêlon d'office 200 grammes de sucre pilé avec une cuillerée à café de vinaigre de bois.

Faites chauffer les amandes au four et fondre le sucre sur un feu doux.

Lorsque le sucre est fondu, mêlez les amandes et tenez au chaud.

Ayez des moules à darioles très-propres; moulez-y le nougat.

94. — Petits nougats moulés.

Parez les bords, afin que tous les nougats soient bien égaux. Réservez sur tamis et au sec.

### NOUGATS D'AVELINES.

Torréfiez 300 grammes d'avelines au four pour pouvoir en retirer la peau; hachez les avelines.

Faites fondre 200 grammes de sucre en poudre; chauffez les avelines et mêlez-les au sucre.

Moulez les nougats comme ceux d'amandes, et réservez sur tamis.

### NOUGATS GARNIS DE CRÈME CHANTILLY VANILLEE.

Faites des nougats ordinaires.

Trempez les bords dans de la pâte à meringue et dans des pistaches hachées.

Faites sécher les nougats.

Garnissez en pyramide avec de la crème Chantilly assaisonnée de glace de sucre vanillée.

Placez sur le faîte de la crème une belle cerise ou une fraise de saison.

### NOUGATS PARISIENS AUX PISTACHES ET AU GROS SUCRE.

Mondez 500 grammes d'amandes flots.

Lavez et ressuyez-les dans une serviette; séparez-les en deux; faites-les sécher.

Mettez dans un poêlon d'office 185 grammes de sucre pilé avec une cuillerée à café de vinaigre de bois; mettez le sucre sur le feu et remuez-le avec une cuiller de bois.

Lorsque le sucre est fondu, mêlez-le avec les amandes, qui doivent être chaudes.

Étalez le nougat sur un marbre légèrement huilé; faites un carré de 1 centimètre 1/2 d'épaisseur; semez dessus des pistaches en dés et du gros sucre n° 2 (voir p. 19).

Lorsque le gros sucre et les pistaches seront collés sur le nougat, appuyez dessus avec la lame du couteau; coupez-le en morceaux de 7 centimètres de long sur 2 1/2 de large.

Laissez refroidir et réservez sur tamis.

### NOUGATS PARISIENS AU RAISIN DE CORINTHE
### ET AU GROS SUCRE.

Préparez les nougats comme les précédents.

Remplacez les pistaches par le raisin de Corinthe.

Travaillez et finissez de même.

Laissez refroidir avant de mettre sur tamis.

### NOUGATS D'AVELINES A LA PARISIENNE AUX PISTACHES
### ET AU GROS SUCRE.

Torréfiez les avelines au four; ôtez-leur la peau; coupez-les en deux; faites-les sécher.

Pour 250 grammes d'avelines, mettez dans un poêlon d'office 90 grammes de sucre en poudre; ajoutez une petite cuillerée à café de vinaigre de bois.

Faites fondre le sucre, chauffez les avelines, et mêlez le sucre avec les avelines.

Mettez le nougat sur un marbre et finissez comme le nougat parisien au gros sucre et aux pistaches.

*Observation.* — Pour les nougats d'avelines au gros sucre et au raisin de Corinthe, procédez comme pour les nougats d'amandes au gros sucre et au corinthe.

### PATE A PRÉCIEUSES AU CITRON.

Préparez de la pâte à foncer les précieuses avec :
200 grammes de farine,
100 — de sucre pilé,
100 — d'amandes pilées,
 25 — de beurre,
1 œuf,
2 jaunes,
Râpure de citron frais.
Pétrissez farine, sucre, beurre, amandes et œufs.
Laissez reposer la pâte.
Abaissez de 2 millimètres d'épaisseur.
Coupez au coupe-pâte godronné des ronds de 7 centimètres de diamètre.
Ayez des moules à précieuses de 5 centimètres de large; beurrez légèrement et foncez les moules en faisant dépasser de 3 millimètres la cannelure du moule.

### APPAREIL POUR LES PRECIEUSES.

.100 grammes de fécule,
200 — de sucre pilé,
 30 — d'amandes hachées très-fin,
Une prise de sel,

Râpure de citron,

1 œuf entier,

4 jaunes,

2 blancs fouettés.

Mettez dans une terrine la farine, le sucre, les jaunes d'œufs ; travaillez le tout avec la spatule.

Ajoutez les amandes, le sel, la râpure du citron et l'œuf entier.

Travaillez 5 minutes.

Fouettez les blancs bien fermes.

Mêlez à l'appareil et couchez dans chaque moule, que vous avez foncé de pâte, gros comme la moitié d'un œuf d'appareil.

Glacez avec la boîte à glacer et de la glace de sucre.

Faites cuire à four *papier jaune*.

Lorsque les précieuses sont cuites, démoulez et mettez-les sur le tamis.

Réservez au sec.


### PRÉCIEUSES GRILLÉES AVEC AMANDES EN FILETS,


Préparez de la pâte à foncer les précieuses et l'appareil comme il a été décrit plus haut.

Remplacez le citron par le sucre de vanille.

Ayez des amandes en petits filets (voir p. 23) que vous pralinerez et sèmerez sur les précieuses.

Même cuisson.

Réservez sur tamis.


### PRÉCIEUSES AU GROS SUCRE.


Préparez comme les précieuses au citron.

Remplacez le citron par du sucre d'anis.

Finissez comme les précédentes, en remplaçant les amandes par du sucre n° 2.

Faites cuire et réservez sur tamis et au sec.

### PRECIEUSES A LA FLEUR D'ORANGER PRALINEE.

Préparez comme les précieuses au citron.

Remplacez la râpure de citron par du sucre de fleur d'oranger.

Foncez les moules.

Couchez l'appareil dedans.

Glacez à la glace de sucre et semez dessus de la fleur d'oranger pralinée.

Faites cuire et réservez au sec sur tamis.

### PRÉCIEUSES AU CÉDRAT.

Préparez comme les précieuses au citron.

Ajoutez à l'appareil du cédrat coupé en dés.

Glacez avec glace de sucre.

Faites cuire et réservez au clayon.

### PRÉCIEUSES AU RAISIN DE MALAGA.

Coupez des grains de Malaga en quatre; ajoutez à l'appareil, et finissez comme les précieuses au citron.

### PORTUGAIS AU CÉDRAT.

Foncez des moules à tartelettes avec la pâte à foncer des précieuses.

Faites une pâte à biscuit portugais avec du cédrat coupé en petits dés (voir p. 94).

Couchez dans chaque moule gros comme la moitié d'un œuf de pâte à biscuit.

Glacez à la glace de sucre et faites cuire à chaleur *papier jaune*.

Réservez sur clayon.

### PORTUGAIS GRILLÉS A L'ANIS.

Faites des portugais comme les précédents, mais sans cédrat.

Ajoutez du sucre d'anis.

Couchez dans les moules et semez dessus des amandes hachées et pralinées.

Glacez à la glace de sucre avec la boîte à glacer.

Faites cuire et réservez sur tamis.

### PORTUGAIS A LA FLEUR D'ORANGER PRALINÉE.

Préparez les portugais comme ceux au cédrat, sans mettre de cédrat dans la pâte ; remplacez celui-ci par du sucre de fleur d'oranger.

Couchez la pâte dans les moules que vous avez foncés avec la pâte à foncer des précieuses ; semez dessus de la fleur d'oranger pralinée et glacez à la glace de sucre.

Faites cuire.

Réservez sur clayon.

### FANCHONNETTES A LA VANILLE.

Faites de la crème à fanchonnette à la vanille.

Foncez des moules à tartelettes avec du feuilletage à gâteau de roi à 6 tours.

95. — Fanchonnettes.

Garnissez de crème et faites cuire.

Démoulez la fanchonnette.

Laissez refroidir.

Fouettez des blancs d'œufs.

Ajoutez 125 grammes de sucre en poudre pour 3 blancs d'œufs fouettés.

Etalez le blanc sur chaque fanchonnette.

Faites une surface plate de 1 centimètre 1/2 d'épaisseur; unissez le tour, et avec un cornet posez 7 points sur la surface de la fanchonnette, 1 point au milieu et 6 autour.

Saupoudrez de sucre pilé.

Faites prendre couleur blonde au four et réservez sur tamis.

### FANCHONNETTES AUX PISTACHES.

Faites une crème fanchonnette au chocolat.

Foncez les moules avec du feuilletage à gâteau de roi; garnissez avec la crème à fanchonnette au chocolat.

Faites cuire.

Démoulez et laissez refroidir.

Ayez de la pâte à meringue que vous étalerez sur chaque fanchonnette à une épaisseur de 1 centimètre 1/2.

Il faut que la surface de la fanchonnette soit plate et le tour uni.

Posez 10 feuilles de pistaches en rosace, mettez au milieu un point en meringue, saupoudrez avec le sucre n° 4 (voir p. 19) et faites sécher à blanc.

Cette fanchonnette doit être blanche et les pistaches d'un beau vert.

Réservez sur tamis.

### FANCHONNETTES DEMI-DEUIL.

Faites une crème fanchonnette au sucre de citron.

Foncez des moules à tartelettes avec du feuilletage à gâteau de roi à 6 tours.

Garnissez avec la crème.

Faites cuire.

Démoulez et meringuez chaque fanchonnette comme celles aux pistaches.

Formez sur chaque fanchonnette, avec un cornet, des points de 8 millimètres; saupoudrez de petit sucre n° 3 (voir p. 19).

Collez sur chaque point un grain de raisin de Corinthe avec une pointe de pâte à meringue et faites sécher à blanc.

Ayez soin que les fanchonnettes ne prennent pas la moindre couleur.

Réservez sur tamis (voir pl. III, fig. 3).

### FANCHONNETTES AUX CERISES.

Faites une crème à fanchonnette au sucre de fleur d'oranger.

Foncez des moules avec feuilletage à gâteau de roi à 6 tours.

Garnissez les fanchonnettes et faites-les cuire.

Démoulez et laissez refroidir.

Meringuez et faites sur le milieu, avec un cornet et de la pâte à meringue, un anneau de 2 centimètres de diamètre et de 4 millimètres d'épaisseur.

Posez autour de l'anneau des points en meringue de 4 millimètres de grosseur. Il ne faut pas que ces points se touchent.

Saupoudrez de sucre pilé.

Faites prendre couleur blonde; retirez du four; laissez refroidir et mettez dans chaque anneau une cerise confite bien égouttée.

Réservez pour servir.

### DAUPHINES.

Faites de la crème à fanchonnette au chocolat vanillé.

Foncez des moules à tartelettes avec du feuilletage à gâteau de roi à 6 tours.

Garnissez avec la crème au chocolat.

Faites cuire, démoulez, laissez refroidir.

Faites de la pâte à meringue (voir p. 103).

Formez sur chaque dauphine un dôme de 3 centimètres de haut.

Saupoudrez de sucre pilé et faites prendre une couleur blonde au four.

Réservez sur tamis.

### HÉRISSON .

Faites une crème de fanchonnette aux pistaches et au kirsch.

Foncez des moules à tartelettes avec du feuilletage à gâteau de roi à 6 tours.

Garnissez avec la crème pistache.

Faites cuire, démoulez, laissez refroidir.

Faites de la pâte à meringue et couchez-la à une hauteur de 4 centimètres sur chaque gâteau.

Formez avec le couteau une pyramide.

Ayez des amandes coupées en filets très-égaux.

Piquez un filet d'amandes sur le haut et sur le tour du gâteau, ainsi que d'autres filets d'amandes à un demi-centimètre d'intervalle.

Saupoudrez de sucre pilé et faites colorer blond au four.

Réservez sur tamis pour servir (voir pl. III, fig. 9).

### NARCISSES.

Faites du feuilletage fin à 8 tours; abaissez; laissez reposer la pâte.

Coupez avec un coupe-pâte uni des ronds de 4 centimètres 1/2 de diamètre et d'un demi-centimètre d'épaisseur; rangez-les sur une plaque légèrement mouillée, en ayant soin de les retourner.

Abaissez du feuilletage à 3 millimètres d'épaisseur.

Coupez des ronds de 2 centimètres d'épaisseur.

Videz ces ronds avec un coupe-pâte de 6 millimètres; mouillez-les légèrement et collez-les sur le rond qui est sur la plaque.

Ayez de belles amandes mondées, fendues en deux et pralinées avec du blanc d'œuf et du sucre.

Piquez 6 demi-amandes sous l'anneau, le côté plat en dessus.

Glacez avec glace de sucre et faites cuire blond.

Lorsque les narcisses sont froids, coupez avec un coupe-pâte uni des ronds de gelée de groseille de la grandeur du diamètre intérieur de l'anneau et épais d'un demi-centimètre. Posez la groseille sur les ronds.

### NOUGATS D'ABRICOTS.

500 grammes de farine,

10 grammes de levûre,

250   —   de beurre,

10   —   de sucre,

10   —   de sel,

7 œufs.

Faites un levain avec le quart de la farine, la levûre et de 'eau tiède.

Faites revenir.

Pétrissez le reste de la farine avec le sucre, le sel, le beurre et 3 œufs.

Ajoutez les 4 derniers œufs l'un après l'autre.

Travaillez bien la détrempe et le levain.

Mêlez et laissez revenir pendant 4 heures.

Rompez la pâte et mettez-la au frais pour qu'elle se raffermisse.

Ayez de la marmelade d'abricots passée au tamis et très-ferme.

96. Tamis à purée de fruits.

Beurrez une plaque d'office.

Couchez sur cette plaque des bandes de pâte à brioche de 7 centimètres de largeur sur 1 centimètre d'épaisseur.

Laissez 3 centimètres d'espace entre chaque abaisse.

Mettez une couche de marmelade sur les abaisses de brioches et semez dessus des amandes coupées en filets et pralinées (voir p. 25).

Faites cuire à four gai.

Lorsque les nougats sont cuits, parez les bords des bandes sur leur longueur et coupez des morceaux de 3 centimètres de large.

Réservez sur clayon.

### NOUGATS DE POMMES.

Même préparation que pour les nougats d'abricots.

Remplacez la confiture d'abricots par de la marmelade de pommes réduite et à la vanille; semez les amandes.

Glacez et faites cuire.

Parez, coupez et réservez sur clayon.

### NOUGATS DE CRÈME AUX AMANDES AMÈRES.

Faites de la crème frangipane bien réduite, dans laquelle vous mettrez des amandes amères bien pilées et sucre en poudre.

Faites les nougats avec cette crème comme vous avez fait pour les nougats aux abricots.

Faites cuire.

Parez, coupez et réservez sur clayon.

*Observation.* — Tous les nougats d'abricots, de pommes, de crème, se font au gros sucre et pistaches, gros sucre et raisin de Corinthe, et comme les précédents; seulement on met moitié amandes et moitié pistaches et gros sucre, ou moitié raisin et gros sucre (voir au chapitre I<sup>er</sup>, p. 19, 26 et 27, pour gros sucre, raisin et pistaches).

### PAINS DE MARRONS.

Retirez la première peau à des marrons de manière à avoir 500 grammes de purée.

Lorsque la première peau sera enlevée, faites blanchir les marrons jusqu'à ce que la deuxième peau se lève facilement.

Épluchez les marrons, mettez-les dans une casserole avec 1 décilitre d'eau et du sucre de vanille.

Couvrez les marrons d'un papier beurré et faites-les cuire à feu doux dessous et dessus.

Lorsque les marrons sont cuits, passez-les au tamis; pesez la purée; ajoutez 250 grammes de sucre et 250 grammes de farine.

Mouillez avec des œufs entiers.

Pétrissez et faites une pâte ferme.

Laissez reposer la pâte.

Divisez-la en morceaux de 35 grammes.

Moulez et formez en navette.

Rangez les pains de marrons sur des plaques d'office beurrées; dorez.

Faites une fente dans toute la longueur du pain avec le couteau.

Faites cuire à four chaleur *papier brun*.

Passez sur chaque pain, avec un pinceau, du sirop à 30 degrés.

Mettez 1 minute au four et réservez sur tamis.

### MARGUERITES.

Préparez des ronds de feuilletage à 8 tours comme pour les narcisses.

Posez un anneau dessus.

Ayez des amandes flots mondées et ressuyées; coupez-les en filets égaux de 2 millimètres d'épaisseur.

Mouillez les amandes avec du blanc d'œuf et ajoutez-y du sucre en poudre pour les praliner.

Formez une rosace avec les amandes, en piquant le côté pointu sous l'anneau et en les enfonçant d'un demi-centimètre.

Glacez à la glace de sucre avec la boîte à glacer et faites cuire à four *papier brun*.

Ce gâteau, comme le narcisse, doit être blond.

Lorsqu'il est cuit, laissez refroidir.

Mettez avec le cornet un cordon de pâte à meringue sur l'anneau.

Saupoudrez l'anneau de sucre rose (voir p. 20).

Faites sécher, et mettez dans le milieu de l'anneau un grain de beau verjus confit et bien égoutté.

On fait aussi ce gâteau avec l'anneau en sucre vert, et l'on remplace le verjus par une cerise confite.

Réservez sur tamis.

## MARS A LA VANILLE.

Faites de la marmelade de pommes avec de la vanille; faites-la réduire pour qu'elle soit ferme.

Faites une abaisse de pâte à brioche comme pour les nougats d'abricots.

97. — Mars à la vanille.

Couvrez l'abaisse de pâte à brioche avec de la marmelade à une épaisseur de 1 centimètre.

Faites cuire.

Laissez refroidir, et divisez la pâte en carrés longs de 7 centimètres sur 3 de large.

Couvrez chaque morceau d'une couche de pâte à meringue de 1 centimètre 1/2 d'épaisseur.

Il faut que les bords et le dessus soient très-unis.

Ayez de belles amandes coupées en filets.

Posez un filet d'amande au milieu du gâteau, sur le haut, sans dépasser la meringue.

Ensuite posez des filets, en commençant par un à droite et un à gauche, et en continuant jusqu'à ce que vous ayez formé sur le gâteau une palme avec les amandes. Il faut avoir soin que le bout pointu se trouve au milieu du gâteau, et que les filets soient près l'un de l'autre, sans cependant se toucher.

Mettez sur le milieu des pointes un point de meringue que vous pousserez au cornet pour cacher les pointes des amandes.

Glacez à la glace de sucre et avec la boîte à glacer.

Faites prendre au four une couleur blonde et réservez sur clayon.

*Observation.* — On fait des mars avec toutes les crèmes à la frangipane, avec tous les parfums et aussi avec des marmelades d'abricots et d'ananas mêlées ensemble.

Le travail est le même pour tous.


## APPAREIL A MIRLITONS.

1 œuf,

1 jaune,

20 grammes de farine,

30   —   de sucre en poudre,

3 macarons amers bien écrasés,

20 grammes de crème double, ou, à défaut, 20 grammes de beurre fin et fondu,

1 petite prise de sel.

Travaillez l'appareil.

Mettez dans une terrine l'œuf, le jaune, le sucre pilé pour faire une pâte liquide.

Travaillez 5 minutes.

Ajoutez la farine, les macarons bien écrasés et le sel, et retravaillez.

Mettez le beurre et mêlez.

Rangez les moules que vous avez foncés sur la table, recouverte d'une feuille de papier.

Remplissez les moules aux deux tiers; glacez avec la boite à glacer à la glace de sucre à une épaisseur de 4 millimètres.

Laissez 2 minutes, frappez légèrement le moule 3 fois sur la table, et rejetez le surplus du sucre au 3ᵉ coup sur le papier.

Laissez fondre 3 minutes, et faites cuire à chaleur *papier jaune*.

Ce gâteau doit être blond.

Réservez sur tamis.

### MIRLITONS A L'ANCIENNE AUX AMANDES AMERES.

Ayez du feuilletage à gâteau de roi à 7 tours.

Abaissez la pâte de 3 millimètres.

Coupez des ronds avec un coupe-pâte godronné.

Foncez 24 moules à tartelettes en ayant le soin de faire dépasser la cannelure du moule.

### MIRLITONS A LA FLEUR D'ORANGER PRALINÉE.

Préparez l'appareil comme celui qui est décrit ci-dessus.

Remplacez les macarons amers par de la fleur d'oranger pralinée.

Foncez les moules, remplissez-les avec de l'appareil et finissez comme les mirlitons aux amandes amères.

### MIRLITONS AU CÉDRAT.

Faites un appareil comme celui des mirlitons aux amandes amères.

Remplacez les macarons par du cédrat haché très-fin.

Finissez comme les mirlitons aux amandes amères.

### AUTRES MIRLITONS.

Foncez les moules avec du feuilletage à gâteau de roi à 7 tours.

Faites de la glace royale un peu ferme (voir p. 81).

Mettez dans chaque moule une cuillerée à café de marmelade d'abricots.

Couvrez la marmelade avec de la glace royale à une épaisseur de 1 centimètre 1/2.

Faites cuire à four *papier jaune clair.*

Lorsque les mirlitons sont cuits, démoulez sur clayon et réservez.

### GATEAUX D'ARTOIS A LA MARMELADE D'ABRICOTS.

Faites du feuilletage fin à 6 tours 1/2.

Abaissez des bandes de feuilletage de la longueur de la plaque et de 3 millimètres d'épaisseur sur 9 centimètres de largeur.

Faites une deuxième abaisse pareille, mais épaisse de 4 millimètres.

Mettez l'abaisse la plus mince sur la plaque; mouillez-en les bords avec de l'eau et un pinceau.

Étalez sur l'abaisse une couche de marmelade d'abricots de 3 millimètres d'épaisseur, recouvrez avec la deuxième bande et appuyez avec le pouce pour souder les deux abaisses.

Parez les bords et marquez en coupant avec le couteau les d'Artois, qui doivent avoir 7 centimètres de long sur 3 de large; dorez à la dorure (voir p. 29).

Dans les raies de séparation faites une coupure à 2 millimètres de profondeur.

Rayez les d'Artois en formant à la surface une rayure qui ne doit pas couper les marques du d'Artois.

Faites cuire à four *papier brun.*

Glacez à la glace de sucre et à la flamme.

Parez les bords, coupez les bandes en d'Artois comme elles ont été marquées à cru, et réservez.

Ce gâteau se sert généralement chaud.

*Observation.* — Les d'Artois de marmelades de reines-Claudes, de mirabelles, de pêches, de pommes et d'ananas se préparent et se finissent de même. On remplace les marmelades de poires et d'abricots par les marmelades dont on veut garnir les d'Artois.

## MANONS DE CRÈME AU CHOCOLAT GLACÉES A VIF.

Faites du feuilletage à gâteau de roi à 6 tours 1/2, abaissez des bandes de la longueur de la plaque et larges de 9 centimètres sur 3 millimètres d'épaisseur.

Pour couvrir, faites d'autres abaisses pareilles, mais en donnant à celles-ci 4 millimètres d'épaisseur.

Faites une crème à fanchonnette au chocolat (voir p. 81).

Posez les abaisses sur la plaque, mouillez légèrement les bords; garnissez ceux-ci d'une couche de crème de 1 centimètre d'épaisseur.

Couvrez et appuyez avec le pouce pour souder les deux abaisses.

Séparez, dorez et rayez.

Faites cuire.

Glacez à la glace de sucre et à la flamme.

Parez, coupez et servez chaud.

*Observation.* — On fait des manons à la crème, au zeste d'orange, à la vanille, au zeste de citron, au sucre d'anis et de fleurs d'oranger, et autres goûts.

Les manons se servent chaudes.

## GATEAUX FOURRÉS DE CRÈME AU CHOCOLAT
### ET AU PETIT SUCRE.

Préparez comme les manons au chocolat.

Lorsque les abaisses seront garnies et bien soudées, marquez les gâteaux en les coupant à 2 millimètres de profondeur; mouillez-les légèrement avec un pinceau et du blanc d'œuf.

Semez dessus du petit sucre n° 3 (voir p. 19).

Mettez cuire à four *papier jaune.* D'habitude ce gâteau doit être blanc; on le couvrirait de papier, si le four était trop chaud.

Lorsque les gâteaux sont cuits, on les coupe pour les séparer et on les réserve sur tamis.

Les gâteaux fourrés se servent généralement froids.

Les gâteaux fourrés à la crème d'amandes, au kirsch, au ma
rasquin, à l'anisette et autres se font tous de même.

### RELIGIEUSES A LA MARMELADE DE POMMES.

Faites de la marmelade de pommes réduite avec du sucre
de citron.

Ayez du feuilletage à gâteau de roi à 6 tours 1/2.

Faites des abaisses de la longueur de la plaque, larges de
8 centimètres et épaisses de 4 millimètres.

Couchez sur ces abaisses de la marmelade de pommes à une
épaisseur de 1 centimètre et à une distance de 1 centimètre 1/2
du bord.

Mouillez légèrement le bord et posez des bandes de feuilletage de 4 millimètres de large et de 3 millimètres d'épaisseur
sur toute la longueur, en laissant un demi-centimètre d'espace
entre chaque bande.

Lorsque l'abaisse sera couverte de bandes, mouillez celles-ci
et posez de nouvelles bandes en travers pour former un treillage que vous mouillerez avec un blanc d'œuf et sur lequel
vous sèmerez du petit sucre n° 3.

Faites cuire à blanc, laissez refroidir, coupez en carrés longs
de 7 centimètres sur 3 de large.

Réservez sur clayon.

### RELIGIEUSES A LA CRÈME DE PISTACHES.

Préparez et procédez comme pour les religieuses de pommes.

Remplacez la marmelade par de la crème frangipane aux
pistaches (voir p. 79).

Mouillez avec des blancs d'œufs émoussés et semez dessus
du petit sucre n° 3 (voir p. 19).

Faites cuire à blanc.

Laissez refroidir.

Coupez en carrés longs de 7 centimètres sur 3 de large.

Réservez sur clayon.

Les religieuses de crème d'amandes et de crème de frangipane, quelque composées qu'elles soient, se font toutes de même.

### GATEAUX DE CRÈME FRANGIPANE AU CHOCOLAT ET AU PETIT SUCRE.

Foncez des moules à fanchonnette avec du feuilletage à gâteau de roi à 6 tours.

Garnissez-les de crème frangipane au chocolat.

Abaissez du feuilletage à gâteau de roi à 6 tours, à une épaisseur de 3 millimètres.

Coupez des ronds avec un coupe-pâte godronné de 1 centimètre plus grand que le moule à tartelettes.

Garnissez de crème.

Mouillez le bord de la tartelette avec de l'eau et un pinceau; posez dessus un rond de feuilletage et appuyez pour souder les deux morceaux de feuilletage ensemble; piquez le milieu du gâteau, faites-y un trou de 3 millimètres; mouillez le dessus avec du blanc d'œuf émoussé et semez du petit sucre n° 3.

Faites cuire à chaleur *papier jaune*; ces gâteaux doivent être blonds.

Lorsque les gâteaux sont cuits, démoulez et réservez sur clayon.

### GATEAUX DE PITHIVIERS GLACÉS A BLANC.

Foncez des moules à tartelettes comme les précédents; garnissez-les avec de la crème d'amandes dite de Pithiviers (voir p. 79); recouvrez avec un rond de feuilletage comme il a été dit précédemment.

Mouillez légèrement; rayez le dessus; faites un trou au milieu.

Faites cuire les gâteaux.

Glacez-les avec de la glace de sucre et la boîte à glacer.

Laissez-les refroidir, et, au moment de servir, reglacez les gâteaux pour les avoir bien blancs.

Ces gâteaux se mangent froids.

On fait des gâteaux comme ceux de Pithiviers au petit sucre et garnis de crème frangipane et de toute espèce de marmelade.

### CANNELONS GLACÉS A VIF GARNIS DE CRÈME SAINT-HONORÉ.

Ayez des bâtons ronds de 1 centimètre de diamètre et de 14 centimètres de longueur, mais dont un des bouts soit de 1 millimètre plus mince.

Beurrez ces bâtons.

Faites du feuilletage fin à 6 tours.

Abaissez de 3 millimètres d'épaisseur.

98. — Cannelons crus.

Coupez l'abaisse en bandes de 25 centimètres de long sur 15 millimètres de large.

Mouillez très-légèrement le dessus de l'abaisse.

Prenez le bâton de la main gauche, et avec la main droite fixez la bande sur le bâton en l'appuyant.

99. — Cannelons cuits.

Faites tourner le bâton de manière à enrouler la bande de feuilletage en forme de vis de 7 centimètres de long.

Dorez le dessus des cannelons et placez-les sur la plaque à une distance de 3 centimètres l'un de l'autre.

Faites-les cuire à four chaud.

Glacez-les à la glace de sucre avec la boîte à glacer et à la flamme.

Lorsque les gâteaux sont cuits, retirez les bâtons, mettez de la crème saint-honoré dans un cornet, et garnissez l'intérieur des cannelons.

Dressez et servez chaud.

## CANNELONS GRILLÉS, GARNIS DE CRÈME SAINT-HONORE À LA VANILLE.

Faites des cannelons comme les précédents.

Ayez des amandes hachées fin et pralinées.

Dorez le dessus des cannelons ; posez une légère couche d'a-mandes sur chacun d'eux.

Rangez-les sur des plaques d'office.

Glacez les cannelons à la glace de sucre ; faites-les cuire à four *papier jaune*.

Lorsqu'ils sont cuits, retirez les bâtons et garnissez les gâteaux avec de la crème saint-honoré à la vanille (voir p. 80).

Dressez et servez chaud.

### CANNELONS AU PETIT SUCRE ET AUX PISTACHES.

Faites des cannelons comme les précédents ; mouillez le dessus avec des blancs d'œufs émoussés ; semez dessus du petit sucre n° 3, et rangez-les sur des plaques d'office.

Faites cuire à four *papier jaune*.

Lorsque les cannelons sont cuits, retirez les bâtons, garnissez avec une crème saint-honoré au chocolat (voir p. 80), et trempez les bouts dans de la pâte à meringue et dans des pistaches hachées.

Dressez et servez.

On sert aussi des cannelons froids, que l'on garnit avec des purées de fruits et toute espèce de marmelade.

Ce gâteau, dont l'origine remonte à une époque très-ancienne, n'est point oublié et fera toujours plaisir aux vrais amateurs de pâtisserie.

### BOUCHÉES DE DAMES AU CHOCOLAT.

Faites du biscuit ordinaire comme il est dit p. 93.

Couchez à la poche sur des feuilles de papier des ronds de 3 centimètres de diamètre et de 1/2 centimètre de largeur.

Glacez à la glace de sucre avec la boite à glacer.

Faites cuire à four *papier jaune.*

Laissez refroidir.

Détachez les bouchées de dessus le papier ; parez-les avec un coupe-pâte rond de 3 centimètres 1/2.

Mettez une couche de gelée de pommes de 3 millimètres d'épaisseur sur un des morceaux, et recouvrez.

Lorsque toutes les bouchées auront été préparées, glacez-les avec de la glace au chocolat faite à froid (voir p. 84).

Passez-les 2 minutes à la bouche du four.

Réservez sur tamis.

### BOUCHÉES DE DAMES AU RHUM.

Préparez les bouchées comme les précédentes.

Garnissez-les avec de la marmelade d'abricots et glacez-les avec de la glace de rhum faite à froid (voir p. 84).

Faites sécher et réservez sur tamis.

### BOUCHÉES DE DAMES GLACÉES AU KIRSCH.

Préparez les bouchées comme ci-dessus, garnissez-les de marmelade d'abricots.

Glacez à la glace de kirsch faite à froid.

Faites sécher et réservez sur tamis.

### BOUCHÉES DE DAMES GLACÉES AU CAFE.

Préparez comme les bouchées au chocolat ; garnissez-les de gelée de pommes ; glacez-les avec de la glace de café faite à froid (voir p. 84).

Faites sécher et réservez sur tamis.

### BOUCHÉES DE DAMES AUX FRAISES.

Garnissez des bouchées de dames avec de la marmelade de fraises.

Glacez avec de la glace de fraises faite à froid (voir **p. 82**).

Passez au four et réservez sur tamis.

Les bouchées de dames aux framboises, aux groseilles et à toutes les glaces aux liqueurs se font de la même manière que les précédentes.

Il faut mettre une très-légère couche de gelée de pommes sur les bouchées avant de les glacer, quelle que soit la glace : par ce moyen on obtient un glacé plus clair.

### BOUCHÉES DE DAMES EN RUCHE.

Faites des bouchées de dames comme les bouchées au chocolat.

Glacez le tour seulement.

Formez sur la bouchée avec de la meringue à l'italienne une pyramide de 2 centimètres de haut.

Ayez des amandes flots que vous monderez et couperez en filets d'égale épaisseur; triez les filets d'égale longueur.

Posez sur la meringue une rangée de filets d'amandes que vous entrerez légèrement, mais suffisamment pour les fixer sur la meringue.

Pour les chevaler l'une sur l'autre, il faut que le rond du filet d'amandes soit placé en bas et dépasse la bouchée d'un demi-centimètre sur le premier rang.

Ensuite posez un second rang qui couvrira à moitié les amandes du premier.

Lorsque le deuxième rang sera terminé, poussez au cornet un point de meringue à l'italienne sur le sommet pour cacher les pointes des filets d'amandes.

Faites sécher à l'étuve.

*Observation.* — Ce gâteau ne se fait que rarement. Je l'ai décrit parce qu'il fait une jolie garniture de socle ou de pièce montée, et qu'à l'occasion on serait heureux de le reproduire.

### FRIANDS A L'ANANAS ET AU MARASQUIN.

Faites du biscuit ordinaire (voir p. 93).

Couchez avec une poche sur des feuilles de papier de la pâte en forme de huit ∞, de 6 centimètres de long sur 3 de large.

Semez sur chaque friand des amandes hachées et pralinées avec des œufs, du marasquin et du sucre en poudre.

Faites cuire à four *papier jaune*.

Laissez bien ressuyer.

Retirez les gâteaux du four.

Lorsqu'ils seront froids, détachez-les du papier et couvrez d'une épaisseur de 3 millimètres de marmelade d'ananas le côté qui était sur le papier.

Glacez la marmelade avec de la glace au fondant au marasquin.

Faites sécher à la minute à la bouche du four et réservez sur tamis.

### FRIANDS A L'ABRICOT ET AU RHUM.

Préparez des friands comme les précédents.

Remplacez la marmelade d'ananas par de la marmelade d'abricots et la glace au marasquin par de la glace au rhum.

Terminez de même.

### FRIANDS AUX FRAISES.

Préparez des friands comme les friands à l'ananas.

Lorsqu'ils sont cuits et froids, levez les friands de dessus le papier et couvrez-les chacun d'une couche de purée de fraises sucrée.

Glacez avec de la glace de fraises au fondant.

### FRIANDS AUX FRAMBOISES.

Même procédé que pour les friands aux fraises.

Mettez de la gelée de framboise au lieu de purée de fraises.

Finissez de même et réservez sur tamis.

## FRIANDS AU KIRSCH.

Faites des friands comme il est dit aux friands à l'ananas.

Lorsqu'ils sont cuits et froids, levez-les de dessus le papier.

Couvrez chaque friand d'une couche de gelée de pommes ; glacez avec glace au fondant au kirsch ; faites sécher et réservez sur tamis.

On fait des friands à toutes les gelées et marmelades, et on les glace au fondant à tous les goûts.

## PAINS ANGLAIS.

50 grammes d'amandes,
50 — de farine,
50 — de sucre,
25 — de beurre,
1 œuf et 1 jaune,
Et râpure de citron.

Mondez les amandes, lavez et ressuyez-les.

Pilez-les avec le sucre et mouillez-les avec l'œuf.

Mêlez le beurre, la farine, le jaune et la râpure de citron.

Lorsque la pâte est bien lisse, séparez-la en morceaux de 35 grammes.

Moulez en navette.

Rangez les pains sur des plaques d'office beurrées.

Écartez les pains les uns des autres.

Dorez-les dessus, et fendez-les sur la longueur, à une profondeur de 4 millimètres.

Faites cuire les pains anglais à four gai.

Lorsqu'ils sont cuits, relevez-les sur un tamis.

## PETITS JAMBONS DE CARÊME.

Faites de la génoise sur le feu (voir p. 101).

Remplissez des moules à madeleine à forme de griffe.

Faites cuire.

Laissez refroidir.

Faites, avec de la pâte d'amandes à croquante, de petits bâtons pointus, de 2 centimètres 1/2 de longueur et d'un demi-centimètre d'épaisseur, pour qu'on puisse les piquer dans le jambon.

Ayez de la pâte d'amandes au chocolat pour imiter la couenne.

La génoise refroidie, parez-la, enlevez les côtés, piquez le bâton de pâte d'amandes dans la génoise.

Finissez de donner la forme de jambon avec de la meringue à l'italienne.

Abaissez la pâte chocolat très-mince.

Découpez et cannelez la pâte pour imiter la couenne, et placez-la sur la génoise.

Ayez du macaron bien sec, et écrasé d'une manière égale, pour imiter la chapelure, et semez-le sur la meringue.

Glacez la pâte chocolat avec du sirop de sucre à 30 degrés.

Faites sécher 2 minutes à la bouche du four.

Mettez une papillote au manche et servez.

On fait aussi des jambons décorés, que l'on prépare comme les premiers en lissant parfaitement la meringue à l'italienne. Pour cela, on fait sécher celle-ci et on la décore à la glace royale (voir p. 82). On met une papillote à chaque jambon et on les sert sur gradins.

### PETITS GATEAUX NAPOLITAINS GLACÉS AU RHUM.

Faites de la pâte à gâteaux napolitains (voir p. 118).

Abaissez cette pâte de 4 millimètres d'épaisseur.

Coupez au coupe-pâte uni des ronds de 3 centimètres 1/2 de diamètre; mettez-les sur plaque et faites-les cuire à four *papier jaune*.

Lorsqu'ils sont cuits, parez-les avec le coupe-pâte que vous avez déjà employé.

Laissez-les refroidir, mettez de la marmelade d'abricots sur un rond et couvrez d'un autre rond.

Glacez la surface avec de la glace de rhum.

Faites sécher.

Mettez une légère couche de meringue à l'italienne sur la coupe et couvrez le bord avec de la pistache hachée (voir p. 26).

Lorsque l'on finit ces gâteaux, il faut avoir soin de ne pas défleurer le glacé du dessus ; car si le gâteau ne présentait pas un aspect bien net, malgré sa bonne qualité, il ne serait pas apprécié des vrais amateurs de pâtisserie, qui la jugent d'abord à sa bonne mine.

## TARTELETTES DE FRUITS.

### TARTELETTES AUX CERISES.

Faites de la pâte à gâteau de plomb (voir p. 38).

Abaissez de 4 millimètres d'épaisseur.

Coupez au coupe-pâte godronné des ronds qui soient de 1 centimètre plus grands que les moules ; foncez les moules avec les ronds.

Épluchez de belles cerises, faites-les bouillir 5 minutes dans du sirop à 40 degrés ; laissez refroidir ; égouttez les cerises.

Garnissez chaque tartelette.

Faites cuire à four *papier jaune*.

Lorsque les tartelettes sont cuites, glacez les bords avec du sirop à 32 degrés.

Démoulez et mettez les tartelettes sur clayon.

Passez le sirop au tamis de soie.

Faites-le réduire à 34 degrés.

Laissez refroidir, et au moment de servir saucez chaque tartelette.

### TARTELETTES D'ABRICOTS.

Ayez de beaux abricots coupés en deux ; faites-les blanchir dans du sirop à 34 degrés, laissez-les refroidir dans le sirop.

Foncez des moules à tartelettes avec de la pâte à gâteau de plomb.

Égouttez les abricots, mettez-en une moitié dans chaque tartelette.

Faites cuire sans que l'abricot prenne couleur ; pour cela, couvrez avez une feuille de papier.

Glacez les bords avec du sirop à 32 degrés.

Démoulez et réservez sur clayon.

Passez le sirop qui a servi à cuire les abricots et faites-le réduire à 34 degrés.

Cassez les noyaux ; mettez les amandes dans l'eau froide pendant une demi-heure ; retirez-leur la peau et essuyez-les parfaitement.

Mettez une amande sur chaque abricot ; saucez légèrement et servez (voir pl. III, fig. 7).

## TARTELETTES DE PÊCHES.

Coupez des pêches en deux ; ôtez les noyaux ; faites-les blanchir, retirez la peau et laissez-les refroidir dans le sirop.

Foncez des moules à tartelettes.

Faites cuire comme les abricots, sans laisser prendre couleur.

Lorsque les tartelettes sont cuites, glacez les bords avec du sirop à 32 degrés.

Laissez refroidir.

Passez le sirop qui a servi à blanchir les pêches ; faites-le réduire à 32 degrés.

Laissez-le refroidir.

Cassez les noyaux, faites tremper les amandes, retirez-en la peau.

Mettez une amande sur chaque tartelette, saucez et réservez (voir pl. III, fig. 8).

## TARTELETTES DE PRUNES DE REINE-CLAUDE.

Retirez les noyaux à de belles prunes de reine-Claude, sans les séparer.

Faites-les blanchir dans du sirop à 32 degrés et laissez refroidir dans le sirop.

Foncez des moules à tartelettes avec de la pâte de plomb ; égouttez les prunes.

Garnissez les tartelettes.

Faites cuire.

Laissez refroidir et passez à travers un tamis de soie le sirop qui a servi à blanchir les prunes.

Faites réduire à 32 degrés.

Laissez refroidir.

Saucez les tartelettes et servez.

## TARTELETTES DE PRUNES DE MIRABELLE.

Préparez les prunes de mirabelle comme les prunes de reine-Claude.

Foncez des moules à tartelettes avec de la pâte à gâteau de plomb.

Garnissez avec les prunes et finissez comme les prunes de reine-Claude.

## TARTELETTES DE PRUNES DE MONSIEUR.

Séparez en deux les prunes; ôtez les noyaux; faites-les blanchir dans du sirop; retirez les peaux.

Laissez refroidir dans le sirop.

Foncez des moules à tartelettes avec de la pâte de plomb.

Égouttez les prunes.

Garnissez chaque tartelette avec 4 morceaux de prune.

Faites cuire, en évitant que les prunes prennent couleur.

Glacez les bords des tartelettes.

Passez le sirop au tamis.

Faites réduire.

Laissez refroidir.

Saucez au moment de servir.

## TARTELETTES DE POIRES D'ANGLETERRE.

Tournez des poires d'Angleterre et faites-les cuire dans du sirop à 20 degrés.

Il faut que les poires soient blanches ; pour obtenir ce résultat, faites-les cuire à grand mouillement et à feu vif.

Laissez refroidir les poires dans le sirop.

Faites de la marmelade de pommes.

Foncez des moules à tartelettes avec de la pâte à gâteau de plomb ; mettez une couche de marmelade de pommes dans le fond du moule ; placez sur la marmelade une poire bien égouttée.

Faites cuire.

Passez le sirop au tamis de soie et faites-le réduire.

Lorsque les tartelettes sont cuites, glacez au pinceau les poires et les bords des tartelettes avec le sirop.

Remettez-les quelques minutes au four pour faire sécher le sirop.

Au moment de servir, glacez au pinceau une deuxième fois.

Réservez sur clayon.

### TARTELETTES DE POIRES DE ROUSSELET.

Préparez les poires comme celles d'Angleterre ; ajoutez du carmin liquide pour leur donner une couleur rose.

Foncez des moules à tartelettes avec de la pâte de plomb ; mettez une couche de marmelade de pommes dans le fond de la tartelette, posez une poire dessus et faites cuire.

Finissez comme les tartelettes de poires d'Angleterre.

Réservez sur clayon.

### TARTELETTES DE POIRES DE BON-CHRÉTIEN.

Ayez de moyennes poires de bon-chrétien ; coupez-les en deux ; retirez le cœur avec une petite cuiller à légumes ; parez chaque morceau bien rond pour qu'il puisse entrer dans la tartelette et faites cuire à sirop léger. Il faut que ces poires soient blanches.

Laissez refroidir les poires dans le sirop.

Foncez des moules à tartelettes ; mettez de la marmelade dans le fond de chaque tartelette et finissez comme les poires d'Angleterre.

Réservez sur clayon.

## TARTELETTES DE POMMES DE CALVILLE.

Ayez de moyennes pommes de calville ; coupez-les en deux ; retirez le cœur.

Parez les moitiés de pommes, en trois coups de couteau seulement.

Faites cuire dans du sirop à 20 degrés ; laissez refroidir dans le sirop ; foncez des moules à tartelettes avec de la pâte de plomb.

Mettez une petite couche de marmelade de pommes dans le fond de chaque tartelette, puis un morceau de pommes dessus.

Faites cuire, glacez les bords des tartelettes avec du sirop à 30 degrés.

Préparez de la gelée de pommes et coulez-la sur un plafond de 4 millimètres d'épaisseur.

Laissez prendre la gelée ; lorsqu'elle sera bien ferme, posez une feuille de papier blanc sur la gelée, en appuyant légèrement, pour bien coller le papier.

Chauffez le plafond à feu très-vif, pendant 4 secondes.

Enlevez la nappe de gelée, qui doit se détacher du plafond et rester sur le papier.

Coupez avec un coupe-pâte uni des ronds assez grands pour couvrir les pommes ; coupez le papier autour des ronds ; posez la gelée sur la pomme ; mouillez le papier au pinceau avec de l'eau.

Détachez la gelée avec le petit couteau ; par ce procédé les tartelettes se trouvent couvertes d'une nappe de gelée, ce qui en fait un beau et bon gâteau.

Réservez sur tamis.

## TARTELETTES DE POMMES D'API.

Ce genre de tartelettes ne peut se faire qu'avec des pommes

d'api bien mûres; autrement, elles prennent une teinte verdâtre à la cuisson, ce qui leur donne un mauvais cachet.

Ayez donc des pommes d'api bien mûres; percez-les avec une colonne de 8 millimètres d'ouverture; tournez et mettez-les

100. — Boîte à colonnes.

à mesure dans de l'eau, et ensuite dans un poëlon d'office avec de l'eau pour les blanchir.

Lorsque les pommes commenceront à fléchir sous le doigt, rafraîchissez-les.

Laissez refroidir et égouttez.

Remettez les pommes dans le poëlon d'office avec du sirop

101. — Poëlon d'office.

à 24 degrés et un peu de carmin liquide pour qu'elles soient roses.

Finissez de cuire et laissez refroidir dans le sirop.

Foncez des moules à tartelettes avec de la pâte de plomb.

Mettez de la marmelade de pommes dans le fond des tartelettes.

Égouttez les pommes; mettez-en une dans chaque moule.

Faites cuire, passez le sirop qui a servi à cuire les pommes; réduisez-le à 32 degrés.

Glacez les tartelettes et les pommes; remettez 2 minutes au four.

Retirez et réservez sur clayon.

Au moment de servir, saucez légèrement les tartelettes, mettez un grain de verjus dans chaque trou de pomme et servez.

### TARTELETTES DE GROSEILLES ROUGES EN GRAINS.

Foncez des moules à tartelettes avec de la pâte à gâteau de plomb.

Faites des ronds de papier blanc beurré.

Mettez un rond de papier dans chaque tartelette, le côté beurré sur la pâte, ensuite des noyaux de cerises bien lavés et très-secs.

Faites cuire les tartelettes.

Lorsque les tartelettes sont cuites, retirez les noyaux et le papier.

Glacez entièrement au pinceau avec du sirop à 30 degrés.

Passez au four pour sécher le sirop; laissez refroidir.

Égrenez les groseilles rouges que vous aurez lavées et égouttées sur un tamis.

Mêlez avec les groseilles du sucre en poudre; remuez-les pour faire fondre le sucre; garnissez les croûtes de tartelettes avec les groseilles et servez.

Même procédé pour les groseilles blanches.

### TARTELETTES DE FRAISES.

Préparez des croûtes de tartelettes comme les précédentes.

Épluchez de belles fraises.

Garnissez chaque croûte.

Faites infuser les fraises dans du sirop à 40 degrés pendant 2 heures.

Passez au tamis de Venise.
Saucez les tartelettes et servez.

### TARTELETTES DE FRAMBOISES.

Même procédé que pour les tartelettes de fraises.
Finir et servir de même.

### TARTELETTES DE CASSIS.

Préparez le cassis et les croûtes comme les tartelettes de groseilles.
Finissez de même.
Réservez sur clayon.

### TARTELETTES DE RAISINS.

Même travail et même préparation que pour les tartelettes de groseilles.
Réservez sur clayon.

## TARTELETTES DE FRUITS CONFITS.

### TARTELETTES D'ABRICOTS.

Coupez en deux de beaux abricots confits; mettez-les dans un poêlon d'office avec du sirop à 28 degrés et faites-les bouillir à un seul bouillon; laissez ensuite refroidir dans une terrine.

Foncez des moules à tartelettes avec de la pâte à timbale châteaubriant (voir p. 245).

Mettez un papier beurré dans le fond, le côté beurré sur la pâte.

Remplissez chaque tartelette avec des noyaux de cerises.

Lorsqu'elles sont cuites, retirez noyaux et papier.

Glacez au sirop.

Égouttez les abricots.

Mettez une moitié d'abricot dans chaque tartelette.

Passez le sirop au tamis de Venise et, au moment de servir, arrosez légèrement les abricots avec le sirop.

### TARTELETTES DE PRUNES DE MIRABELLE.

Faites des croûtes de tartelettes comme les précédentes.

Retirez les noyaux à de belles prunes de mirabelle confites.

Faites-les revenir dans du sirop comme les abricots.

Égouttez les prunes et garnissez les croûtes.

Saucez légèrement avec le sirop que vous aurez passé au tamis.

Réservez sur clayon.

### TARTELETTES MACÉDOINE.

Composez une macédoine de fruits confits avec ananas, cerises, abricots, prunes de reine-Claude.

Faites revenir ces fruits comme il est dit aux précédentes tartelettes d'abricots coupés en gros dés.

Faites réduire le sirop d'ananas à 30 degrés et ajoutez du marasquin.

Garnissez les croûtes avec la macédoine de fruits et réservez sur tamis.

### TARTELETTES DE PRUNES DE REINE-CLAUDE.

Retirez les noyaux à de belles prunes de reine-Claude ; faites-les revenir dans du sirop comme les abricots ; égouttez les prunes ; garnissez les croûtes ; saucez légèrement avec le sirop que vous aurez passé au tamis et réduit à 32 degrés.

Réservez sur clayon.

### TARTELETTES DE PRUNES DE MONSIEUR.

Faites des croûtes de tartelettes comme celles dites aux abricots.

Choisissez des prunes de monsieur bien égales ; retirez les noyaux ; séparez-les en deux.

Faites-les revenir dans le sirop et retirez les peaux.

Égouttez les prunes ; garnissez les croûtes ; mettez quatre morceaux dans chaque croûte.

Saucez légèrement, et réservez sur clayon.

### TARTELETTES DE CONFITURES DE CERISES.

Faites des croûtes de tartelettes comme celles aux abricots confits.

Lorsqu'elles sont cuites et refroidies, garnissez les croûtes avec des confitures de cerises.

Réservez sur clayon.

### TARTELETTES D'ORANGES.

Pelez à vif des oranges ; coupez les peaux qui séparent les quartiers.

Mettez les quartiers d'orange dans une terrine avec du sucre pilé ; remuez pour faire fondre le sucre et le réduire en sirop.

Faites des croûtes de tartelettes.

Égouttez les quartiers d'orange.

Garnissez les croûtes en forme de dôme.

Saucez avec le sirop que vous aurez passé au tamis.

Réservez sur clayon.

Au moment où l'on fait macérer les oranges, on peut ajouter du vin blanc ou des liqueurs en petite quantité selon le goût qu'on veut leur donner.

### TARTELETTES DE CONFITURES DE VERJUS.

Préparez les croûtes comme celles des tartelettes aux confitures de cerises et finissez tout à fait de même.

### TARTELETTES D'ANANAS.

Ayez de l'ananas confit ; coupez-le en dés, et donnez-lui un bouillon dans du sirop à 30 degrés.

Laissez refroidir.

Égouttez.

Ayez des croûtes de tartelettes comme les précédentes et garnissez-les avec de l'ananas.

Saucez avec le sirop et réservez sur clayon.

### TARTELETTES DE GROSEILLES DE BAR ROUGES ET BLANCHES.

Faites des tartelettes comme les précédentes; laissez-les refroidir et garnissez-les avec des groseilles de Bar rouges ou blanches.

Réservez sur clayon.

On fait ces tartelettes avec toutes les gelées et marmelades possibles.

*Observation.* — Pour les tartelettes de fruits conservés à la vapeur, on fait la croûte comme les précédentes.

On égoutte les fruits, on passe le jus au tamis, on ajoute du sucre en morceaux et l'on fait réduire le sirop à 34 degrés.

On garnit les croûtes avec les fruits, on les sauce et l'on sert.

On ne doit mettre généralement le sirop qu'au dernier moment.

Je conseille aux cuisiniers des maisons les plus simples de faire des gradins en pâte d'office pour le service de toutes les tartelettes de fruits et aussi pour les gâteaux chauds, tels que darioles, soufflés, gâteaux de riz, fanchonnettes, ruches, dauphines et pour tous les gâteaux qui se détériorent lorsqu'on les place les uns sur les autres.

La dépense et la confection de ces gradins sont bien minimes en comparaison du bon résultat qu'on en obtient.

### CROQUETTES AU PETIT SUCRE.

200 grammes de farine,

100  —  de sucre,

50  —  de beurre,

1 prise de sel,

25 grammes de sucre d'anis.

Mettez sur la table la farine passée au tamis; faites une fontaine; mettez-y le sucre, le sel, le sucre d'anis et le beurre.

Mouillez le tout avec de bonne crème et un œuf; pétrissez et faites la pâte ferme; laissez reposer la pâte et abaissez-la de 5 millimètres d'épaisseur.

Coupez l'abaisse avec un coupe-pâte ovale long de 7 centimètres et large de 4.

Mouillez légèrement le dessus avec des blancs d'œufs émoussés.

Couvrez de petit sucre n° 2 (voir p. 19).

Rangez les croquettes sur des plaques beurrées.

Faites cuire à four doux.

On doit faire ces gâteaux rapidement pour empêcher le sucre de fondre, et les retirer du four lorsqu'ils ont pris une couleur blonde.

Réservez sur tamis.

## CROQUETTES GRILLÉES AUX AMANDES.

Faites une pâte pareille à la précédente; remplacez le sucre d'anis par du sucre de fleur d'oranger.

Abaissez la pâte et coupez-la avec le coupe-pâte ovale.

Rangez les croquettes sur des plaques beurrées; dorez le dessus et étalez des amandes hachées et pralinées (voir p. 26).

Il faut mouiller ces amandes plus que celles des choux grillés.

Saupoudrez les croquettes de sucre pilé.

Faites-les cuire.

Réservez sur tamis.

## TARTELETTES D'ABRICOTS A LA CONDE.

Beurrez des moules à tartelettes; foncez-les avec de la pâte à timbale châteaubriant.

Abaissez la pâte de 4 millimètres d'épaisseur; coupez au coupe-pâte godronné.

Mettez une cuillerée à café de marmelade d'abricots.

Étalez la marmelade et couvrez-la avec de l'appareil à condé.

Il ne faut remplir le moule qu'aux deux tiers.

Faites cuire à chaleur *papier jaune*.

Lorsque les tartelettes sont cuites, réservez sur tamis.

## TARTELETTES SUÉDOISES.

Foncez des moules à tartelettes avec du feuilletage à gâteau de roi à 6 tours.

Garnissez avec de la marmelade de pommes ferme et vanillée.

Faites cuire.

Lorsque les tartelettes sont cuites, laissez refroidir.

Un quart d'heure avant de servir, faites sur chaque tartelette un colimaçon avec de la crème Chantilly très-ferme et vanillée.

Ce colimaçon se pousse au cornet.

Ces tartelettes doivent être finies et servies de suite.

## ESPÉRANCES.

Faites cuire dans des moules à tartelettes de l'appareil à génoise, de manière à avoir un gâteau de 2 centimètres d'épaisseur.

Faites une crème cuite comme pour les saint-honoré.

Ajoutez à cette crème kirsch, sucre d'orange et vert végétal pour obtenir un vert pistache; meringuez les génoises en pointe, en laissant dessus une partie plate de 2 centimètres 1/2.

Semez du petit sucre n° 3 sur la meringue et couchez avec un cornet un point élevé avec de la glace au beurre et au café (voir pl. III, fig. 10).

## MERINGUES A LA VANILLE.

Faites de la pâte à meringue (voir p. 103).

Couchez sur des feuilles de papier et avec une poche des meringues rondes ou ovales. Les deux morceaux ne doivent pas être plus gros qu'un œuf.

Saupoudrez-les entièrement de sucre pilé.

Retournez vivement la feuille sur laquelle sont couchées les meringues pour en retirer la masse du sucre.

Mettez les meringues sur des planches et faites-les cuire à four doux.

Retirez-les ensuite de dessus le papier; creusez-les avec une cuiller; rangez-les sur des plaques et faites-les sécher à four doux ou à l'étuve. Ce qui fait la qualité des meringues, c'est d'être très-croquantes; c'est pourquoi je recommande de les faire bien sécher.

Assaisonnez de la crème de Chantilly avec de la glace de sucre et du sucre de vanille.

Garnissez et dressez en buisson sur un plat garni d'une serviette.

Il ne faut garnir les meringues qu'au dernier moment, afin qu'elles ne se ramollissent pas.

### MERINGUES AUX FRAISES.

Préparez des meringues comme les précédentes.

Assaisonnez la crème avec de la purée de fraises et de la glace de sucre.

Finissez comme les meringues à la vanille.

Dressez et servez.

### MERINGUES AU CAFE.

Préparez comme les meringues à la vanille.

Faites du sirop avec du sucre en morceaux et du café à l'eau très-fort.

Assaisonnez la crème avec le sirop.

Lorsque le sirop sera refroidi, garnissez les meringues, dressez et servez.

## MERINGUES AU CHOCOLAT.

Faites fondre du chocolat avec du sucre en morceaux et du sucre de vanille, à une épaisseur de bouillie; laissez refroidir et mêlez à la crème.

Garnissez les meringues que vous aurez faites comme il est dit aux meringues à la vanille.

Dressez et servez.

Il ne faut jamais faire de grosses meringues; quand elles sont de petite dimension, elles se dressent mieux et sont plus appétissantes.

## PATES DE PETITS FOURS A THÉ.

### PREMIÈRE PÂTE.

500 grammes de farine,
250 — de beurre,
250 — de sucre en poudre,
15 — de sucre de gingembre,
5 — de sel,
3 œufs entiers.

Passez la farine sur le tour.

Faites la fontaine et mettez-y le sucre, le sel, le beurre, les œufs. Cette pâte doit être mollette.

Laissez reposer une heure.

Abaissez de l'épaisseur de 6 millimètres.

Découpez avec le coupe-pâte comme le dessin l'indique.

Rangez sur des plaques d'office très-légèrement beurrées.

Dorez la surface et semez des raisins de Corinthe bien nettoyés, et faites cuire à four *papier brun*.

Lorsque les petits fours seront jaune d'or, ils seront cuits.

Retirez du four et réservez sur tamis.

### DEUXIÈME PÂTE.

500 grammes de farine,

250 grammes de sucre,

150 — de beurre,

8 — de sucre de citron,

2 — de sel,

3 jaunes d'œufs,

1 décilitre de crème.

Passez la farine.

Faites la fontaine.

Mettez dans la fontaine le beurre, le sucre, le sucre de citron, le sel, la crème.

Pétrissez et finissez comme il est dit à la première pâte.

102. — Petits fours à thé.

Découpez au coupe-pâte (voir le dessin) et mettez sur chaque gâteau des amandes hachées fin et pralinées.

Faites cuire à four *papier brun clair*.

Lorsqu'ils sont d'un jaune pâle, ils sont cuits.

Retirez du four et réservez sur tamis et au sec.

### TROISIÈME PÂTE.

500 grammes de farine,

250 grammes d'amandes, dont 20 amères,

100   —   de beurre,

250   —   de sucre en poudre,

20   —   de sucre de vanille,

2   —   de sel,

2 œufs entiers,

5 jaunes.

Mondez les amandes.

Hachez-les.

Pralinez-les avec 50 grammes de sucre et un blanc d'œuf.

Faites-leur prendre au four une couleur rouge.

Laissez refroidir.

Pilez-les en les mouillant avec un œuf entier mis en plusieurs fois.

Passez la farine au tamis sur le tour.

Faites une fontaine.

Mettez-y les amandes, le sucre, le sucre de vanille, le beurre et ce qui reste d'œufs.

Pétrissez, et lorsque la pâte sera bien lisse, laissez reposer une heure.

Abaissez la pâte en bandes de 7 centimètres de largeur.

Couvrez ces bandes d'appareil à condé; glacez et coupez sur le travers des bandes de 2 centimètres de largeur que vous rangez sur une plaque d'office légèrement beurrée.

Faites cuire à four *papier brun*.

Sitôt cuit, réservez sur tamis.

On fait avec ces pâtes des petits fours de toute forme; l'on peut mettre dessus de l'angélique, de l'orange confite, coupées en morceaux. On peut aussi les garnir de pistaches pralinées.

# CHAPITRE X.

## BISCUITS VANILLÉS ET ORDINAIRES.

Ayez des moules de ferblanc évasés et longs de 8 centimètres sur 5 de large; beurrez ces moules avec du beurre bien éponge.

Faites chauffer légèrement.

Passez ensuite un pinceau plat sur le beurre (il faut que le beurre soit encore assez chaud pour que le pinceau le raye) et ensuite dans la glace de sucre.

Faites du biscuit fin à 10 œufs,

 500 grammes de sucre en poudre,

 250   —   de fécule,

 Et sucre de vanille.

La pâte faite, couchez dans les moules.

Saupoudrez de glace de sucre avec la boîte à glacer.

Faites cuire à four *papier jaune* et sur l'âtre.

Lorsque les biscuits sont cuits, démoulez et réservez sur clayon.

### BISCUITS ORDINAIRES AU CITRON.

Faites une pâte à biscuit à 16 œufs,

 500 grammes de sucre et sucre de citron,

 3 hectos de farine.

Beurrez les moules comme les précédents sans les glacer à la glace de sucre.

Remplissez les moules.

Saupoudrez de sucre pilé.

Laissez-leur faire peau fine.

Tapez deux ou trois fois les moules sur la table et rejetez ensuite le sucre qui est de trop sur les biscuits.

Laissez fondre le sucre qui est resté sur les biscuits.

Faites cuire sur des plaques.

Évitez de trop serrer les biscuits sur les plaques, ce qui nuirait à la cuisson.

Démoulez les biscuits lorsqu'ils sont cuits et réservez-les sur clayon.

103. — Caisses à biscuits.
1. Biscuits ordinaires ou citron. — 2. Biscuits à la crème.

Les biscuits en caisse se font de même; seulement, on remplace le moule par une caisse en papier.

### BISCUITS A LA CRÈME.

Faites du biscuit ordinaire avec

250 grammes de sucre,

125   —   de fécule,

6 œufs,

Et sucre de vanille.

Lorsque la pâte de biscuit est à moitié mêlée, ajoutez-y 2 décilitres de crème fouettée.

Couchez dans des caisses carrées en papier de 5 centimètres de long sur 3 de large.

Saupoudrez les biscuits de sucre et faites cuire à four *papier jaune clair*.

Servez-les à la sortie du four.

Pour être goûté, ce biscuit ne doit pas attendre; en le servant, on le dresse sur le côté afin d'empêcher qu'il ne retombe.

### BISCUITS VERTS.

Faites du biscuit ordinaire.

Mettez dans une terrine du vert végétal ou du vert d'épinards.

Passez au tamis de soie.

Délayez le vert avec de la pâte à biscuit.

Lorsque la pâte sera d'un beau vert, mêlez le reste de la pâte sans l'absorber entièrement.

Faites que la couleur soit égale.

Mettez les biscuits dans des caisses de papier.

Faites cuire à four *papier jaune très-clair.*

Laissez ressuyer.

Réservez sur tamis.

### BISCUITS ROSES.

Même procédé que pour les biscuits verts.

Faites cuire à feu doux et réservez sur clayon.

### BISCUITS CHOCOLAT.

Faites dissoudre dans de l'eau du chocolat sans sucre.

Mêlez le chocolat au biscuit.

Faites-le d'une couleur foncée et réservez les biscuits sur clayon.

*Observation.* — Ces biscuits de couleur sont rarement employés maintenant; mais, il y a quarante ans, il était de bon goût de foncer toutes les charlottes russes avec des biscuits de couleur et des biscuits blancs. J'ai vu des charlottes russes dont le fond avait l'aspect de la marqueterie.

On utilisait aussi la variété de ces biscuits dans les pièces montées, et il m'est souvent arrivé d'employer des biscuits verts pour imiter des couronnes de laurier : disposition qui a reçu l'approbation des convives.

### BISCUIT MARBRÉ POUR ROCHERS.

1 kilo de sucre,
24 œufs,
6 hectos de farine.

Faites une pâte à biscuit (voir p. 93).

Lorsque la pâte est faite, colorez une 8<sup>e</sup> partie de la pâte en rose, une 8<sup>e</sup> partie en vert et une autre 8<sup>e</sup> partie en chocolat.

Beurrez un petit plat à sauter.

Étalez de la pâte verte, rose, blanche et chocolat pour obtenir un biscuit bien marbré.

Ayez soin de bien varier les couleurs.

Cuisez à four doux.

Ressuyez et démoulez sur clayon.

Laissez rassir les biscuits, au moins pendant un jour.

Cassez ensuite les morceaux et faites-les sécher à l'étuve à chaleur douce.

Lorsqu'on l'emploie, il faut que le biscuit soit très-sec; autrement, en séchant, il se retire et forme de grands vides qu'il faut reboucher avec du biscuit, ce qui occasionne un double travail.

La carcasse des rochers se fait avec de la pâte d'office, et l'on colle le biscuit avec du repère fait avec de la gomme adragante dissoute dans de l'eau et travaillée avec de la glace de sucre.

### BISCUITS A LA CUILLER.

Faites de     pâte à biscuit ordinaire comme il est dit p. 93.

Pliez des feuilles de papier en deux; couchez à la poche des biscuits de 8 centimètres de long sur 2 de large.

Glacez avec la boîte à glacer et de la glace de sucre.

Faites cuire à four *papier jaune*.

Retirez du four.

Lorsque les biscuits sont cuits, maintenez droite la feuille de papier, afin que les biscuits ne prennent pas d'humidité en se refroidissant.

Laissez refroidir et levez les biscuits de dessus le papier.

Réservez sur tamis.

Ces biscuits se parfument à volonté.

## BISCUITS A LA CUILLER DITS DU ROI.

Préparez des biscuits comme les précédents.

Glacez légèrement à la boîte et glacez à la glace de sucre, et semez dessus du sucre n° 3.

Faites cuire comme les biscuits ordinaires.

Laissez refroidir et relevez les biscuits de dessus le papier.

Réservez sur tamis.

## MACARONS CROQUANTS.

250 grammes d'amandes,

500 — de sucre parfumé à volonté,

Des blancs d'œufs pour que la pâte soit mollette, sans cependant s'étaler.

Échaudez et mondez les amandes.

Lavez et essuyez-les dans une serviette.

Pilez les amandes en les mouillant avec des blancs d'œufs.

Lorsque les amandes sont bien pilées, ajoutez la moitié du sucre.

Mêlez le tout.

Ajoutez du blanc d'œuf et l'autre moitié du sucre.

Lorsque la pâte est finie, couchez sur des feuilles de papier de la grosseur d'une petite noix.

Faites cuire à four très-doux et fermé.

N'ouvrez le four que 20 minutes après que les macarons y ont été mis. Généralement, on soumet les macarons à 20 minutes de cuisson.

Retirez-les du four et laissez-les refroidir.

Levez les macarons de dessus le papier.

Mettez-les sur tamis et réservez.

## MACARONS MOELLEUX.

Pilez 250 grammes d'amandes, après les avoir mondées.

Lavez et ressuyez dans une serviette.

Ajoutez 250 grammes de sucre en morceaux.

Mouillez avec blanc d'œuf et crème double; cette pâte doit être mollette sans s'étaler.

Faites cuire à four chaud.

Sitôt que les macarons sont colorés, ils sont cuits.

Faites cuire les macarons sur des plaques épaisses ou doublez les plaques.

Lorsque les macarons sont cuits, laissez refroidir et retournez la feuille de papier.

Mouillez-la avec de l'eau et un pinceau; retournez la feuille de papier et enlevez les macarons.

Réservez sur tamis.

On parfume ces macarons avec du sucre de vanille, du citron, de l'orange, etc.

# CHAPITRE XI.

## ENTREMETS DE DOUCEUR.

### PRÉPARATIONS.

Les pâtissiers d'extra étant souvent chargés de l'entremets de douceur, j'ai cru utile d'écrire un chapitre spécial pour ce genre de préparations.

On emploie plusieurs agents pour coller les gelées et les bavarois; ce sont : la colle de poisson, la gélatine, la couenne ou le pied de veau. Les personnes qui tiennent essentiellement aux gelées et bavarois maigres, doivent employer la colle de poisson, qui est la meilleure de toutes celles que je viens de nommer. Depuis longtemps on ne l'emploie que rarement : c'est au point que beaucoup de gens du métier ne la connaissent même pas; on se sert généralement de gélatine. Je conseille à ceux qui ont un travail continu de préparer leur colle eux-mêmes, soit couenne, soit pied de veau; ils seront sûrs d'avoir un agent propre et sain, ce que l'on ne rencontre pas toujours dans les gélatines livrées par le commerce.

### COLLE DE POISSON.

On emploie généralement 45 grammes de colle de poisson

pour un moule d'entremets d'une contenance d'un litre et demi.

Commencez par casser la colle en petits morceaux d'une longueur de 3 centimètres sur 1 de largeur.

Lavez-la parfaitement, puis mettez-la dans une casserole fraîchement étamée et bien propre.

Ajoutez 9 décilitres d'eau.

Mettez sur le feu.

Remuez jusqu'au premier bouillon.

Mettez sur le coin du fourneau pour que le premier bouillon continue d'un seul coin.

Ayez 5 cuillerées à bouche d'eau dans une petite terrine avec un jus de citron.

Mettez ces 5 cuillerées en cinq fois pendant la fonte de la colle ; celle-ci est faite lorsque les fragments de la colle s'écrasent facilement sous le doigt.

Cette fonte demande d'une heure et demie à une heure trois quarts.

Il faut que le bouillon soit continu, sans cependant être fort, car il ne faut pas avoir plus de 1 décilitre de réduction.

L'opération faite, on passe dans une terrine la colle à travers un tamis de soie ou une serviette, que l'on aura le soin de rincer à l'eau chaude.

Réservez pour l'emploi.

### GÉLATINE.

Pour un moule de la contenance déjà citée il faut 55 grammes de gélatine, que vous mettez dans une casserole parfaitement nettoyée, avec 1 litre d'eau, 15 grammes de sucre, le jus d'un citron, 3 blancs d'œufs émoussés.

Mettez sur un feu vif.

Tournez le liquide avec un fouet en fil de fer pour éviter que la gélatine ne s'attache au fond de la casserole.

Au premier bouillon, retirez du feu.

Laissez reposer 1 minute, puis passez à la chausse dans une terrine.

Le premier liquide qui passe est toujours trouble. Il faut le remettre dans la chausse, et ainsi de suite jusqu'à ce qu'il soit limpide.

On obtient cette gélatine aussi limpide que l'eau filtrée, lorsqu'elle est préparée avec soin et grande propreté. A défaut de

104. — Filtre à gélatine.

chausse, on tend une serviette à œil de perdrix (toujours lavée à l'eau chaude) sur un tabouret renversé, et on la fixe avec de la ficelle aux quatre pieds du tabouret.

Je conseille la chausse en molleton de laine; elle est bien supérieure à la serviette, et l'opération n'en est que plus facile.

### COLLE DE COUENNE.

Ayez 2 kilos de couenne fraîche.

Blanchissez-la pendant 10 minutes dans l'eau bouillante.

Grattez et nettoyez parfaitement.

Laissez dégorger pendant une nuit dans l'eau froide.

Coupez la couenne en filets comme de la grosse julienne.

Mettez-la dans une petite marmite avec 5 litres d'eau.

Remettez-la sur le feu, et au premier bouillon mettez sur le coin du fourneau.

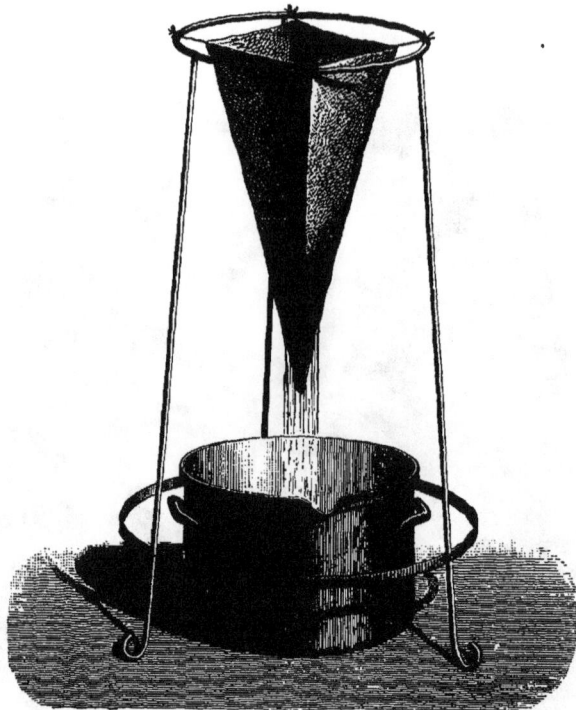

105. — Chausse pour filtrer

Laissez bouillir jusqu'à entière cuisson, ce dont on s'assure en prenant un morceau de couenne entre les doigts : il doit s'écraser facilement.

Ayez soin d'écumer le liquide lorsqu'il se forme une peau blanche à la surface.

On ajoutera 1 décilitre d'eau en plusieurs fois, ce qui aide l'écume à monter à la surface.

La cuisson faite, passez à travers une serviette, toujours bien lavée.

La réduction ne doit pas être de plus d'un cinquième.

*Clarification.* — Lorsque la colle de couenne est cuite et passée, mettez dans une casserole :

8 blancs d'œufs,

2 décilitres d'eau,

2 jus de citron.

Fouettez avec le fouet de fil de fer.

Ajoutez la colle.

Tournez sur le feu et, au premier bouillon, mettez 4 minutes sur le coin du fourneau de manière que la colle ne bouille que très-légèrement, puis passez à la chausse et réservez.

Cette dose doit coller quatre entremets d'un litre et demi chacune.

Cette colle ne se garde pas fraîche, et, pour éviter de la perdre, il faut la couler sur un marbre et la laisser sécher.

Lorsqu'elle se lève, on achève de la sécher à four très-doux.

Quand elle est bien sèche, laissez refroidir, puis mettez-la dans une boîte en lieu sec et conservez pour l'usage.

Par ce procédé on peut la garder longtemps.

### COLLE DE PIEDS DE VEAU.

Désossez 8 pieds de veau.

Blanchissez-les pendant un quart d'heure dans de l'eau bouillante ; faites-les dégorger 2 heures à l'eau froide.

Égouttez et ficelez-les.

Mettez-les dans une marmite avec 6 litres d'eau.

Faites bouillir.

Écumez.

Rafraîchissez avec 2 décilitres d'eau.

Écumez une seconde fois.

Mettez sur le coin du fourneau et finissez pour la cuisson et la clarification comme il a été dit pour la colle de couenne.

Cette colle, comme celle de couenne, doit être très-ferme.

### COLLE DE CORNE DE CERF.

Depuis longtemps on n'emploie plus la corne de cerf en France ; je n'en donne pas moins ici la manière de l'employer, car elle peut rendre service à l'étranger; elle a de plus l'avantage de tenir à une température plus élevée que toutes les colles que j'ai déjà citées.

Pour un entremets d'un litre et demi, ce qui est la contenance des entremets ordinaires, on emploie 150 grammes de corne de cerf. Il faut qu'elle soit râpée ou en copeaux.

Blanchissez à grande eau.

Rafraîchissez.

Égouttez et mettez dans une casserole avec 2 litres d'eau.

Faites bouillir à petit feu jusqu'à ce qu'elle soit dissoute.

Passez à la serviette et clarifiez comme la gélatine.

Réservez pour l'emploi.

### SIROP DE SUCRE.

Pour 4 gelées, il faut 1 kilo 500 grammes de sucre.

Cassez le sucre.

Mettez-le dans un poêlon d'office.

Fouettez 1 blanc d'œuf avec 1 décilitre d'eau.

Versez sur le sucre.

Mettez sur le feu.

Tournez avec le fouet.

Au premier bouillon, mettez sur le coin du fourneau pour que l'ébullition continue doucement.

Rafraîchissez avec le tiers d'un décilitre d'eau.

Faites cette opération trois fois.

Écumez, et, lorsque le sirop aura 30 degrés, ce dont on s'assure avec le pèse-sirop, passez à la chausse et réservez.

### GELÉE D'ÉPINE-VINETTE GARNIE DE POMMES DE CALVILLE.

Faites bouillir dans un poêlon d'office 12 décilitres de sirop à 30 degrés.

Jetez dans le sirop bouillant 125 grammes d'épine-vinette épluchée.

Laissez infuser 2 heures dans une terrine couverte.

Passez le sirop à la chausse et mettez 7 décilitres de colle de couenne fondue au bain-marie.

Laissez refroidir.

Lorsque la gelée est mêlée, on fait un essai pour s'assurer si elle est à son point. Si elle est trop forte, on met du sirop de sucre qui ne dépasse pas 20 degrés; si elle est trop légère, on ajoute de la colle.

La gelée étant à son point, coupez 8 pommes de calville en 8 morceaux.

Parez chaque morceau en gousse.

Faites-les cuire dans du sirop à 20 degrés.

Égouttez sur tamis.

Laissez refroidir.

Mettez un moule d'entremets dans de la glace pilée.

Mettez 2 centimètres de gelée dans le fond.

Sitôt qu'elle est prise, rangez sur la gelée des gousses de pomme.

Couvrez les gousses d'une couche de gelée de 1 centimètre d'épaisseur.

Laissez prendre, puis recommencez l'opération jusqu'à 1 centimètre du bord.

Laissez prendre de nouveau et remplissez de gelée à ras le moule.

Couvrez le moule d'un plafond, mettez de la glace pilée dessus.

Démoulez au bout de 2 heures et servez.

Avec cette précaution on est sûr que les fruits ne remontent pas à la surface, ce qui pourrait faire casser la gelée au moment de la démouler.

*Observations.* — 1° Lorsque l'on n'aura pas de colle de couenne ou de pied de veau, on emploiera pour chaque gelée de la gélatine de Grenet de Rouen; je l'ai toujours trouvée supérieure à toutes les autres gélatines.

2° Lorsque l'on moule des gelées garnies de fruits, on doit ne laisser prendre la gelée que très-juste. Si on attend trop longtemps, la buée remonte sur la gelée, empêche celle que

l'on remet de se bien souder, et alors elle se casse lorsqu'on la
démoule.

## MACÉDOINE DE FRUITS DU PRINTEMPS.

200 grammes de fraises,
200 — de framboises,
200 — de groseilles blanches,
200 — de cerises,
300 — de poires de la Madeleine,
300 — de raisin blanc.

Épluchez tous les fruits avec soin.

106. — Macédoine de fruits.

Otez les noyaux des cerises.

Coupez les poires en 8 morceaux.

Faites-les cuire dans du sirop à 20 degrés.

Égouttez et laissez refroidir.

Faites fondre 7 décilitres de colle de couenne clarifiée.

Ajoutez 7 décilitres de sirop à 30 degrés dans lequel vous
aurez fait infuser 2 gousses de vanille.

Passez le sirop.

Ajoutez la colle.

Mettez un moule d'entremets à cylindre dans de la glace pilée.

Étendez dans le fond du moule 1 centimètre de gelée.

Rangez les fruits sur la gelée.

Sitôt qu'elle est prise, recouvrez de 1 centimètre de gelée.

Remettez du fruit, et ainsi de suite jusqu'à ce que le moule soit plein à 1 centimètre du bord.

Laissez prendre, puis remplissez le moule à ras.

Cela fait, on couvre avec un plafond sur lequel on met de la glace pilée.

Deux heures après, on peut démouler et servir.

*Observation.* — Pour les macédoines *d'été*, on emploie raisin noir et blanc, pêches, abricots, cerises, fraises, et généralement tous les fruits que donne la saison.

Les macédoines *d'hiver* se garnissent avec pommes de calville, poires de Saint-Germain (ces fruits se parent en gousse et se font cuire dans du sirop), oranges, ananas, fruits confits tels qu'abricots, prunes de reine-Claude, mirabelles, chinois verts, cerises. On remplace aussi la vanille par le vin de Champagne, le kirsch, le marasquin, l'anisette, etc., etc.

### GELÉE DE FRAISES.

Mettez dans une terrine 800 grammes de fraises des quatre-saisons, bien épluchées.

Faites bouillir 12 décilitres de sirop à 30 degrés.

Laissez refroidir 5 minutes.

Versez sur les fraises.

Laissez infuser 2 heures.

Passez à la chausse.

Ayez 7 décilitres de colle de couenne clarifiée que vous faites fondre au bain-marie.

Laissez refroidir et mêlez au jus de fraises.

Faites un essai pour vous assurer si la gelée est trop ou trop peu collée.

Si la gelée était trop collée, on ajouterait un peu de sirop et d'eau pour la mettre à point ; dans le cas contraire, on mettrait un peu de colle.

Finissez comme la gelée d'épine-vinette, en remplaçant la pomme de calville par de belles fraises.

Si la gelée était trop pâle, on ajouterait quelques gouttes de carmin clarifié.

### GELÉE AU RHUM.

7 décilitres de colle de couenne ou de pied de veau clarifiée,

5 — de sirop clarifié à 30 degrés,

3 — de rhum,

Une cuillerée à bouche de jus de citron filtré.

Faites chauffer le sirop.

Mettez dans le sirop la colle coupée en morceaux si elle est prise.

Laissez refroidir.

Ajoutez le rhum et le jus de citron.

Mêlez parfaitement en tournant avec une cuiller.

Mettez un moule d'entremets dans de la glace pilée.

Remplissez le moule.

Couvrez-le avec un plafond.

Mettez de la glace pilée dessus.

Démoulez 2 heures après et servez.

Si l'on n'avait pas de colle de couenne ou de pied de veau, on la remplacerait par 55 grammes de gélatine (voir p. 378).

*Observation.* — Toutes les gelées au vin ou aux liqueurs se font comme la gelée au rhum. — Pour les liqueurs très-sucrées, comme le marasquin, les crèmes de vanille, anisette et autres, on met un demi-décilitre de sirop en moins et un demi-décilitre de liqueur en plus qu'il n'est dit à la gelée de rhum.

Tous ces entremets exigent beaucoup de soin et une extrême propreté.

### GELÉE DE MARASQUIN GARNIE DE PÊCHES.

Choisissez 20 pêches bien saines et de belle couleur.

Coupez chaque pêche en quatre.

Retirez les noyaux.

Blanchissez les quartiers de pêche dans du sirop à 20 degrés.

Aussitôt que la peau se lève, ils sont assez blanchis.

Égouttez sur grille.

Préparez une gelée au marasquin comme il va être dit :

> 6 décilitres de colle de couenne ou de pied de veau clarifiée,
>
> 4 — de marasquin,
>
> 4 — de sirop à 30 degrés.

Mêlez la colle et le sirop.

Laissez refroidir.

Ajoutez le marasquin et finissez comme il est dit à la gelée d'épine-vinette.

· A défaut de colle de couenne ou de pied de veau, on emploie la gélatine clarifiée.

### GELÉE D'ORANGE GARNIE D'ORANGES.

Pelez à vif 12 oranges.

Coupez-les en quartiers et retirez les pepins.

Mettez-les dans une terrine avec 8 décilitres de sirop à 30 degrés.

Laissez macérer 4 heures.

Égouttez et passez le sirop à la chausse.

Ajoutez au sirop le zeste et le jus de 4 oranges.

Le sirop filtré, ajoutez-y la colle.

Mettez un moule dans la glace.

Finissez comme il est dit à la gelée d'épine-vinette.

### GELÉE DE GROSEILLES BLANCHES GARNIE DE FRAMBOISES.

Égrenez 800 grammes de groseilles blanches.

Mettez-les dans 1 litre de sirop à 30 degrés et bouillant.

Laissez infuser 2 heures dans une terrine.

Filtrez ensuite le jus à la chausse.

Ajoutez 50 grammes de gélatine clarifiée.

Mettez un moule d'entremets dans de la glace pilée, garnissez de framboises et finissez comme il est dit à la gelée d'épine-vinette.

*Observation.* — Je termine ici la série de gelées garnies ; le travail étant le même pour toutes les gelées, je ne crois pas devoir remplir le livre de recettes inutiles. J'ai donné les recettes de vins et liqueurs; je vais continuer par les gelées de fleurs, qui ne sont plus de mode aujourd'hui : bien à tort, car, bien faites, elles sont très-agréables à manger.

### GELÉE DE FLEURS D'ORANGER.

Epluchez de la fleur d'oranger de manière à en avoir 100 grammes.

Mettez dans une terrine.

Faites bouillir 1 litre de sirop à 30 degrés.

Versez sur la fleur d'oranger.

Couvrez et laissez infuser 2 heures.

Passez à la chausse.

Laissez refroidir.

Mêlez au sirop 50 grammes de gélatine clarifiée : il ne faut pas que la gélatine toute clarifiée dépasse 5 décilitres.

Mêlez et mettez à la glace.

Laissez frapper 2 heures.

Démoulez et servez.

### GELÉE DE VIOLETTES.

Épluchez de la violette de manière à en avoir 300 grammes.

Mettez dans une terrine.

Versez dessus 1 litre de sirop bouillant à 30 degrés.

Après 2 heures d'infusion, filtrez à la chausse.

Ajoutez 54 grammes de gélatine clarifiée, plus une cuillerée à bouche de kirsch et 3 gouttes de carmin clarifié.

Frappez.

Finissez comme la gelée de fleurs d'oranger.

Cette gelée demande à être faite dans des vases de cuivre non étamés. Le sirop et la gélatine doivent être clarifiés dans un poêlon d'office et le mélange doit être fait dans une terrine d'office en terre de pipe et remué avec une cuiller d'argent; tout objet étamé donnerait une couleur fausse, qui ne serait nullement appétissante.

### GELÉE DE FEUILLES DE ROSES.

Ayez 300 grammes de feuilles de roses épluchées.

Infusez comme il est dit à la gelée de fleurs d'oranger.

Finissez de même.

Ajoutez une cuillerée à bouche de marasquin et quelques gouttes de carmin clarifié pour donner à la gelée une teinte rose pâle.

Même travail pour la fleur d'acacia, de jasmin, etc.

### GELEE DE CITRONS.

Mettez dans une casserole 54 grammes de gélatine,

4 hectos de sucre,

2 jus de citron,

3 blancs d'œufs.

Émoussez et mouillez avec 1 litre d'eau.

Mettez sur le feu et fouettez jusqu'au premier bouillon.

Retirez du feu et laissez reposer 1 minute.

Versez dans la chausse avec les deux zestes de citron, puis reversez dans la chausse tant que la gélatine ne coulera pas très-claire.

Levez le zeste de 2 citrons, pressez-en 8 autres sur un tamis de soie.

Filtrez à la chausse.

Mêlez à la gélatine et au sucre.

Moulez et finissez comme la gelée d'épine-vinette.

### GELÉE D'ORANGES.

Même quantité d'oranges et même procédé que pour la gelée de citrons.

### GELÉE DE GROSEILLES ROUGES.

Clarifiez 50 grammes de gélatine avec 8 décilitres d'eau, 2 jus de citron et 3 blancs d'œufs.

107. — Filtrage au papier.

Faites comme il est dit à la gelée de citrons.
Faites bouillir 8 décilitres de sirop à 32 degrés.

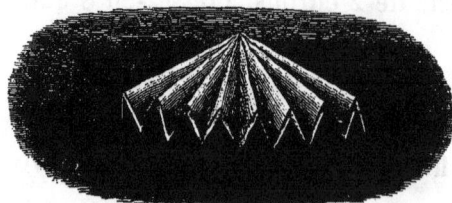

108. — Filtre en papier.

Ayez 1 livre de groseilles rouges égrenées et 2 hectos de framboises.

Jetez la groseille dans le sirop.

Donnez un seul bouillon.

Versez dans une terrine et laissez infuser 1 heure.

Passez à la chausse.

Mêlez à la gélatine.

Moulez, mettez à la glace, et 2 heures après démoulez et servez.

### GELÉE DE GROSEILLES BLANCHES.

Même travail et même procédé que pour la gelée de groseilles rouges.

### CRÈME ANGLAISE A LA VANILLE.

Faites infuser une forte gousse de vanille pendant 2 heures dans 1 litre de lait bouillant.

Mettez 10 jaunes d'œufs dans une casserole avec 300 grammes de sucre en poudre.

Mêlez parfaitement le lait avec le sucre.

109. — OEufs dans un calbanou.

Faites lier sur le feu.

Évitez que la crème ne bouille, sinon elle tournerait.

Lorsque la liaison est faite, ajoutez 45 grammes de gélatine fondue dans 2 décilitres d'eau. Pour obtenir une bonne dissolution, il faut laisser tremper la gélatine à grande eau.

Lorsqu'elle est trempée, jetez l'eau; il ne doit en rester que 2 décilitres.

Faites fondre au bain-marie.

Mêlez à la crème.

Passez à travers une passoire très-fine.

Mettez un moule dans de la glace pilée.

Remplissez-le.

Couvrez le moule d'un couvercle.

Mettez dessus de la glace pilée.

Après 2 heures, démoulez et servez.

### CRÈME ANGLAISE AU CAFE.

Torréfiez 2 hectos de café dans un poêlon d'office.

Lorsqu'il sera d'une couleur bien claire et bien égale, ce qui s'obtient en remuant constamment le café avec une spatule et en chauffant à feu modéré, ayez 12 décilitres de lait bouilli.

Versez le café dans le lait et laissez infuser 2 heures.

Cassez 10 œufs dont vous mettez les jaunes dans une casserole.

Réservez les blancs.

Ajoutez au lait et aux jaunes 300 grammes de sucre en poudre.

Mêlez parfaitement et finissez comme la crème à la vanille.

### CRÈME ANGLAISE RUBANÉE CHOCOLAT.

Préparez une crème vanille.

Séparez-la en deux.

Faites dissoudre 3 hectos de chocolat avec 1 décilitre d'eau.

Lorsque le chocolat est ramolli, finissez de le détendre avec une des deux parties de la crème.

Frappez un moule d'entremets dans de la glace pilée.

Mettez dans le moule de la crème chocolat, à une épaisseur de 2 centimètres.

Laissez prendre très-juste, puis mettez 2 centimètres de crème vanille, et ainsi de suite jusqu'à ce que le moule soit rempli.

Couvrez d'un plafond et mettez de la glace pilée dessus.

Après 2 heures, démoulez.

*Observation.* — Cette crème, lorsqu'elle est faite avec soin, a le double mérite de plaire à l'œil et au palais. Il faut que le moule soit très-propre et que les lits de crème soient d'égale épaisseur. Évitez de laisser trop prendre chaque lit, car la buée remonte sur la crème et empêche les lits de se souder parfaitement.

Cette crème se fait au marasquin et rubanée pistache. Pour cela, on remplace la vanille par le marasquin, qui ne doit être mêlé à la crème que lorsqu'elle est liée, et le chocolat par 3 hectos de pistaches que l'on monde. Puis on la pile en pâte, et on détend cette pâte avec la moitié de la crème. On la passe au tamis avec pression et on finit comme la crème vanille et chocolat.

On fait aussi cette crème au marasquin rubané rose et blanc. Pour cela on colore la moitié de l'appareil en rose et l'on finit comme la crème rubanée au chocolat.

On fait également des crèmes anglaises aux zestes d'orange, de citron et à tous les goûts possibles.

On ne sert presque plus ces crèmes, et c'est un tort, car elles sont fort agréables au goût, et pour bien des personnes elles sont préférables aux bavarois; d'un autre côté, pour les bals, ces crèmes rubanées font toujours un bel effet.

## CRÈMES COLBERT OU BAVAROIS.

Je n'ai jamais vu mes maîtres d'accord sur le véritable nom de cet entremets; tout ce que je puis dire, c'est que le nom de Colbert a disparu pour faire place à celui de bavarois. On aurait dû conserver les deux noms, car la préparation n'est pas la même et les deux entremets ont chacun un goût différent.

### CRÈME COLBERT A LA VANILLE.

Prenez 12 décilitres de crème double.

Faites bouillir.

Au premier bouillon, mettez dans la crème une forte gousse de vanille et 300 grammes de sucre cassé en petits morceaux.

Faites réduire à 8 décilitres.

Ajoutez 40 grammes de gélatine que vous aurez fait tremper dans de l'eau froide.

Égouttez la gélatine.

Mettez-la dans la crème que vous aurez retirée du feu.

Lorsqu'elle sera réduite, tournez avec une cuiller; la chaleur de la crème suffit pour la faire fondre entièrement.

Passez à l'étamine ou à la passoire dite chinois.

110. — Passoire dite chinois.

Faites prendre sur la glace en remuant constamment, pour éviter les grumeaux.

Lorsque la crème aura la consistance de bouillie épaisse,

111. — Moule à bavarois.

mêlez-y 15 décilitres de crème Chantilly bien ferme.

La crème mêlée, remplissez un moule d'entremets enterré dans de la glace pilée.

Couvrez le moule d'un plafond avec de la glace pilée sur le plafond.

Démoulez au bout de 2 heures et servez.

*Observation.* — Lorsque l'on manque de glace, on fait habituellement ces entremets de la même manière, mais en les collant davantage et en les mettant dans une cave très-froide. Ce procédé est mauvais, et on ne doit s'en servir qu'à la dernière extrémité, car le grand mérite de ces sortes d'entremets, c'est d'être collés très-juste et d'être très-froids.

### CRÈME COLBERT AU CHOCOLAT.

Faites réduire à 8 décilitres 12 décilitres de crème double, et 300 grammes de sucre.

Faites fondre dans une casserole 250 grammes de très-bon chocolat avec 2 décilitres d'eau.

Détendez le chocolat ainsi ramolli avec la crème.

Ajoutez 40 grammes de gélatine que vous aurez fait tremper dans de l'eau froide, et finissez comme la crème Colbert.

Vous ne mettrez que 12 décilitres de crème fouettée.

### CRÈME COLBERT AUX PISTACHES.

Mondez et pilez bien en pâte 300 grammes de pistaches en les mouillant avec 3 cuillerées à bouche d'eau.

Faites réduire 12 décilitres de crème double avec 300 grammes de sucre à 9 décilitres.

Mêlez les pistaches à la crème.

Passez à l'étamine avec pression.

Mêlez 40 grammes de gélatine que vous aurez fait fondre au bain-marie avec 1 décilitre d'eau.

Finissez comme la colbert à la vanille.

Si la crème était trop pâle, on y ajouterait du vert végétal ou du vert d'épinards passé au tamis de soie pour donner la teinte pistache.

### CRÈME COLBERT AUX AMANDES.

Mondez et pilez 300 grammes d'amandes douces et 10 amandes amères, en les mouillant avec 3 cuillerées à bouche d'eau froide.

Finissez comme la colbert aux pistaches.

### CRÈME COLBERT AUX NOIX.

Cette crème ne peut se faire que dans le temps des noix, les noix conservées ne valant rien pour cet usage.

Épluchez des noix fraîches, de manière à en avoir 400 grammes.

Pilez-les en pâte, en les mouillant avec 3 cuillerées à bouche d'eau froide : ce procédé empêche les noix de tourner à l'huile.

Finissez comme la colbert aux pistaches.

Pour la colbert aux zestes d'orange, de citron, de bigarade, on remplace la vanille par les zestes, et l'on procède de même.

### BAVAROIS A LA VANILLE.

Faites bouillir 8 décilitres de crème.

Mettez infuser une gousse de vanille dans la crème bouillante.

Mettez dans une casserole 8 jaunes d'œufs et 300 grammes de sucre en poudre. Ajoutez la crème.

Après 2 heures d'infusion, faites lier sur le feu sans que l'appareil bouille, chose qu'il faut éviter, car il faudrait recommencer l'opération.

La crème liée, ajoutez 40 grammes de gélatine que vous aurez fait tremper.

Égouttez.

Mettez dans la liaison : la chaleur de l'appareil suffit pour la dissoudre.

Passez à travers la passoire dite chinois.

Faites prendre sur la glace, toujours en tournant pour éviter les grumeaux.

Lorsque l'appareil aura l'épaisseur de bouillie bien consistante, mêlez 1 litre de crème fouettée bien ferme.

Remplissez un moule d'entremets.

Mettez dans de la glace pilée.

Recouvrez d'un plafond, mettez de la glace pilée sur le plafond, et au bout de 2 heures démoulez et servez.

### BAVAROIS AU CAFÉ.

Torréfiez 100 grammes de café moka dans un poêlon d'office.

Faites bouillir 9 décilitres de lait.

Mettez le café infuser dans le lait.

Mettez dans une casserole 8 jaunes d'œufs et 300 grammes de sucre pilé.

Faites lier sur le feu comme pour le bavarois à la vanille, et finissez de même.

### BAVAROIS AU CHOCOLAT.

Préparez un bavarois comme le bavarois à la vanille, ajoutez 250 grammes de chocolat que vous aurez fait dissoudre dans la liaison, et finissez comme le bavarois à la vanille.

### BAVAROIS AU THÉ.

Faites une infusion de thé très-fort, de manière à en avoir 4 décilitres.

Ajoutez 4 décilitres de crème double.

Faites une liaison avec 8 jaunes d'œufs et 300 grammes de sucre.

Ajoutez la gélatine et finissez comme le bavarois à la vanille.

### BAVAROIS AUX AMANDES.

Mondez 300 grammes d'amandes douces et 12 amandes amères.

Pilez en mouillant avec 3 cuillerées à bouche d'eau que vous mettrez en plusieurs fois.

Lorsque les amandes sont parfaitement pilées, faites une liaison avec 8 décilitres de crème et 300 grammes de sucre pilé.

Mêlez les amandes à cette liaison.

Ajoutez 40 grammes de gélatine que vous aurez fait tremper et égoutter.

Si la crème n'est pas assez chaude pour dissoudre la gélatine, mettez-la au bain-marie jusqu'à ce qu'elle soit bien fondue.

Passez à l'étamine et finissez comme le bavarois à la vanille.

Les bavarois d'avelines, de pistaches, de noix se font comme le bavarois aux amandes.

Lorsque l'on voudra donner à ces entremets un plus haut goût, on ajoutera 2 cuillerées à bouche de kirsch aussitôt que la crème sera passée.

### BAVAROIS AUX AMANDES GRILLÉES.

Mondez 300 grammes d'amandes, hachez-les, puis faites-leur prendre couleur au four.

Faites fondre 1 hecto de sucre dans un poêlon d'office.

Lorsqu'il sera rouge sans être brûlé, mettez les amandes avec le sucre, comme pour le nougat.

Ajoutez 1 décilitre d'eau et laissez au chaud pour dissoudre les amandes et le sucre.

Lorsqu'ils seront parfaitement dissous, vous prendrez 9 décilitres de lait bouillant que vous mêlerez aux amandes.

Passez à la passoire.

Pilez les amandes.

Mettez dans une casserole 8 jaunes d'œufs et 2 hectos de sucre.

Versez lait et amandes sur les jaunes.

Mêlez et faites lier.

Ajoutez la gélatine que vous aurez fait tremper et égoutter.

Passez et finissez comme le bavarois à la vanille.

### BAVAROIS AUX FLEURS D'ORANGER GRILLÉES.

Épluchez de la fleur d'oranger, de manière à en avoir 60 grammes.

Faites fondre dans un poêlon d'office 100 grammes de sucre jusqu'à ce qu'il ait une couleur brun clair.

Mettez-y la fleur d'oranger.

Remuez une minute sur le feu avec la spatule.

Ajoutez 1 décilitre d'eau et laissez fondre le sucre.

Mettez dans une casserole 8 jaunes d'œufs et 250 grammes de sucre en poudre.

Remuez avec la spatule.

Ajoutez 9 décilitres de crème bouillie.

Faites lier sur le feu.

La crème liée, ajoutez la fleur d'oranger que vous aurez laissée infuser dans le caramel.

Passez à la passoire dite chinois et terminez comme le bavarois à la vanille.

### BAVAROIS AUX PÉTALES DE RO     .

Épluchez des roses sans feuille, de manière à en avoir 100 grammes.

Faites bouillir 8 décilitres de crème.

Jetez les pétales dans la crème.

Laissez infuser 2 heures, ensuite mettez dans une casserole 8 jaunes d'œufs et 300 grammes de sucre en poudre.

Mêlez l'infusion aux jaunes et au sucre.

Faites lier sur le feu.

Passez à la passoire chinois et finissez comme le bavarois à la vanille.

### MOULE POUR DIVERS ENTREMETS DE DOUCEUR.

Je donne ici le dessin d'un moule qui, quoique bien simple, n'en sert pas moins à faire des entremets très-bons et d'un bel aspect. On peut faire des bavarois vanille alternés d'une côte chocolat et d'une blanche, d'autres au marasquin, dont on fera une côte rose et une blanche, d'autres enfin au kirsch avec une côte pistache et une blanche. Pour les bals, ces entremets sont toujours très-recherchés et mangés avec plaisir.

On peut faire avec ce moule un bavarois que je recommande à mes confrères. Dans la saison des fraises, on fait le quart d'un moule de gelée de vanille, on garnit chaque côte de grosses fraises et de gelée de vanille, et on remplit le moule avec un bavarois de vanille. Lorsque le bavarois est démoulé, on en garnit le bas avec de grosses fraises glacées avec du sucre au cassé, puis on met sur le dessus un bouquet de fraises glacées.

112. — Moule pour divers entremets de douceur.

Ces fraises doivent être glacées au dernier moment et servies tout de suite. Cet entremets doit contenter les gourmets les plus délicats.

On fait aussi dans ce moule des gelées de fruits mêlés très-belles et très-appétissantes. Par exemple, en hiver, une côte remplie de pommes de calville tournées en boule, une en boules de poire rose et une en moitiés de prunes de reine-Claude confites et arrondies. On remplit le milieu du moule de fruits et de gelées. Cela fait encore un fort joli entremets. Par ce que je viens de dire, on comprendra tout ce que l'entremets de douceur offre de ressources au point de vue de la variété.

### BLANC-MANGER AUX AMANDES.

Mondez 400 grammes d'amandes douces et 15 grammes d'amandes amères.

Pilez-les parfaitement.

Mouillez-les avec 1 litre de crème double.

Passez avec pression à travers une serviette pour en extraire le lait, puis ajoutez 50 grammes de gélatine que vous aurez fait dissoudre dans 4 décilitres d'eau additionnés de 3 hectos de sucre en morceaux.

Passez dans le lait d'amandes.

Mettez dans de la glace pilée un moule d'entremets.

Remplissez-le avec le blanc-manger.

Couvrez le moule avec un plafond.

Mettez de la glace pilée sur le plafond et laissez 2 heures à la glace.

Au bout de ce temps, démoulez et servez.

### BLANC-MANGER AUX PISTACHES.

Ayez 300 grammes de pistaches que vous mondez et pilez comme les amandes.

Mouillez avec 1 litre de crème double.

Passez comme les amandes et finissez comme le blanc-manger d'amandes, en employant même quantité de sucre et de gélatine.

Ajoutez une cuillerée à bouche de kirsch et une pointe de vert végétal ou de vert d'épinards passé au tamis de soie.

Moulez et laissez à la glace 2 heures

Au bout de ce temps, démoulez et servez.

### BLANC-MANGER RUBANÉ AUX PISTACHES.

Faites la moitié de l'appareil de blanc-manger aux amandes et l'autre moitié aux pistaches.

Frappez un moule d'entremets dans de la glace pilée.

Mettez du blanc-manger blanc à une hauteur de 2 centimètres.

Laissez prendre.

Remettez un second lit de blanc-manger vert de la même hauteur, et ainsi de suite un blanc et un vert jusqu'à ce que le moule soit plein.

Couvrez le moule d'un plafond couvert de glace pilée.

Laissez à la glace 2 heures.

Démoulez et servez.

On fait aussi les blancs-mangers en rubans rose et blanc, et chocolat et blanc. Pour cela, on fait un blanc-manger blanc et on en colore la moitié avec du rose végétal et une autre moitié au chocolat pour le rubané chocolat et blanc.

## BAVAROIS MODERNE GLACÉ A L'ORANGE ET A LA VANILLE.

Faites le cinquième d'une gelée d'orange.

Préparez un bavarois à la vanille.

Chemisez le moule avec la gelée.

Remplissez le moule avec le bavarois sitôt la chemise prise, frappez 2 heures dans de la glace pilée et du sel. Couvrez le moule avec un plafond et mettez glace et sel dessus.

Ayez grand soin que l'eau salée ne touche pas au bavarois.

Lorsque le bavarois est bien frappé, démoulez et servez.

*Observation.* — On doit veiller à ce que la chemise soit prise juste à point, car si la buée remontait sur la gelée, la chemise ne pourrait se lier à la crème et l'entremets serait manqué. Tous les bavarois modernes se font de cette manière.

## MOSCOVITE AUX ABRICOTS.

Pour cet entremets, il faut avoir des moules qui ferment hermétiquement; il faut même, lorsque le moscovite est moulé, enduire de beurre la fente du couvercle pour éviter que l'eau salée ne pénètre dans le moscovite.

Choisissez des abricots de plein vent mûrs à point, car les fruits trop mûrs ont perdu généralement la fraîcheur de leur goût.

Pelez-en de manière à en avoir 8 décilitres.

Lorsqu'ils seront passés au tamis de Venise, mondez 6 amandes d'abricot.

Pilez et passez-les au tamis de Venise et mêlez les à la purée.

Ajoutez 3 hectos de sucre en poudre et 20 grammes de gélatine que vous aurez fait dissoudre dans 2 décilitres d'eau.

Faites prendre sur la glace comme les bavarois et mêlez-y 6 décilitres de crème fouettée.

Moulez, puis mettez dans une terrine avec de la glace pilée

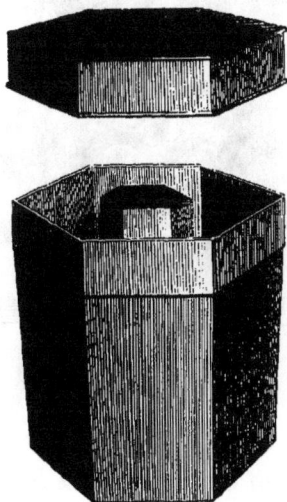

113. — Moule à moscovite.

et du sel : il faut au moins 6 centimètres de glace tout autour, dessus et dessous.

Couvrez d'un torchon, et au bout de 2 heures 1/2 démoulez et servez.

Cet entremets doit être assez sanglé pour être, non pas pris, mais gelé.

### MOSCOVITE A L'ANANAS.

Pilez de l'ananas, de manière à en avoir 8 décilitres.

Ajoutez le jus d'un citron.

Finissez comme le moscovite d'abricots.

Les moscovites aux pêches, fraises, framboises, prunes, etc., se font tous de la même manière.

### PAIN DE FRUITS.

Epluchez des pommes de Calville, de manière à avoir 1 litre de purée.

Mettez-les dans une casserole avec 50 grammes de sucre en morceaux, plus 2 décilitres d'eau et une gousse de vanille.

114. — Pain de fruits.

Faites fondre à feu doux.

La pomme étant bien cuite, passez 2 fois à l'étamine.

Faites tremper 50 grammes de gélatine.

Égouttez.

Mouillez avec 1 décilitre d'eau et faites fondre au bain-marie.

Mêlez à la purée de pommes avec 2 décilitres de sirop à 34 degrés.

Mêlez le tout.

Faites le huitième d'une gelée de vanille.

Mondez de belles amandes flots.

Ayez des cerises confites et de l'angélique.

Chemisez un moule d'entremets uni à cylindre.

Décorez ce moule avec les amandes, l'angélique et les cerises.

Le moule décoré, mettez-le dans la glace pilée et remplissez tout de suite avec la purée de pommes.

Il est très-important de faire cette opération rapidement, car, le décor étant à la glace, la buée remonterait dessus et empêcherait la purée de se souder à la gelée.

Ces pains de fruits se garnissent d'une macédoine de fruits que l'on mêle à la purée; on en remplit le trou du cylindre et on décore le dessus.

Faites prendre 2 heures à la glace, démoulez et servez.

## PAINS DE PÊCHES.

Retirez la peau à des pêches jusqu'à ce que vous ayez 1 litre de purée.

Faites bouillir dans un poêlon d'office 4 décilitres de sirop à 34 degrés.

Mettez les pêches avec 8 amandes de pêches mondées dans une terrine.

Versez le sirop bouillant dessus, couvrez et laissez macérer 2 heures.

Au bout de ce temps, passez les pêches deux fois à l'étamine.

Ajoutez la gélatine que vous avez préparée, comme pour le pain d'abricots.

Finissez de même.

## CHARLOTTE RUSSE.

Les premières charlottes qui parurent étaient foncées avec du biscuit blanc, vert et rose, fait en caisse. On découpait un fond de biscuit blanc de la grandeur du moule, puis, avec des coupe-pâte à dessins spécialement fabriqués pour ce genre de travail, on faisait des mosaïques. On découpait le dessin dans le fond du biscuit blanc, puis on remplissait le vide avec du biscuit vert et rose. On garnissait le tour du moule avec des bandes de biscuit rose et blanc ou vert et blanc. Ces bandes se chevalaient comme le pain des charlottes de pommes. Ce genre de charlottes a peu duré.

On les a faites ensuite avec du biscuit à la cuiller. On formait une rosace dans le fond du moule, puis le tour du moule était garni de biscuits à la cuiller, parés et rangés serré autour du moule.

Plus tard, on a fait des fonds en biscuit que l'on glaçait à la glace royale rose ou chocolat. Ces fonds étaient décorés avec de la glace blanche et le cornet. Depuis ces transformations, la charlotte n'en a plus subi d'autres.

Faites 250 grammes de biscuit à la cuiller.

Laissez refroidir.

Foncez un moule d'entremets avec les biscuits, si vous voulez mettre un fond décoré dessus.

On ne fait pas de rosace de biscuit dans le fond du moule; on met seulement un rond de papier.

Faites un bavarois à la vanille (voir p. 396).

115. —Timbre à glace.

Faites-le prendre sur la glace en remuant constamment pour éviter les grumeaux.

Mêlez la crème fouettée à l'appareil.

Mettez le moule dans de la glace pilée.

Remplissez-le.

Posez un couvercle sur le moule et couvrez-le de glace pilée.

Au bout de 2 heures, démoulez.

Enlevez le papier.

Posez le fond décoré, qui doit être fait d'avance, et servez.

Les charlottes russes se font avec les bavarois. Le travail est le même pour toutes, au café, à l'orange, au chocolat, aux amandes, aux avelines, etc.

On fait aussi des charlottes meringuées, en remplaçant les biscuits par une croustade en meringue. Faites prendre le bavarois à part et garnissez au moment de servir. Ces croustades n'ayant pas de couvercle, on dresse le bavarois en rocher à 4 centimètres au-dessus du bord. Si cet entremets doit figurer sur la table, on met sur la croustade un dôme en sucre filé et on le garnit au moment de servir.

## TIMBALES D'ORANGE.

Faites une plaque de génoise comme il est dit à la Génoise pour croquembouche (voir p. 124).

Taillez un fond qui entre juste dans le moule; puis taillez une bande de génoise de la hauteur du moule sur la longueur de la plaque.

Tournez-la dans ce moule. Il faut faire ce travail avec rapidité, car si la génoise refroidissait, on ne pourrait plus la mouler.

Collez la bande sur le fond et la soudure avec de la glace royale.

Faites sécher à l'étuve.

Faites une gelée d'orange garnie (voir p. 387).

Faites prendre dans un plat à sauter.

Mettez le moule dans la glace et la timbale dans le moule.

Remplissez avec la gelée, qui doit être aux trois quarts prise.

Couvrez le moule d'un couvercle et mettez dessus de la glace pilée.

Après 2 heures, démoulez et glacez la timbale avec de la marmelade d'abricots détendue avec du sirop.

Servez.

Les timbales de fraise, d'abricot, de pêche, de prune, etc.,

se font de même : on remplace la gelée d'orange garnie par la gelée de fraise, d'abricot, de pêche, etc., selon la timbale que l'on fait.

Les timbales de pêche, d'abricot, de macédoine, de fraise, de
framboise, etc., se font toutes de même; toutes ces timbales se
glacent à la marmelade d'abricots ou avec du sirop de groseilles
à 34 degrés.

### GLACE A LA VANILLE.

1 litre de crème,

400 grammes de sucre en poudre,

Une forte gousse de vanille,

12 jaunes d'œufs,

3 décilitres de crème fouettée.

Faites bouillir la crème.

Fendez la gousse de vanille en quatre sur la longueur.

Mettez-la dans la crème bouillante.

Couvrez la casserole et laissez infuser 1 heure.

Mettez les jaunes dans une casserole avec le sucre.

Travaillez à la spatule.

Mêlez la crème.

Faites lier sur le feu.

Évitez l'ébullition, qui ferait tourner la crème.

La crème une fois liée, passez au tamis de Venise et laissez
refroidir.

Ayez soin de travailler la crème avec la spatule pendant qu'elle
refroidit : cela empêche qu'il ne se forme une peau à la surface.

Il faudrait repasser la crème au tamis s'il y avait des grumeaux.

Sanglez une sorbétière.

Mettez-y la crème.

Travaillez à la spatule, et lorsque la crème est prise, ajoutez
la crème fouettée.

Mêlez parfaitement.

Couvrez la sorbétière avec son couvercle et de la glace pilée.

Laissez prendre 2 heures et servez.

Dressez en rocher sur une serviette.

Lorsque l'on veut mouler les glaces, il faut, aussitôt qu'elles

sont bien prises, avoir le moule bien sanglé, le remplir, le couvrir, enduire le couvercle de beurre pour empêcher l'eau salée
de filtrer par l'ouverture, ce qui ne manquerait pas d'arriver
si la glace n'était pas préalablement bien fermée.

116. — Sorbétière napolitaine.

Couvrez le moule de glace pilée et de sel et recouvrez d'un
torchon ployé en quatre et trempé dans l'eau salée.

Les glaces de chocolat, de zestes de citron, d'orange, de
thé, de fleur d'oranger se font de la même manière que la
glace à la vanille. On fait l'infusion dans la crème.

### GLACE AU CAFÉ.

Faites bouillir 12 décilitres de crème.

Ajoutez 250 grammes de café que vous aurez torréfié dans un
poêlon d'office.

Faites infuser le café dans la crème.

Mettez dans une terrine 12 jaunes d'œufs, 400 grammes de
sucre en poudre.

Travaillez le sucre et les jaunes.

Mettez la crème.

Faites-la prendre sur le feu.

Passez au tamis et finissez comme la crème à la vanille.

### GLACE AUX FRAISES.

Passez au tamis de soie des fraises des quatre-saisons, de manière à en avoir 6 décilitres.

Mettez-les dans une terrine avec 400 grammes de sucre pilé et 1 litre de crème.

Passez au tamis de Venise.

Faites glacer à la sorbétière, et lorsque la glace est prise, ajoutez quelques gouttes de carmin clarifié.

Finissez comme la glace à la vanille.

### GLACE AUX FRAMBOISES.

Mêmes proportions et même travail que pour la glace aux fraises.

La glace aux groseilles se fait de la même manière.

### GLACE A L'ANANAS.

Pilez de l'ananas, de manière à avoir 360 grammes de purée.
Passez au tamis.
Ajoutez 5 décilitres de sirop à 35 degrés.
Mêlez à l'ananas et au sirop 5 décilitres de crème double.
Repassez au tamis.
Ajoutez 1 décilitre de jus de citron.
Frappez à la sorbétière et terminez comme la glace vanille.

### GLACE A L'ABRICOT.

Faites 360 grammes de purée d'abricots mûrs à point.
Ajoutez 10 amandes d'abricot.
Mondez, pilez et passez au tamis de Venise.
Finissez comme la glace à la vanille.

### GLACE DE PÊCHES.

Mêmes proportions et même travail que pour la glace à l'abricot.

## GLACE DE POIRES DE CRASSANE.

Epluchez 8 poires de crassane.

Faites-les cuire dans du sirop léger.

Lorsqu'elles sont bien cuites, passez-les au tamis de Venise.

Ajoutez 4 décilitres de sirop à 32 degrés, plus 5 décilitres de crème double.

Repassez au tamis.

Finissez comme la glace à l'ananas.

## GLACE CHATEAUBRIANT.

### RECETTE MONTMIREL.

Faites une timbale comme il est dit à la timbale Château-briant (voir p. 245).

Ayez un moule en ferblanc qui ferme bien hermétiquement et qui puisse entrer sous la timbale.

Faites bouillir 1 litre de crème double.

Mettez infuser une gousse de vanille.

Mettez 10 jaunes d'œufs dans une casserole, 2 hectos de sucre pilé et un demi-décilitre de marasquin.

Faites lier sur le feu.

La crème liée, retirez du feu.

Remuez 2 minutes avec la spatule.

Passez au tamis de soie.

Ayez 6 poires, 5 abricots, 5 prunes de reine-Claude, 6 de mirabelle et 1 hecto de cerises. Tous ces fruits doivent être confits.

Coupez les poires et les abricots en six morceaux, les prune reine-Claude en quatre et les mirabelles en quatre.

Faites revenir ces fruits séparément dans du sirop à 30 degrés.

Donnez à chaque fruit trois bouillons.

Laissez dans le sirop 1 heure.

Égouttez.

Faites glacer la crème.

Lorsqu'elle est prise, mêlez 3 décilitres de crème fouettée.

Travaillez la glace, puis mettez les fruits légèrement et remplissez le moule avec la glace.

Couvrez et enduisez de beurre les bords du couvercle pour empêcher que l'eau ne s'infiltre dans l'intérieur.

Frappez 2 heures.

Démoulez la glace sur un plat garni d'une serviette et couvrez avec la timbale.

Servez.

### TIMBALE SICILIENNE.
#### RECETTE MONTMIREL.

Faites une timbale comme il est dit à la timbale Châteaubriant (voir p. 245).

Mettez 500 grammes de chocolat dans une casserole; faites-le chauffer au four.

Ayez 8 décilitres de crème que vous avez fait bouillir, et infusez-y une gousse de vanille.

Détrempez le chocolat avec la crème en mouillant peu à la fois.

Mettez dans une terrine 8 jaunes d'œufs et 12 hectos de sucre.

Travaillez avec la spatule.

Mêlez la crème et le chocolat.

Faites lier sur le feu.

Passez au tamis de soie.

Faites prendre à la sorbétière.

La glace prise, mêlez 3 décilitres de crème fouettée.

Mêlez, moulez et finissez comme le châteaubriant.

### POUDING MARQUISE.
#### RECETTE MONIE.

Ayez un moule à dôme et son couvercle de 13 centimètres de largeur et 11 de hauteur.

Faites cuire à feu doux 10 poires de bon-chrétien avec du sirop à 12 degrés.

Les poires cuites, égouttez, passez au tamis de soie.

Ajoutez à la purée 2 décilitres de sirop à 30 degrés.

Coupez en dés 3 hectos d'ananas confits et 2 hectos de cerises à demi-sucre.

Mettez l'ananas avec 2 décilitres de sirop à 28 degrés.

Donnez un bouillon dans un poélon d'office et laissez refroidir dans une terrine.

Même préparation pour les cerises.

Sanglez une sorbétière.

Faites prendre la purée.

Lorsqu'elle est prise, ajoutez 3 œufs de meringue à l'italienne que vous ferez avec 1 hecto de sucre cuit au gros boulet, et que vous mettrez dans les blancs d'œufs fouettés bien fermes.

Mêlez avec la spatule.

Ajoutez à la glace les cerises et l'ananas bien égouttés.

Garnissez le moule, couvrez-le, enduisez de beurre les bords du couvercle, et sanglez 2 heures.

Démoulez sur une serviette et servez avec sauce à part.

### SAUCE DU POUDING MARQUISE.
#### RECETTE MONIE.

Mettez dans une sorbétière une demi-bouteille de champagne et le jus d'une orange.

Passez au tamis 1 décilitre de sirop de sucre à 30 degrés.

Frappez et mêlez un blanc d'œuf de meringue à l'italienne.

Travaillez l'appareil jusqu'à ce qu'il ait la consistance d'une bouillie épaisse.

### POUDING NESSELRODE.
#### RECETTE MONIE.

Retirez la première peau à 40 beaux marrons.

Faites-les blanchir pour en enlever la deuxième peau.

Mettez-les dans une casserole avec 1 litre de sirop à 16 degrés et une gousse de vanille.

Faites cuire à petit feu.

Les marrons cuits, passez-les au tamis de Venise.

Mettez dans une casserole 8 jaunes d'œufs, 2 hectos de sucre en poudre et 8 décilitres de crème bouillie.

Faites lier sur le feu.

Mélez la purée de marrons à la crème.

Ajoutez 1 décilitre de marasquin et passez à l'étamine.

Faites glacer à la sorbétière et, la glace prise, mêlez 3 décilitres de crème fouettée, 1 hecto de raisin de Corinthe bien nettoyé et 1 hecto de raisin de Malaga fendu en deux et les pepins retirés et cuits dans le sirop à 30 degrés, et moulez dans le moule au pouding marquise.

A l'époque de leur création, ces poudings se moulaient dans une vessie.

### SAUCE POUR LE POUDING NESSELRODE.

Mettez 3 jaunes d'œufs dans une casserole avec 1 hecto de sucre en poudre et 4 décilitres de crème bouillie.

Faites lier sur le feu.

La crème prise, tournez 2 minutes hors du feu.

Passez à l'étamine.

Ajoutez un demi-décilitre de marasquin.

Mettez cette sauce dans un bain-marie et dans de la glace pilée mêlée de sel.

Il faut que cette sauce soit bien froide, sans cependant contenir de glaçons.

### CRÈME PLOMBIÈRES.
#### RECETTE DES FRÈRES ROBERT.

Mondez 3 hectos d'amandes douces et 80 grammes d'amères, lavées et ressuyées dans une serviette.

Pilez ces amandes en les mouillant avec du lait froid.

Lorsqu'elles sont bien en pâte, mouillez-les avec 1 litre 1/2 de crème bouillie.

Passez avec pression dans une serviette, qui doit être lavée à l'eau chaude avant de servir.

Mettez dans une casserole 10 jaunes d'œufs et 3 hectos de sucre en poudre.

Faites lier sans bouillir et tournez hors du feu pour éviter que la crème ne tourne.

Passez à l'étamine.

Faites prendre à la glace.

Quand la crème est prête, ajoutez 6 décilitres de crème fouettée.

Travaillez avec la spatule, puis mettez le couvercle à la sorbétière et couvrez-le de glace pilée.

Couvrez avec un torchon trempé dans de l'eau salée.

Au bout de 2 heures, découvrez la sorbétière.

Dressez un rocher sur un plat garni d'une serviette, en mettant une couche de marmelade d'abricots entre chaque rang. On ne doit pas mettre de marmelade sur le faîte du rocher.

Cette opération doit se faire très-vite et dans un endroit froid.

### RIZ A L'IMPÉRATRICE.

Préparez un salpicon avec fruits cu n ts : amandes, poires, abricots, prunes de reine-Claude, cerises.

Mettez ces fruits dans un poêlon d'office avec 1 décilitre de sirop à 30 degrés et 1 décilitre de marasquin.

Faites cuire sur le feu pendant 5 minutes.

Laissez refroidir.

Blanchissez 250 grammes de riz que vous rafraîchissez.

Mettez-le dans une casserole avec 1 litre 1/2 de crème bouillie, une gousse de vanille et 3 hectos de sucre pilé.

Faites bouillir.

Ayez dans le four une casserole avec de l'eau pour mettre le riz au bain-marie aussitôt qu'il bouillira.

Laissez cuire 1 heure.

Le riz cuit, travaillez-le avec la spatule. S'il est trop ferme, ajoutez de la crème.

Sanglez une sorbétière.

Mettez-y le riz (il faut que le riz soit bien froid).

Faites glacer le riz à moitié.

Ajoutez 3 décilitres de crème fouettée.

Travaillez le riz, mêlez avec celui-ci le salpicon de fruit que vous aurez égoutté, et finissez comme le pouding marquise.

### POUDING PROFITEROLE A L'ABRICOT.

Faites 50 choux comme pour les croquembouches.

Garnissez-les de marmelade d'abricots.

Épepinez 1 hecto de raisin de Malaga.

Faites-le cuire à feu doux dans 1 décilitre de sirop à 30 degrés.

Lorsqu'il est cuit, ajoutez 2 cuillerées à bouche de liqueur de noyau.

Faites tremper dans de l'eau froide 30 grammes de gélatine.

Faites une crème avec 10 jaunes d'œufs, 3 hectos de sucre en poudre et 8 décilitres de crème vanillée.

Faites lier.

Lorsque la crème est liée, égouttez la gélatine et mettez-la tout de suite dans la crème, parce que c'est la chaleur de la crème qui doit fondre la gélatine.

Passez la crème au tamis.

Mettez 1 décilitre de liqueur de noyau.

Mettez dans de la glace un moule d'entremets uni et à cylindre.

Couchez une couche de crème dans le fond du moule, à une épaisseur de 1 centimètre.

Laissez prendre.

Rangez un rond de profiterole sur la crème et semez du raisin dans les vides du moule.

Remettez un demi-centimètre de crème sur la profiterole.

Semez du raisin.

Couvrez de crème et continuez jusqu'à ce que le moule soit rempli à 1 centimètre du bord.

Laissez prendre et finissez de remplir le moule avec de la crème.

Frappez 2 heures, démoulez et servez.

## POUDING D'ORLÉANS.

8 jaunes d'œufs,

6 décilitres de crème,

2 hectos de sucre,

1 hecto de raisin de Malaga fendu en deux et épepiné,

50 grammes de raisin de Corinthe épluché, lavé et séché,

3 abricots confits et coupés en dés,

150 grammes de biscuits à la cuiller,

1/2 décilitre de marasquin,

1 gousse de vanille,

40 grammes de gélatine.

Faites cuire les raisins et les fruits avec 1/4 de décilitre de marasquin.

Faites bouillir la crème.

Mettez-y infuser la vanille.

La vanille infusée, faites une liaison avec les jaunes d'œufs et la crème.

Ajoutez la gélatine, qui doit être trempée dans l'eau froide, et tournez la crème jusqu'à ce que la gélatine soit fondue.

Passez à travers la passoire dite chinois.

Mêlez le marasquin.

Mettez un moule d'entremets dans de la glace pilée.

Étendez dans le fond du moule une couche de crème de 1 centimètre d'épaisseur.

Laissez prendre.

Mettez une couronne de moitiés de biscuits coupés sur le travers.

Semez autour les raisins, l'orange, l'abricot, tous ces fruits bien mélangés.

Versez de la crème pour couvrir le biscuit.

Laissez prendre et continuez jusqu'à ce que le moule soit plein.

Couvrez.

Mettez de la glace pilée sur le couvercle, et au bout de 2 heures démoulez et servez.

On fait aussi ces poudings avec ananas, poires, cerises, prunes de mirabelle, de reine-Claude, cédrat confit; on étale de la

117. — Démoulage de l'entremets de sucre.

marmelade d'abricots sur les biscuits à la cuiller et on les finit comme le précédent.

### POUDING A LA PURÉE DE MARRONS.

30 beaux marrons,
8 jaunes d'œufs,
2 hectos de sucre,
1 gousse de vanille,
200 grammes d'ananas confits coupés en petits dés,
100    —    de cerises confites coupées en quatre,
35    —    de gélatine,
40 macarons de 2 centimètres de diamètre.

Faites cuire cerises et ananas pendant 10 minutes avec un demi-décilitre de sirop à 20 degrés.

Retirez la première peau des marrons, puis mettez-les dans une casserole avec de l'eau.

Mettez sur le feu.

Remuez de temps en temps jusqu'à ce que la deuxième peau s'enlève facilement.

Lorsque les marrons sont tous mondés, remettez-les dans une casserole avec 5 décilitres de sirop à 20 degrés et la gousse de vanille.

Faites cuire jusqu'à ce qu'ils soient en purée.

Passez au tamis de Venise.

Faites lier la crème avec les jaunes d'œufs et 180 grammes de sucre en poudre.

Ajoutez la gélatine, qui doit toujours être trempée d'avance.

Remuez, passez au tamis.

Mêlez la purée de marrons.

Mettez un moule dans de la glace pilée.

Étalez une couche de crème dans le fond du moule.

Laissez prendre.

Rangez sur la crème 10 macarons.

Semez ananas et cerises.

Ajoutez de la crème, des macarons, des fruits, jusqu'à ce que le moule soit plein à 2 centimètres du bord.

Laissez prendre, puis remplissez le moule; cette précaution est très-utile et empêche les fruits de remonter à la surface, ce qui pourrait faire casser l'entremets lorsqu'on le démoule.

Finissez comme le pouding d'Orléans.

### POUDING PASTEFROLLE.

60 ronds de pâte à napolitain de 3 centimètres de diamètre,

6 décilitres de crème,

4 hectos de sucre,

40 grammes de gélatine,

50   —   de prunes reine-Claude coupées en dés,

50   —   de dattes coupées en dés,

50   —   de chinois coupés en dés,

200   —   d'avelines coupées en dés,

1 décilitre de lait,

1/2 décilitre de liqueur de noyau,

8 jaunes d'œufs.

Torréfiez les avelines dans un poélon d'office.

Laissez-les refroidir.

Pilez-les en les mouillant avec 1 décilitre de lait.

Lorsqu'elles sont bien pilées, faites lier la crème, les jaunes et le sucre.

Mêlez les avelines.

Passez à l'étamine.

Ajoutez la gélatine que vous aurez fait fondre au bain-marie avec 1 décilitre d'eau après l'avoir fait tremper.

Faites 60 ronds de pâte à napolitain.

Ajoutez à la crème la liqueur de noyau.

Mettez un moule d'entremets dans de la glace pilée et finissez comme le pouding d'Orléans.

### POUDING DE CLERMONT.

Préparez les deux tiers d'un bavarois de purée d'abricots comme il est dit au bavarois d'abricots

Faites 3 blancs d'œufs à la neige.

Faites pocher de la grosseur d'un œuf de pigeon.

Faites un salpicon d'abricots confits.

Mettez dans la glace un moule d'entremets.

Mettez une couche de bavarois de 2 centimètres d'épaisseur.

Semez dessus du salpicon d'abricots, puis rangez les œufs à la neige en couronne de 2 centimètres d'épaisseur.

Resemez du salpicon d'abricots et recouvrez les œufs avec une couche de bavarois de 1 centimètre d'épaisseur.

Continuez de même jusqu'à ce que le moule soit rempli.

Le moule plein, couvrez d'un couvercle sur lequel vous mettrez de la glace pilée.

Démoulez au bout de 2 heures et servez.

### MIROTON DE POMMES.

Prenez 7 pommes de calville.

Coupez-les en deux.

Faites-les cuire dans du sirop à 20 degrés.

Égouttez-les sur tamis ou grille.

Faites de la marmelade de pommes très-réduite.

Formez un fond dans un plat d'entremets.

Dressez en couronne sur la marmelade des moitiés de pommes.

Faites une compote de fruits confits, tels que moitiés d'abricots, prunes de reine-Claude et grosses gousses de pommes de calville, et de poires que vous faites cuire avec du sirop additionné de carmin liquide pour leur donner une teinte rose.

Mêlez tous ces fruits.

Garnissez le puits en rocher.

Saucez avec du sirop à 30 degrés dans lequel vous mettrez du marasquin.

Servez.

### POMMES AU RIZ.

Ayez 12 moyennes pommes de calville.

Videz-les avec un vide-pomme.

118. — Pommes au riz.

Tournez-les de la grosseur de 4 centimètres.

Faites cuire dans du sirop à 20 degrés.

Blanchissez 250 grammes de riz.

Faites-le cuire avec 8 décilitres de lait et 25 grammes de sucre en poudre.

Le riz cuit, faites un fond de riz dans le plat.

Dressez les pommes en rond et mettez de la marmelade d'abricots dans le trou de chaque pomme.

Remplissez le milieu de riz.

Mettez 4 pommes sur les 7.

Remplissez le trou avec du riz.

Posez une pomme dessus.

Ayez de belles cerises confites, bien égouttées.

Posez-en une sur chaque pomme.

Faites des feuilles avec de l'angélique confite et posez-les par deux et par trois entre les pommes.

Faites des boules de riz de 2 centimètres de grosseur.

Aplatissez-les légèrement pour faire tenir une cerise sur chaque boule.

Placez ces boules dans le fond du plat autour des pommes, avec une feuille d'angélique entre chaque pomme.

Ayez la cuisson des pommes que vous aurez passée au tamis, réduite à 32 degrés.

Saucez légèrement les pommes avec le sirop et servez.

On ne doit mettre le sirop qu'au moment de servir.

On fait ces pommes au riz dans des croustades de riz que l'on prépare séparément. Ces croustades doivent être de la même grandeur que le fond du plat, avoir 4 centimètres de hauteur et être très-évasées.

On sert aussi les pommes au riz dans des casseroles d'argent pour les jours ordinaires.

### POIRES AU RIZ.

Ayez 12 poires de martin-sec, de même grosseur et bien faites.

Enfoncez un petit moule à colonne sous la poire jusqu'à moitié.

Retirez le trognon, tournez les poires, faites cuire dans du sirop additionné de carmin clarifié; il faut que la poire soit rose et non pas rouge.

Préparez le riz comme pour les pommes et finissez de même en garnissant avec cerise et angélique.

Saucez avec du sirop à 32 degrés dans lequel vous ajoutez du kirsch.

Ces entremets peuvent se servir chauds ou froids.

## SUÉDOISE DE PÊCHES.

Fendez 12 belles pêches en deux.

Faites-les blanchir dans du sirop à 20 degrés.

Aussitôt que la peau s'enlève, retirez-les du sirop.

Enlevez la peau.

Egouttez sur un tamis.

Faites 24 croûtons avec du pain de mie et un bouchon de pain destiné à être placé dans le milieu du plat.

Passez au beurre croûtons et bouchons.

Collez le bouchon de pain au milieu du plat.

Dressez autour du bouchon 12 demi-pêches et 12 croûtons en couronne, en mettant un croûton entre chaque moitié de pêche.

Remettez un second rang sur le premier.

Couvrez le bouchon d'une demi-pêche.

Faites réduire le sirop à 30 degrés et saucez les pêches au moment de les servir.

Ayez des amandes de pêches mondées et mettez-en une sur chaque pêche après avoir saucé.

## CHARLOTTE DE POMMES.

Coupez 20 belles pommes de reinette en quartiers.

Épluchez-les avec soin.

Émincez les quartiers sur le travers à une épaisseur de 1 centimètre.

Mettez dans un plat à sauter 125 grammes de beurre fin et 100 grammes de sucre en poudre.

Faites fondre le beurre.

Ajoutez les pommes et faites cuire à feu vif en sautant continuellement.

Les pommes sont cuites lorsque les morceaux s'écrasent sous le doigt ; il n'est pas nécessaire que les pommes soient entièrement en marmelade.

Ayez un moule d'entremets uni.

119. — Charlotte de pommes.

Coupez un rond de pain de 4 centimètres de diamètre et d'un demi-centimètre d'épaisseur, des croûtons en cœur de même épaisseur, des lames de pain de la hauteur du moule, d'un demi-centimètre d'épaisseur et de 4 de largeur.

Faites fondre du beurre fin.

Trempez le rond dans le beurre.

120. — Moule d'entremets.

Placez-le au milieu du moule.

Trempez également les croûtons et posez-les en rosace sur le fond du moule.

Trempez aussi les lames de pain et dressez-les en les cheva-lant les unes sur les autres autour du moule.

Le moule garni de pain, remplissez-le avec la marmelade et faites cuire à four chaud.

La charlotte cuite, démoulez et servez.

### CHARLOTTE DE POMMES, VANILLE ET ABRICOTS.

Préparez une charlotte comme la précédente.

Ajoutez aux pommes sautées du sucre de vanille, et lorsque vous garnirez la charlotte, mettez dans le fond une couche de pommes de 4 centimètres d'épaisseur.

Sur cette couche de pommes, mettez-en une de marmelade d'abricots, et ainsi de suite pommes, abricots, jusqu'à ce que le moule soit plein.

Faites cuire.

Démoulez, glacez avec de la marmelade passée au tamis et détendue avec du sirop de sucre.

### SUPRÊME DE FRUITS.

4 poires de bon-chrétien,

4 pommes de calville,

6 prunes confites,

6 abricots,

6 beignets d'ananas,

1 hecto de cerises confites,

5 décilitres de sirop à 30 degrés,

1 décilitre de marasquin.

Coupez les poires en huit.

Parez-les et faites-les cuire dans du sirop à 20 degrés, addi-tionné de carmin liquide pour obtenir des poires d'un beau rose.

Coupez les pommes en huit.

Parez-les et faites-les cuire dans du sirop à 20 degrés.

Fendez en deux les abricots et les prunes.

Faites revenir sur le feu dans du sirop à 30 degrés.

Égouttez les fruits.

Dressez-les dans une casserole à légumes, en ayant soin de bien varier les couleurs.

Un quart d'heure avant de servir, mettez chauffer au bain-marie.

Saucez avec le sirop chaud et servez.

Cet entremets se sert également froid.

## ABRICOTS AU RIZ.

15 abricots (en hiver on emploie des abricots confits),
300 grammes de riz,
125 — de sucre en poudre,
1 décilitre de liqueur de noyau,
2 décilitres de sirop à 30 degrés,
15 amandes d'abricots mondées,
1 litre de crème,
1 pincée de sel.

Fendez les abricots en deux.

Retirez les noyaux.

Faites-les cuire dans du sirop à 24 degrés.

Égouttez sur tamis.

Cassez les noyaux.

Mondez les amandes et laissez-les dégorger dans l'eau froide.

Lavez et blanchissez le riz.

Faites-le cuire avec la crème, le sucre et le sel.

Lorsqu'il est cuit, travaillez-le avec la spatule.

Mettez dans le fond d'un plat d'entremets une couche de riz d'une épaisseur de 4 centimètres.

Rangez sur le bord du riz les abricots en couronne et chevalés l'un sur l'autre.

Remplissez le milieu avec du riz.

Dressez une seconde couronne plus petite que la première et finissez de dresser en pyramide.

Égouttez les amandes et mettez les sur les abricots placés à égale distance l'un de l'autre.

Faites chauffer le sirop et le noyau mêlés ensemble.

Saucez les abricots et servez chaud.

Cet entremets se sert également froid.

### PÊCHES AU RIZ.

Procédez comme pour les abricots, en remplaçant le noyau par du marasquin.

### ABRICOTS A LA CONDÉ.

15 abricots,
400 grammes de farine de maïs,
200 — de sucre en poudre,
1 litre de crème,
1 gousse de vanille,
Mie de pain,
Friture neuve,
Une pincée de sel,
3 œufs.

Fendez les abricots en deux.

Retirez les noyaux et faites-les cuire comme les précédents.

Égouttez-les sur un tamis.

Mettez 8 décilitres de crème dans une casserole, la gousse de vanille, le sucre et le sel.

Faites bouillir et versez dans la casserole la farine de maïs, en tournant avec une spatule pour en faire une pâte ferme.

Retirez la spatule, couvrez la casserole et faites cuire une demi-heure sur cendre chaude ou four doux.

Le maïs étant cuit, on en fait deux parts : on met la moitié dans une terrine, on ajoute 3 jaunes d'œufs, puis on forme avec cette pâte des croquettes de la grosseur de petits œufs de poule.

La croquette formée, on l'aplatit avec la lame du couteau à une épaisseur de 2 centimètres.

Émoussez les blancs d'œufs, panez les croquettes et réservez sur grille.

Détendez ce qui vous reste de maïs avec la crème.

Mettez de la marmelade d'abricots en couronne dans le fond

du plat, dressez dessus les abricots, la couronne de marmelade, 2 rangées d'abricots.

Faites frire les croquettes.

Dressez-les autour des abricots.

Remplissez le puits avec l'appareil de maïs et servez chaud.

*Observation.* — Il faut laisser la place pour les croquettes, et pour cela il faut faire la couronne étroite. C'est la seule et vraie manière de faire les abricots à la Condé. Les pêches se font absolument de même.

### GATEAU DE SEMOULE A LA VANILLE.

Faites bouillir 12 décilitres de crème dans laquelle vous aurez fait infuser une forte gousse de vanille.

Mettez de la semoule en tournant avec la spatule pour en faire une pâte ferme.

Faites cuire au four et au bain-marie pendant 40 minutes.

Mettez ensuite dans une terrine 100 grammes de beurre fin et 4 œufs l'un après l'autre avec le beurre.

Lorsque le beurre est bien mêlé, ajoutez-le à la semoule.

Travaillez fortement.

Ayez un moule d'entremets uni qu'il faut beurrer et paner.

Remplissez le moule et faites-le cuire à four *papier brun* pendant 50 minutes.

Démoulez et servez avec une sauce de fruits ou une sauce pareille à celle du gâteau de riz.

### GATEAU DE POMMES DE TERRE.

Épluchez des pommes de terre jaunes que vous ferez cuire à la vapeur : pour un moule d'entremets il en faut 1800 grammes.

Passez au tamis.

Ajoutez 2 décilitres de crème double et le zeste de deux oranges haché très-fin.

Travaillez 150 grammes de beurre et 6 œufs comme pour le gâteau au riz.

Beurrez et panez un moule d'entremets uni.

Mettez-y la pomme de terre.

Faites cuire.

Démoulez et servez avec sauce comme pour le gâteau de semoule.

### GATEAU AU RIZ.

400 grammes de riz,

100    —    de beurre,

100    —    de sucre,

12 décilitres de lait,

4 œufs,

Râpure d'un citron,

Une prise de sel.

Lavez et blanchissez le riz.

Faites bouillir le lait (toutes les fois que l'on emploie du lait, il faut le faire bouillir avant de l'employer).

Mettez le riz, le lait, le sucre et le sel dans une casserole.

Faites bouillir.

Au premier bouillon, couvrez la casserole et faites cuire à feu très-doux pendant une heure ou au four au bain-marie.

Faites ensuite ramollir le beurre.

Travaillez-le en mettant les œufs un à un : il faut que beurre et œufs aient la consistance de la pommade.

Mêlez parfaitement.

Ajoutez râpure de citron au riz.

Beurrez et panez un moule d'entremets uni.

Remplissez le moule avec le riz.

Faites cuire à four gai pendant trois quarts d'heure.

Assurez-vous de la cuisson.

Démoulez et servez avec une sauce faite comme il va être dit.

Mettez dans une casserole 8 jaunes d'œufs, 1 hecto de sucre en poudre, 5 décilitres de lait.

Tournez sur le feu jusqu'à ce que la liaison soit faite : il faut que la sauce masque la cuiller. Évitez surtout de laisser bouillir la sauce. Si le feu était trop vif, il faudrait retirer la sauce et toujours tourner, puis la remettre au feu, la retirer, et tourner jusqu'à ce qu'elle soit parfaitement liée.

### GATEAU DE VERMICELLE.

Faites bouillir 12 décilitres de crème avec 100 grammes de sucre.

Lorsque la crème bout, mettez-y 300 grammes de vermicelle et remuez avec la spatule.

Lorsque le vermicelle est bien mêlé, faites cuire au bain-marie, comme le gâteau de riz.

Le vermicelle cuit, ajoutez 20 grammes de sucre de citron, 100 grammes de beurre et 4 œufs.

Finissez comme le gâteau de semoule.

Servez avec une sauce de citron.

### GATEAU DE SEMOULE VIENNOIS.

Marquez un gâteau de semoule comme il est dit au gâteau de semoule (voir p. 428).

Beurrez légèrement des plaques d'office.

Couchez dessus des ronds un peu plus petits que le moule d'entremets uni ; 12 ronds d'un centimètre d'épaisseur doivent suffire.

Faites cuire au four.

Lorsque les ronds sont cuits, parez-les en leur donnant 2 centimètres de moins que le moule.

Beurrez et panez le moule.

Mettez un œuf dans ce qui reste d'appareil de semoule.

Étendez-en une couche dans le fond du moule.

Mettez dessus un rond, et sur le rond une couche de marmelade d'abricots.

Couvrez d'un autre rond.

Mettez dessus de la confiture de groseille.

Remplissez le vide du tour avec de l'appareil de semoule et continuez par un rond de semoule couvert d'abricots et par un rond de groseille jusqu'à ce que le moule soit rempli à 2 centimètres du bord.

Finissez avec de l'appareil.

Couvrez d'un rond de papier beurré et faites prendre au four et au bain-marie pendant 40 minutes.

Démoulez et servez avec une sauce comme il est dit au gâteau de riz (voir p. 429).

### GATEAU DE NOUILLES.

Faites 500 grammes de pâte à nouilles (voir p. 38).

Lorsque les nouilles sont préparées, faites bouillir 2 litres de lait dans lequel vous aurez mis une prise de sel et 150 grammes de sucre en poudre.

Les nouilles cuites, égouttez.

Mettez-les dans une casserole.

Mêlez 125 grammes de beurre et 5 œufs battus ensemble.

Ajoutez du sucre de vanille.

Beurrez et panez un moule d'entremets.

Remplissez-le et faites cuire au four pendant 50 minutes.

Démoulez et servez une sauce que vous ferez avec 8 jaunes d'œufs, du sucre de vanille et le lait qui a servi à blanchir les nouilles.

### GATEAU DE RIZ AU CARAMEL.

Mettez 100 grammes de sucre en poudre dans un poêlon d'office.

Faites-le fondre sur le feu en le tournant avec une spatule.

Lorsqu'il sera de couleur acajou foncé, ajoutez 2 centilitres d'eau.

Faites dissoudre le sucre avec l'eau, ce qui doit donner un sirop épais.

Prenez un moule d'entremets et versez-y le caramel.

Étalez-le dans le moule de manière que tout l'intérieur en soit masqué.

Ayez préparé d'avance un appareil de gâteau au riz et à la vanille.

Remplissez le moule et faites cuire 50 minutes au four chaleur *papier brun*.

Dans la saison de la fleur d'oranger, ajoutez-en 10 grammes au caramel et faites la sauce avec de l'eau ou de la fleur d'oranger au lieu de vanille.

Même cuisson et même travail.

## SOUFFLÉ A LA VANILLE.

200 grammes de farine,
150    —    de sucre,
 50    —    de sucre de vanille,
1 prise de sel,
6 œufs,
1 litre de lait.

Après avoir fait bouillir le lait, laissez-le refroidir, puis mêlez-y la farine, le sucre, le sel, le sucre de vanille, et tournez sur le feu jusqu'au premier bouillon.

Laissez bouillir.

Retirez du feu.

Cassez les œufs, les blancs dans un bassin, les jaunes dans une terrine.

Mêlez les jaunes en trois fois dans l'appareil.

Fouettez les blancs très-ferme.

Mêlez légèrement à l'appareil et versez le tout dans un plat de porcelaine creux (de 22 centimètres sur 18) allant au feu, et faites cuire au four, chaleur *papier brun clair* : 20 minutes de cuisson doivent suffire.

Il faut bien observer qu'un soufflé retombe même dans le four lorsqu'il est trop cuit.

## SOUFFLÉ A L'ORANGE.

200 grammes de farine.
150    —    de sucre.
Râpure de 2 oranges.
1 prise de sel.
6 œufs.
1 litre de lait.

Même travail que pour le soufflé à la vanille.

## SOUFFLÉ AU CHOCOLAT.

150 grammes de farine.
120 — de sucre.
125 — de chocolat.
6 œufs.
1 prise de sel.
1 litre de lait.

Mettez le chocolat dans une casserole.

Faites-le fondre sur le feu en le mouillant avec du lait jusqu'à ce qu'il soit en pâte.

Mettez-y la farine et mouillez-le avec le lait.

S'il y avait des grumeaux, il faudrait passer l'appareil.

Finissez comme le soufflé à la vanille.

## SOUFFLÉ AU CAFÉ.

Faites torréfier 1 hecto de café moka, puis faites-le infuser dans 1 litre de lait bouillant.

Laissez 1 heure.

Finissez ensuite comme le soufflé à la vanille, sans mettre de vanille, bien entendu.

## SOUFFLÉ AU CITRON.

200 grammes de vanille,
150 — de sucre.
La râpure de deux citrons,
1 prise de sel.
6 œufs,
1 litre de lait.

Même préparation que pour le soufflé vanillé.

## SOUFFLÉ AU FROMAGE.

200 grammes de farine,
100 — de fromage de parmesan râpé;
50 — gruyère râpé,

2 pincées de sel.

2 pincées de poivre.

6 œufs,

1 litre de lait.

Détrempez la farine avec le lait.

Ajoutez sel et poivre.

Faites prendre sur le feu.

Lorsque l'appareil est pris, ajoutez les fromages et les jaunes d'œufs.

Fouettez les blancs.

Mêlez et finissez comme le soufflé à la vanille.

### SOUFFLÉ AU RIZ.

200 grammes de riz,

250  —  de sucre,

1 prise de sel,

1 litre de lait,

6 œufs,

50 grammes de sucre de vanille.

Lavez le riz à plusieurs eaux.

Faites bouillir le lait.

Mettez-y le riz, le sel, le sucre et le sucre de vanille.

Faites crever le riz 1 heure au four et au bain-marie.

Au bout de ce temps, mêlez les jaunes d'œufs un à un et les blancs.

Fouettez.

Finissez comme le soufflé à la vanille.

### SOUFFLÉ DE MARRONS A LA VANILLE

100 grammes de purée de marrons très-ferme,

150  —  de sucre en poudre,

50  —  de sucre de vanille,

100  —  de farine,

1 prise de sel.

7 œufs.

Mettez dans une casserole la purée de marrons, la farine, le sucre, le sucre de vanille et le sel.

Détrempez le tout, en évitant les grumeaux.

Faites prendre sur le feu.

Ajoutez les jaunes un à un, sitôt l'appareil lié, puis mêlez les blancs.

Fouettez très-ferme et finissez comme le soufflé à la vanille.

### SOUFFLÉ DE FÉCULE A L'ORANGE.

Remplacez la farine par la fécule et finissez comme le soufflé à l'orange.

### OBSERVATION SUR LES SOUFFLÉS.

Lorsque l'on a beaucoup de monde, il vaut mieux en faire plusieurs que d'en faire un gros. En faisant les soufflés plutôt petits que grands, la réussite est plus sûre : on n'a pas toujours des fours propices pour faire de gros soufflés.

### OMELETTE SOUFFLÉE AU CITRON.

6 œufs et 2 blancs,
1 hecto de sucre en poudre,
Râpure d'un citron.

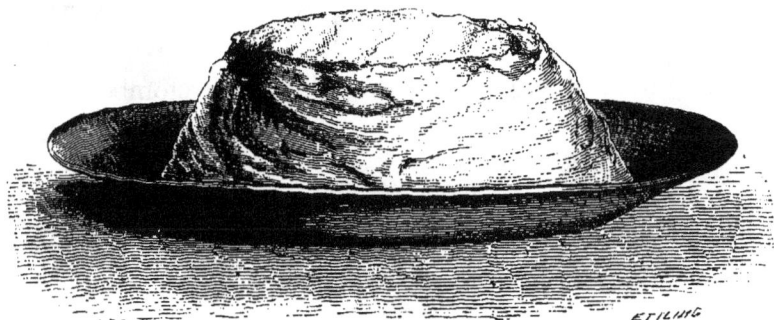

121. — Omelette soufflée.

Séparez les œufs ; mettez dans une terrine les jaunes, les blancs dans le bassin.

Mettez le sucre et la râpure de citron avec les jaunes.

Travaillez, fouettez les blancs.

Mêlez très-légèrement.

Beurrez un plat de métal ovale.

Versez d'un seul bloc l'omelette sur le plat, le plus en hauteur possible.

122. — Four de campagne.

Lissez-la avec le couteau, et donnez-lui une forme plus étroite du haut que du bas.

Fendez-la sur la longueur avec une cuiller à bouche et à une profondeur de 5 centimètres.

Saupoudrez de sucre pilé.

Faites cuire au four chaleur *papier brun clair* et servez de suite.

Cet entremets ne peut attendre : l'omelette retombe très-vite.

### OMELETTE SOUFFLÉE A LA VANILLE.

Même travail que pour la précédente; il suffit de remplacer la râpure de citron par du sucre de vanille.

### OMELETTE AUX CONFITURES D'ABRICOTS.

Cassez 8 œufs dans une terrine.

Mettez 5 grammes de sucre pilé et 1 prise de sel.

Battez les œufs pour les mêler.

Mettez dans une poêle 60 grammes de beurre fin.

Lorsqu'il est fondu (évitez que le beurre ne prenne couleur), versez les œufs dans la poêle.

Faites prendre les œufs en remuant avec une fourchette.

Les œufs pris, étalez dessus de la marmelade d'abricots.

Enfermez la confiture dans l'omelette, mettez-la sur le plat, saupoudrez de sucre et glacez à la pelle rouge.

*Observation.* — Toutes les omelettes aux confitures se font de même. Il ne faut jamais faire une omelette de plus de 8 œufs : il vaut mieux en faire deux ou trois de 8 œufs que de les faire trop grosses. — Il faut aussi éviter de battre trop les œufs et de les cuire fortement, l'omelette devant être toujours mousseuse et servie très-chaude.

### OMELETTE CÉLESTINE.

Cette omelette serait mieux nommée *crêpe d'œufs*, car ce n'est pas autre chose : pour un entremets il en faut au moins huit.

Cassez 2 œufs.

Mettez une pincée de sucre et une prise de sel.

Battez et faites l'omelette.

Lorsqu'elle est prise, mettez-la sur une plaque d'office.

Lorsque les huit omelettes sont faites, étalez sur chacune de la marmelade d'abricots.

Roulez chaque omelette et mettez-la sur le plat, et lorsque les huit seront sur le plat, saupoudrez de sucre glacé à la pelle rouge et servez.

Cet entremets se fait au dernier moment et demande à être fait vite. On le garnit avec toutes sortes de confitures.

### OEUFS A LA NEIGE A LA VANILLE.

1 litre de lait,
150 grammes de sucre en poudre,
7 œufs.

Faites bouillir le lait.

Ajoutez une gousse de vanille et 50 grammes de sucre en poudre.

Laissez infuser.

Séparez les œufs, les blancs dans le bassin, les jaunes dans une terrine.

Fouettez les blancs, et lorsqu'ils seront bien fermes, mélez-y les 300 grammes de sucre légèrement.

Remettez le lait sur le feu dans une casserole à glacer.

Faites bouillir et couchez dans le lait des blancs de la grosseur d'une grosse quenelle.

Retirez le lait sur le coin du fourneau et laissez pocher.

Lorsque tous les blancs sont pochés, égouttez sur tamis.

Délayez les jaunes avec le lait.

123. — OEufs à la neige.

Faites prendre sur le feu, en remuant avec la spatule, et en ayant soin de ne pas laisser tourner la liaison.

Aussitôt qu'elle est faite, passez-la dans une terrine, et faites refroidir.

Dressez les œufs en rocher sur le plat, et, au moment de servir, saucez avec la liaison.

Pour les œufs à la neige au chocolat, on prépare les œufs comme il vient d'être dit, et on met du chocolat dans la sauce.

Pour les œufs au café, on ajoute au lait et aux jaunes de l'essence de café, et on finit de la même manière que pour les œufs à la vanille.

## PETITS POTS DE CRÈME AU CAFÉ.

12 pots,
6 pots de lait,
10 jaunes d'œufs,
60 grammes de sucre en poudre,
2 pots de café très-fort,
1 prise de sel.

124. — Petits pots de crème au café.

Mettez dans une terrine les jaunes, le sucre, le café, le sel, et le lait après l'avoir fait bouillir (précaution qu'il faut prendre lorsqu'on emploie crème ou lait).

Battez le tout avec le fouet.

Passez au tamis.

Mettez de l'eau dans une casserole plate.

Faites-la bouillir.

Sitôt qu'elle bout, remplissez les pots.

Mettez la casserole sur feu doux, car, pour bien faire ces petits pots, il faut que l'eau frémisse sans bouillir.

Mettez les pots dans la casserole.

Couvrez la casserole d'un couvercle et mettez du feu dessus.

Lorsque la crème est prise, on retire du feu et on laisse les pots refroidir dans l'eau.

Lorsqu'ils sont froids, on nettoie les pots, on les dresse sur un plat et on les sert.

### PETITS POTS DE CRÈME AU CHOCOLAT.

Même préparation et mêmes quantités.

Remplacez le café par 2 hectos de chocolat que vous faites dissoudre dans le lait.

Tous les pots de crème, à la vanille, au zeste de citron, à l'orange, aux fleurs d'oranger, etc., se font de même.

### PETITS POTS AU BOUILLON.

9 pots de bouillon,
9 jaunes d'œufs.

Mettez les jaunes dans une terrine, avec 1 pincée de sel et 1 prise de muscade.

Délayez les jaunes avec le bouillon.

Passez au tamis et finissez comme les petits pots au café.

### PETITS POTS DE BLANC-MANGER.

Voyez l'article *Blanc-Manger*, p. 400.

Préparez la moitié d'un moule avec 18 grammes de gélatine seulement.

Remplissez les petits pots et faites-les prendre dans de la glace pilée.

On fait aussi des gelées d'orange, de citron, dans les petits pots; il faut, comme pour les pots de blanc-manger, moins coller.

Finissez de même.

### GELÉE D'ORANGE ET DE CITRON EN ÉCORCE.

Faites un trou sur l'orange avec un coupe-pâte de 3 centimètres.

Videz l'orange.

Mettez-la dans une terrrine remplie d'eau.

Lorsqu'elle est dégorgée, grattez l'intérieur avec une cuiller à café pour rendre l'intérieur lisse et bien propre; évitez de percer l'écorce.

Rangez les écorces dans de la glace bien pilée et remplissez-les de gelée d'orange (voir p. 389).

Moulez.

125. — Panier d'oranges et oranges en quartier.

Lorsque la gelée est bien prise, coupez chaque orange en quatre, et dressez sur un gradin en pâte d'office, avec des feuilles de laurier-amande.

Pour le citron, même travail.

### PANIER EN ÉCORCE D'ORANGE GARNI DE GELEE.

Parez une orange et formez-en un panier avec l'écorce, comme le dessin l'indique.

Mettez sur de la glace pilée et remplissez de gelée d'orange.

Laissez prendre et dressez sur gradin.

Ces paniers se garnissent aussi avec de la gelée d'orange prise à part et grossièrement hachée.

Pour les paniers, les oranges et les citrons, il faut, si on perce l'écorce, boucher les trous avec du beurre, que l'on a soin d'enlever lorsque la gelée est prise. Ces paniers, comme les quartiers d'oranges et de citrons, se dressent sur gradins.

### PATES FRITES.

Quoique les fritures soient autant du domaine de l'entremettier que de celui du rôtisseur, je crois devoir les placer dans le Livre de Pâtisserie, afin d'être utile aux grandes maisons et aux maisons princières qui occupent des pâtissiers et des rôtisseurs, où le chef de la pâtisserie marque ces entremets, et les donne ensuite au rôtisseur pour les finir.

### BEIGNETS VIENNOIS A L'ABRICOT.

Ce beignet s'est si bien naturalisé en France, qu'il compte parmi les produits de la bonne pâtisserie française.

500 grammes de farine,
100 — de beurre,
10 — de levûre,
10 — de sel,
10 — de sucre,
3 œufs et lait.

Mettez dans une terrine la farine passée au tamis.

Faites un trou.

Mettez la levûre.

Mêlez le quart de la farine avec la levûre et du lait chaud à 30 degrés.

Faites une pâte mollette, et mettez-la revenir.

Lorsque le levain est doublé, mettez le sucre, le sel, le beurre sur le levain et du lait ; travaillez le tout à la main ; ajoutez les œufs l'un après l'autre.

On ajoutera du lait pour que la pâte soit mollette, et on la laissera revenir dans un endroit chaud et privé de courants d'air.

Lorsque la pâte sera revenue, on la travaillera avec la cuiller.

Taillez des bandes de papier de 5 centimètres de large, beurrez-les légèrement, et couchez sur chaque bande des morceaux de pâte gros comme de moyennes noix.

Étalez-les.

Mettez sur chaque morceau de pâte une cuillerée à café de marmelade d'abricots très-ferme.

Recouvrez la confiture avec de la pâte pour l'envelopper complétement et empêcher la confiture de sortir à la cuisson ; laissez revenir 1 heure.

Ayez de la friture neuve; faites-la chauffer sans qu'elle fume : dans ce dernier cas elle serait trop chaude.

Mettez les bandes de papier dans la friture; retirez le papier et remuez avec l'écumoire, pour que les beignets prennent une couleur uniforme.

Lorsqu'ils sont à peu près cuits, mettez la poêle à grand feu pendant 2 minutes au plus pour les finir.

Égouttez-les.

Ayez dans une casserole du sirop à 42 degrés additionné de rhum.

Trempez chaque beignet entièrement, et l'un après l'autre, dans le sirop, et mettez-les sur une grille.

Ensuite, dressez les beignets sur un plat garni d'une serviette et servez chaud.

### BEIGNETS VIENNOIS A L'ANANAS.

Préparez des beignets comme les précédents, en mettant de la marmelade d'ananas au lieu d'abricots.

Couvrez et terminez comme les beignets à la marmelade d'abricots.

Laissez revenir.

Faites frire.

Ayez du sirop d'ananas à 40 degrés dans lequel vous tremperez les beignets.

Dressez et servez chaud.

### BEIGNETS DE MARMELADE DE POIRES D'ANGLETERRE.

Préparez des beignets comme il est dit aux beignets à la marmelade d'abricots.

Garnissez de marmelade de poires.

Finissez-les comme les précédents.

Lorsqu'ils sont frits, ayez du sirop à 40 degrés, dans lequel vous ajouterez de la liqueur de noyau.

Trempez-y chaque beignet.

Égouttez-les sur une grille, et dressez-les sur un plat garni d'une serviette.

## BEIGNETS DE CERISES.

Préparez des beignets comme les précédents.

Égouttez des cerises, et mettez-en quatre dans chaque beignet.

Couvrez.

Laissez revenir.

Faites frire.

Lorsqu'ils sont frits, ayez du sirop à 40 degrés, dans lequel vous aurez mis du kirsch.

Trempez entièrement les beignets dans le sirop.

Dressez et servez chaud.

## CANNELONS DE CRÈME AU CHOCOLAT.

Faites de la crème frangipane au chocolat (voir p. 79).

Ayez du feuilletage fin à 6 tours.

Abaissez la pâte à une épaisseur de 4 millimètres; coupez dessus des bandes de 8 centimètres de large ; mouillez-les légèrement au pinceau avec de l'eau.

Poussez avec un cornet un cordon de crème au chocolat sur l'abaisse, de 1 centimètre de grosseur sur 5 centimètres de longueur.

Couvrez la crème avec le feuilletage.

Soudez et laissez dépasser le feuilletage de 2 centimètres, en roulant sur la longueur pour éviter que les cannelons ne crèvent dans la friture.

Vingt minutes avant de servir, faites frire comme les beignets viennois.

Saupoudrez les cannelons avec du sucre pilé, et servez chaud sur un plat garni d'une serviette.

## CANNELONS DE CRÈME AUX PISTACHES.

Faites de la crème frangipane aux pistaches (voir p. 79).

Faites du feuilletage fin à 6 tours.

Préparez les cannelons comme ceux à la crème au chocolat.

Faites-les frire.

Saupoudrez-les de sucre pilé.

Dressez-les sur un plat garni d'une serviette.

Servez chaud.

## CANNELONS A LA CRÈME D'AMANDES.

Préparez de la crème d'amandes comme il est dit p. 79.

Faites les cannelons avec du feuilletage fin à 6 tours, comme les précédents.

Faites-les frire.

Saupoudrez-les de sucre pilé.

Dressez-les sur un plat garni d'une serviette.

Servez chaud.

On fait des cannelons avec toute sorte de marmelades et par le même procédé.

## RISSOLES DE MARMELADE DE PÊCHES.

Faites du feuilletage fin à 6 tours.

Abaissez la pâte de 4 millimètres.

Laissez-la reposer.

Coupez des ronds de 7 centimètres avec un coupe-pâte godronné.

Mouillez légèrement.

Couchez de la marmelade de pêches sur le milieu du rond.

Ployez le rond en deux pour couvrir la marmelade et appuyez avec le pouce pour souder les deux parties.

Faites frire 25 minutes avant de servir.

Égouttez sur grille et rangez les rissoles sur des plaques.

Saupoudrez de glace de sucre avec la boîte à glacer; glacez à la flamme; à la bouche du four ou au four de campagne.

Lorsque le premier côté des rissoles est glacé, retournez et glacez le deuxième.

Dressez sur un plat garni d'une serviette et servez chaud.

*Observation.* — Les rissoles de marmelade de prunes, d'abricots, de pommes, de poires se font comme les rissoles de marmelade de pêches.

Faites frire, glacez et dressez sur des plats garnis d'une serviette.

### PAINS DE CRÈME A LA VANILLE.

Faites de la crème frangipane bien réduite à la vanille.

Ayez des feuilles de pain à chanter de 8 centimètres de large, passez un pinceau humide sur chaque feuille, couchez un cordon de crème de vanille de 5 centimètres de long sur 1 de large.

Roulez le pain à chanter, qui doit enfermer la crème et recouvrir le pain de 2 centimètres.

Vingt-cinq minutes avant de servir, ayez de la pâte à frire et de la friture qui n'ait pas servi; trempez chaque pain dans la pâte et faites frire dans la friture chaude.

Égouttez sur grille.

Saupoudrez de glace de sucre avec la boîte à glacer.

Dressez sur un plat garni d'une serviette et servez chaud.

### PAINS DE CRÈME AUX PISTACHES.

Faites de la crème frangipane aux pistaches et finissez entièrement comme les pains à la vanille.

Dressez et servez chaud.

### PAINS DE CRÈME AUX AVELINES.

Faites de la frangipane aux avelines et au kirsch.

Finissez, dressez et servez comme les précédents.

### BEIGNETS DE POMMES.

Après avoir fait la pâte à frire, ayez 6 pommes de reinette de Canada.

Videz-les avec une colonne de 2 centimètres de diamètre.

Pelez-les et coupez-les en rouelles de 8 millimètres d'épaisseur.

Mettez celles-ci dans un plat de terre, saupoudrez de sucre et arrosez avec de l'eau-de-vie.

Au bout d'une heure, retournez-les, et une heure après égouttez-les sur serviette et épongez-les, car sans cette précaution la pâte ne tiendrait pas sur la pomme et les beignets seraient manqués.

Faites de la pâte à frire avec 4 hectos de farine (passée au tamis) que vous mettez dans une terrine.

Faites un trou au milieu, ajoutez 2 pincées de sucre, 1 prise de sel et 4 cuillerées à bouche d'huile.

Mouillez avec 4 décilitres d'eau.

Mêlez l'eau à la farine en tournant avec la spatule d'une main et versant l'eau de l'autre.

Il faut mettre l'eau avec précaution pour ne pas corder ou noyer la pâte. Si 4 décilitres étaient de trop, il ne faudrait pas tout mettre : la pâte doit masquer la cuiller et filer quand on la laisse tomber.

On ne peut indiquer avec précision la quantité d'eau, car les farines ne sont pas toutes du même corps et boivent plus ou moins.

La pâte bien mêlée et lisse, on fouette 2 blancs d'œufs bien ferme et on les mêle à la pâte.

Pour toutes les fritures en général, on doit faire la pâte le matin : elles sont toujours plus belles lorsque la pâte est reposée.

Ayez de la graisse bien clarifiée et qui ait peu servi.

Faites-la chauffer dans la poêle, et pour reconnaître si elle est assez chaude, jetez-y une pincée de mie de pain ou 2 gouttes d'eau : si la graisse crie, elle est assez chaude.

Retirez-la sur le coin du fourneau.

Trempez chaque rond de pomme dans la pâte et mettez-le dans la poêle; il ne faut pas que les beignets soient trop serrés dans la friture.

Remettez la poêle en plein feu et agitez les beignets avec l'écumoire, pour qu'ils prennent une couleur uniforme.

Lorsqu'ils sont frits, égouttez-les sur grille, épongez-les légèrement, rangez-les sur une plaque d'office, saupoudrez-les avec

du sucre passé au tamis de soie et glacez-les à vif à four chaud
des deux côtés.

Dressez en rocher sur un plat garni d'une serviette chaude
et servez.

### BEIGNETS DE POIRES.

Prenez 6 poires de bon-chrétien, coupez-en le bout de 1 centimètre.

Séparez chaque poire en 8 morceaux sur la longueur si elle
est grosse, en 6 si elle est moyenne.

Épluchez-les et faites mariner comme les pommes.

Finissez comme les beignets de pommes.

### BEIGNETS D'ORANGES.

Préparez 5 oranges comme pour les glacer au caramel.

Trempez-les dans la poêle et faites frire à friture très-chaude.

Quand la pâte est colorée, le beignet est fait.

Égouttez, glacez et servez en rocher sur plat garni d'une serviette chaude.

### BEIGNETS DE FRAISES.

Faites de la pâte à frire.

Ayez de très-grosses fraises anglaises.

Faites-les frire dans de la friture très-chaude.

Égouttez sur grille.

Saupoudrez de sucre.

Dressez en rocher sur un plat garni d'une serviette chaude.

### BEIGNETS DE CÉLERI-RAVE.

Ayez des racines de céleri-rave et donnez-leur la forme de
quartiers d'orange.

Blanchissez-les dans de l'eau pendant 5 minutes.

Égouttez.

Mettez-les dans une casserole et couvrez-les avec du sirop à
4 degrés et 1 décilitre de madère.

Faites cuire très-juste, c'est-à-dire de manière que les beignets soient durs sous le doigt.

Aussitôt qu'ils sont cuits, égouttez-les sur grille.

Une demi-heure avant de servir, épongez les quartiers finissez comme pour les beignets de pommes.

Ne pas oublier de faire la pâte à frire le matin.

### BEIGNETS DE PÊCHES.

Séparez 8 moyennes pêches en deux, retirez les noyaux, épongez-les avec une serviette.

Trempez dans de la pâte à frire et procédez comme pour les beignets de pommes.

On ne doit ouvrir les pêches que juste au moment de les faire frire. Il faut aussi que les pêches ne soient trop mûres; car alors elles ressuent l'eau et la pâte ne prend plus dessus.

### BEIGNETS D'ABRICOTS.

Même travail que pour les beignets de pêches.

Finir comme les beignets de pommes.

### BEIGNETS D'ANANAS.

Ayez 24 ronds d'ananas confits et bien épongés, de 8 centimètres de diamètre sur 2 d'épaisseur.

Faites-les frire, glacez comme pour les beignets de pommes et servez de même.

### CROQUETTES DE RIZ A LA VANILLE.

Préparez 400 grammes de riz comme pour le gâteau de riz.

Lorsque le riz est cuit, mettez-le dans un plat, en formant une couche de 5 centimètres d'épaisseur.

Laissez-le refroidir et coupez-le en morceaux de 5 centimètres de long sur 4 de large.

Saupoudrez la table de mie de pain et formez tous vos morceaux de riz en bouchons.

Battez 4 œufs comme pour omelette.

Trempez chacun des bouchons dans l'œuf battu et panez-le.

Reformez les bouchons et rangez-les sur une plaque recouverte d'une feuille de papier.

Une demi-heure avant de servir, faites-les frire à friture chaude.

Égouttez sur grille.

Saupoudrez de sucre.

Dressez en pyramide sur un plat couvert d'une serviette chaude et servez.

Ces croquettes se font au zeste de citron et d'orange, à la cannelle et à d'autres goûts.

### CRÈME FRITE AUX AMANDES.

Mettez dans une casserole 5 hectos de farine, 5 œufs et 125 grammes de sucre en poudre.

Détrempez ce mélange avec 1 litre de lait bouilli et refroidi et 50 grammes de beurre fin.

Mettez sur le feu et remuez avec une spatule.

Laissez cuire 20 minutes, en évitant que la crème ne s'attache au fond de la casserole.

Lorsque la cuisson est faite, ajoutez 6 jaunes d'œufs et 20 grammes d'amandes amères bien pilées.

Étalez la crème à une épaisseur de 3 centimètres sur une plaque d'office légèrement beurrée.

Laissez refroidir entièrement.

Coupez cette crème en morceaux de 5 centimètres de long sur 3 de large.

Passez chaque morceau dans de l'œuf battu et ensuite dans de la mie de pain.

Vingt minutes avant de servir, faites frire à friture très-chaude.

Saupoudrez de sucre.

Dressez sur un plat garni d'une serviette chaude et servez.

On fait aussi ces beignets en remplaçant la mie de pain par de la pâte à frire.

### BEIGNETS DE CRÈME A L'OEUF FRITE.

Prenez 6 mesures de lait de la contenance d'un moule à darioles.
Faites bouillir.

Mettez 6 jaunes d'œufs dans une terrine, 20 grammes de
sucre de vanille, 50 grammes de sucre en poudre, une petite
pincée de sel.

Mêlez et passez au tamis.

Beurrez 12 moules à darioles.

Remplissez-les avec la crème.

Faites-les prendre au bain-marie.

Sitôt pris, retirez-les du feu et laissez refroidir.

Lorsqu'ils sont bien froids, démoulez et coupez-les en quatre
par le travers, ce qui vous donnera 4 beignets.

Passez-les à l'œuf battu et à la mie de pain.

20 minutes avant de servir, faites frire.

Égouttez, saupoudrez de sucre, dressez sur un plat garni
d'une serviette chaude et servez.

*Observation.* — Ces deux dernières crèmes se font au café, au
chocolat, à l'eau de fleur d'oranger, à la fleur d'oranger pralinée, etc. On les fait aussi sans les paner à l'œuf; dans ce cas,
on supplée à l'emploi de l'œuf en passant chaque morceau de
beignet dans de la pâte à frire.

### BEIGNETS SOUFFLÉS.

80 grammes de beurre,
250 — de farine,
30 — de sucre,
4 décilitres d'eau,
Râpure d'un citron,
1 prise de sel.

Mettez dans une casserole l'eau, le beurre, le sel et le sucre.

Mettez sur le feu.

Au premier bouillon, retirez du feu et ajoutez tout de suite
la farine.

Mêlez avec la spatule, remettez sur le feu et remuez la pâte avec la spatule pour éviter qu'elle ne s'attache au fond de la casserole.

Après 3 minutes de ce travail, retirez la pâte du feu et mouillez-la avec les œufs.

Cassez un œuf, travaillez-le avec la spatule.

L'œuf bien mêlé, cassez-en un autre.

Mêlez, et ainsi de suite jusqu'à 5 œufs.

Si la pâte est assez molle, on ne met pas le sixième œuf : il faut que cette pâte ait la fermeté de la pâte à choux.

La pâte faite, mettez la friture sur le feu.

Étalez la pâte à une épaisseur de 4 centimètres sur un couvercle de casserole, avec le crochet de la cuiller à dégraisser que vous trempez dans la friture.

Faites une boule de pâte que vous laissez tomber dans la poêle. Ce travail doit se faire vite, la poêle sur le coin du fourneau et la friture pas trop chaude.

Lorsque la surface de la friture est couverte, remettez la poêle en plein feu et remuez les beignets avec l'écumoire.

Lorsqu'ils sont frits, — ce dont on s'assure en les touchant : ils doivent être fermes sous le doigt et d'une couleur jaune uniforme, — égouttez-les sur une grille, saupoudrez de sucre, dressez en rocher sur un plat garni d'une serviette chaude et servez avec un sucrier de sucre en poudre à part.

On ne doit employer pour les entremets sucrés et frits que de la friture neuve ou qui ait peu servi, comme je l'ai déjà dit ; il faut exclure surtout celle dans laquelle on a fait frire du poisson.

### PANNEQUETS D'ABRICOTS.

200 grammes de farine,
80   —   de beurre,
4 œufs,
15 grammes de sucre,
5 décilitres de crème,
1 prise de sel.

Faites un dôme en pain de mie de 10 centimètres de largeur et de 5 d'épaisseur.

Faites-le frire dans du beurre clarifié et collez-le sur un plat d'entremets avec du repère.

Mettez dans une terrine le sucre, la farine, le sel et les œufs. Travaillez avec la spatule.

126. — Dôme de pannequets.

Faites fondre le beurre dans la crème et mouillez l'appareil avec la crème.

Si l'appareil était trop ferme, on ajouterait un peu de crème.

Ayez du beurre clarifié et un pinceau.

Faites chauffer la poêle.

127. — Pannequets.

Beurrez au pinceau avec le beurre clarifié.

Prenez une cuiller à dégraisser et mettez une cuillerée d'appareil dans la poêle.

Faites cuire d'un seul côté et mettez le côté qui n'est pas coloré sur le dôme.

Étalez sur le côté coloré une couche de marmelade d'abricots de 3 millimètres d'épaisseur et passée au tamis.

Continuez à faire les pannequets et à les mettre sur le dôme en les couvrant de marmelade : il en faut de 30 à 40 pour un entremets.

Lorsqu'ils sont finis, on les saupoudre de sucre passé au tamis de soie et on les glace au four de campagne ou à la salamandre.

Servez très-chaud.

On fait ces pannequets avec toutes les marmelades et gelées de fruits; il faut avoir soin de mettre la confiture chaude sur les pannequets : elle s'étale mieux et ne les refroidit pas.

## CRÊPES.

250 grammes de farine,
3 œufs,
120 grammes de beurre,
4 décilitres de lait,
1 prise de sel,
1 pincée de sucre.

Mettez dans une terrine la farine, le sucre, le sel, les œufs et un demi-décilitre de lait.

128. — Salière de cuisine.

Mêlez avec la spatule.

Faites fondre le beurre dans le restant du lait et mouillez l'appareil.

En mêlant les œufs et le lait, il faut veiller à ce qu'il ne se forme pas de grumeaux. Si l'appareil était trop lié, on ajouterait un peu de lait.

Mettez chauffer une poêle à crêpes.

Ayez du beurre clarifié dans une casserole et un pinceau.

Beurrez légèrement la poêle.

Couvrez le fond de la poêle avec l'appareil.

Faites prendre couleur d'un côté.

Retournez la crêpe.

Faites colorer l'autre côté.

Retirez de la poêle et continuez jusqu'à ce que tout l'appareil soit employé.

Saupoudrez chaque crêpe de sucre pilé.

Mettez-les sur un plat chaud, les unes sur les autres.

Servez-les très-chaudes, avec sucre en poudre à part.

On peut mettre dans l'appareil, comme parfums, des sucres de vanille, de citron, d'orange ou de fleur d'oranger. Lorsque l'on fera des crêpes au sel, on ne mettra aucune odeur; on doublera le sel dans l'appareil et on salera légèrement chaque crêpe.

## MERVEILLES.

500 grammes de farine,

100 — de beurre,

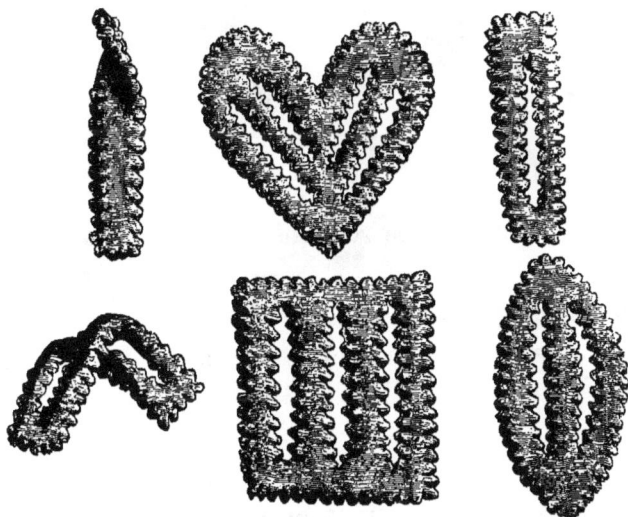

129. — Merveilles.

4 œufs,

4 grammes de sel,

8 — de sucre.

Passez la farine au tamis sur la table.

Faites une fontaine.

Mettez sel, sucre, œufs et beurre.

Pétrissez la pâte.

Laissez reposer, et, une heure après, abaissez la pâte à une épaisseur de 5 millimètres.

130. — Roudelle.

Détaillez la pâte avec la rondelle comme le dessin l'indique.

Faites frirc.

Égouttez sur grille.

Saupoudrez de sucre et dressez sur un plat garni d'une serviette.

Servez très-chaud.

### BORDURES DE PATES.

Il ne faut rien négliger de ce qui peut concourir au bon aspect d'une pièce et à l'élégance du service : les yeux doivent être réjouis par tous les objets qui figurent sur la table; l'es-

tomac est invité et mieux préparé à sa fonction, l'appétit se
réveille et se raffine par le spectacle d'un mets présenté avec
sa parure des grands jours.

Rien ne remplit mieux cet objet que les bordures de pâtes.

D'ailleurs ces bordures sont un élément d'étude propre à

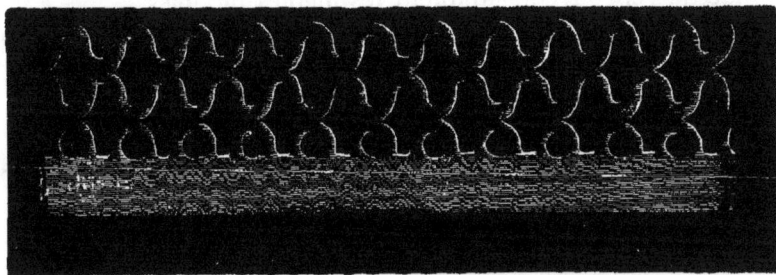

131. — Bordure de pâte.

développer le goût, l'intelligence et l'adresse du pâtissier ; car
il peut, en les exécutant, se livrer à tous les caprices de son
imagination, pourvu toutefois qu'il ne dépasse pas les limites
naturelles de son sujet.

Les bordures doivent toujours être traitées comme des acces-

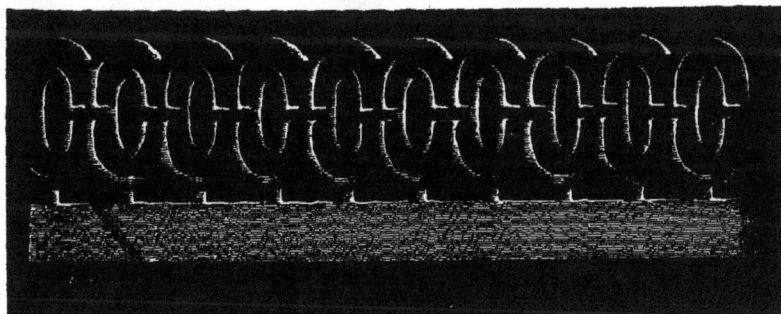

131. — Bordure de pâte.

soires, toujours subordonnées, en rapport de dimension et de
style avec l'objet qu'elles entourent.

On les fait avec différentes pâtes, suivant les convenances du
sujet : soit avec des pâtes sucrées, du pastillage, des pâtes
anglaises ou de la pâte à nouilles.

Il est deux modes de procéder : 1° le moulage ; 2° le découpage avec le coupe-pâte.

Le moulage ne demande qu'un peu d'adresse et quelques précautions ; il donne des formes très-régulières ; mais, à moins de posséder une grande quantité de moules, qui coûtent fort cher, le pâtissier qui n'emploie que ce procédé est nécessairement obligé de répéter constamment les mêmes modèles.

Le découpage au coupe-pâte est plus artistique, plus fécond et offre des ressources infinies.

Quelques boîtes de coupe-pâtes de dessins variés composent tout l'outillage pour exécuter, dans toutes les dimensions, les

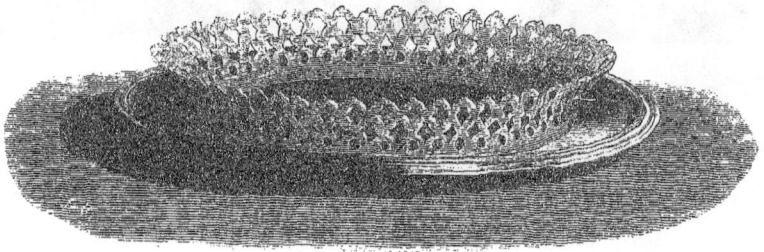

133. — Bordure de pâte à nouilles.

bordures les plus élégantes ; il suffit pour cela de les utiliser en les combinant avec goût.

Il faut, dans tous les cas, commencer par abaisser une certaine quantité de pâte, en bande allongée ; puis, en couper les bords, franchement, dans toute la longueur, par deux traits bien parallèles et déterminant la hauteur de la bordure projetée.

Dans cet état, l'opérateur place cette bande de pâte devant lui, bien à plat sur la table ; il trace légèrement, au moyen d'une règle, ou avec le tranchant d'un grand couteau, une ligne indiquant la hauteur de la base de la bordure, c'est-à-dire la partie lisse et pleine qui ne doit pas être décorée et qui reposera sur le plat : cette ligne guide et règle le premier découpage à l'emporte-pièce. Il faut manœuvrer le coupe-pâte avec beaucoup de soin pour obtenir une grande régularité dans le travail ; on doit veiller à le tenir toujours bien perpendiculairement sur la surface et à laisser un espace égal entre chaque découpure. Faute de satisfaire à ces deux conditions, il est bien difficile d'obtenir un bon effet ou de pouvoir poursuivre l'opération jusqu'au bout.

Quand le premier rang est découpé, on passe au second, au troisième et successivement jusqu'au dernier; une autre marche exposerait à des mécomptes.

Les bordures se fixent sur les plats, pour la pâte anglaise au moyen de gomme adragante, pour la pâte à nouilles avec de la farine, du blanc d'œuf et du sucre. Dès qu'elles sont bien assujetties, et pendant que la pâte a encore une certaine mollesse, on leur donne une plus grande élégance et une tournure plus agréable en les évasant par le haut; une légère manipulation suffit pour atteindre ce but.

# CHAPITRE XII.

## PATISSERIE ÉTRANGÈRE.

### PATISSERIE ANGLAISE.

#### BEEFSTEAK-PIE.

##### PATÉ DE BŒUF A L'ANGLAISE.

Parez en escalopes un morceau de filet de bœuf avec très-peu de graisse, en quantité suffisante toutefois pour remplir le plat (soit en argent, soit en porcelaine, et pouvant aller au four).

134. — Pâté de bœuf à l'anglaise.

Assaisonnez les escalopes de sel et de poivre.

Beurrez légèrement le plat et rangez-y les escalopes, en

mettant entre chaque lit une cuillerée d'espagnole, à laquelle vous ajouterez persil et champignons hachés.

Quand le plat est rempli, garnissez le bord d'une bande de feuilletage à 7 tours et couvrez d'une abaisse pareille.

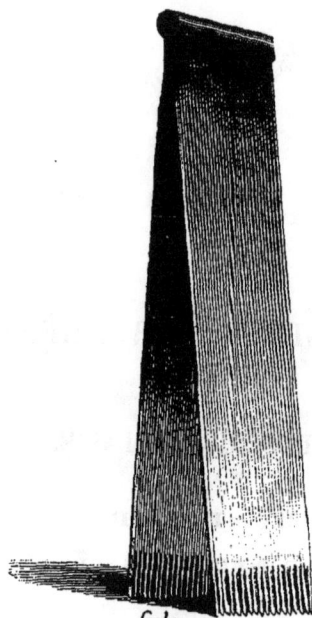

135. — Pince.

Pincez le bord du pâté.

Dorez le dessus et posez une rosace de feuilles losange.

Dorez et cuisez à four *papier brun* pendant 1 heure.

Lorsque le pâté est cuit, égouttez le jus de l'intérieur, remplissez d'une bonne espagnole et servez.

### CHICKEN-PIE.

#### PATÉ DE POULET A L'ANGLAISE.

Découpez deux poulets comme pour fricassée.

Assaisonnez de sel et de poivre.

Garnissez le fond du plat de quelques tranches de filet de bœuf et rangez dessus les morceaux de poulet, en mettant entre eux quelques escalopes de jambon cru.

Saucez avec velouté en place d'espagnole et mêlez-y aussi des fines herbes hachées.

Couvrez de feuilletage comme le pâté de bœuf à l'anglaise, et finissez de même.

### PIGEON-PIE.

#### PATÉ DE PIGEONS A L'ANGLAISE.

Préparez des escalopes de filet de bœuf et quatre pigeons coupés en deux. .

Otez l'os des brechets.

Assaisonnez de sel et de poivre.

Couchez au fond du plat les escalopes de bœuf et rangez les moitiés de pigeons jusqu'à ce que le plat soit plein ; ajoutez aussi les jaunes de 6 œufs durs.

Saucez avec espagnole et fines herbes et finissez comme le pâté de bœuf.

*Observation.* — Ces pâtés se font également avec faisans, perdreaux, mauviettes et toute sorte de gibier suivant la saison.

### MUTTON-PATTIES.

#### PETITS PATÉS DE MOUTON A LA WINDSOR.

Parez 4 filets mignons de mouton, ôtez toute la graisse et les nerfs, et coupez-les en petites escalopes; parez aussi un morceau de bonne graisse pour en faire de petites escalopes.

Passez au beurre avec du persil et des champignons hachés.

Assaisonnez de sel et de poivre.

Trempez chaque escalope dans les fines herbes et mettez-les l'une sur l'autre avec une très-mince escalope de graisse entre la viande ; faites-en des portions de la grandeur des moules à tartelettes que vous voulez employer.

Foncez les moules à tartelettes de pâte à foncer fine.

Mettez y la garniture et couvrez les pâtés d'une abaisse de feuilletage à 7 tours.

Coupez avec un coupe-pâte godronné de la grandeur des moules.

Faites un trou de 1 centimètre dans le milieu du couvercle ; dorez et mettez un autre anneau de feuilletage plus petit que le couvercle avec un trou semblable dans le milieu.

Faites cuire à four *papier brun* pendant 20 minutes.

Démoulez, mettez dans chaque pâté une cuillerée de bonne espagnole réduite et servez.

### BOILED PUDDING-PASTE.
#### PATE POUR LES POUDINGS BOUILLIS.

Épluchez et hachez fin 500 grammes de graisse de rognon de bœuf.

Mettez sur le tour avec 500 grammes de farine tamisée et une forte pincée de sel.

Mêlez bien, en ajoutant 3 décilitres d'eau pour en faire une pâte d'un bon corps.

### BEEFSTEAK-PUDDING.
#### POUDING DE BŒUF A L'ANGLAISE.

Beurrez légèrement un bol à fond rond de la grandeur d'une entrée.

Abaissez un morceau de la pâte décrite ci-dessus et foncez le bol.

Préparez des escalopes de filet de bœuf et garnissez le bol jusqu'à ce qu'il soit plein.

Assaisonnez de saucé avec sel et poivre comme pour le pâté de bœuf.

Faites une abaisse de la même pâte et couvrez le dessus du bol sans faire aucun trou.

Couvrez d'une serviette beurrée, en l'attachant fortement autour du bol avec une ficelle.

Faites bouillir à grande eau pendant 1 heure 1/2 pour un pouding de grosseur moyenne.

Démoulez dans un plat chaud, saucez la pâte d'une bonne italienne et servez.

### LARK-PUDDING.
#### POUDING DE MAUVIETTES A L'ANGLAISE.

Foncez un bol avec de la pâte à pouding.

Épluchez et videz 24 mauviettes.

Assaisonnez de sauce avec sel, poivre et fines herbes et remplissez le bol.

Couvrez de pâte, emballez dans une serviette et faites bouillir comme le pouding de bœuf à l'anglaise.

### FRUIT-PUDDINGS.
#### POUDINGS DE FRUITS A L'ANGLAISE.

Tous les poudings de fruits énumérés ci-dessous se font de la même manière, en fonçant un bol à fond rond avec la même pâte et en procédant comme pour le pouding de bœuf à l'anglaise.

On remplit l'intérieur de fruits crus et épluchés, mais en laissant les noyaux aux fruits à noyau, ce qui donne beaucoup meilleur goût.

Couvrez d'une abaisse de la même pâte.

Emballez d'une serviette et faites bouillir 1 heure 1/4.

Démoulez et servez chaud.

#### NOMS DES POUDINGS DE FRUITS.

*Gooseberry-pudding.* — Pouding de groseilles à maquereau vertes.

*Currant and rasberry-pudding.* — Pouding de groseilles et framboises.

*Cherry-pudding.* — Pouding de cerises.

*Apricot-pudding.* — Pouding d'abricots.

*Greengage-pudding.* — Pouding de prunes de reine-Claude.

*Damson-pudding.* — Pouding de prunes de Damas.

*Black-currant-pudding.* — Pouding de cassis.

*Apple-pudding.* — Pouding de pommes.

## JAM-ROLLY-PUDDINGS.

### POUDINGS ANGLAIS AUX CONFITURES.

Préparez de la pâte à la graisse de bœuf, comme pour le pouding de bœuf à l'anglaise.

Faites une grande abaisse en carré long, d'un demi-centimètre d'épaisseur.

Étalez uniformément partout de la confiture, ou de la marmelade d'abricots, de prunes, de fraises, de framboises, de cassis; puis roulez le tout sur la longueur, de la grosseur de 7 centimètres.

Emballez dans une serviette, comme l'anguille pour bastion; attachez avec une ficelle et faites bouillir à grande eau pendant 1 heure 1/2.

Déballez avec soin.

Coupez en tronçons et servez sur un plat chaud.

*Observation.* — On sert avec tous les poudings de fruits du sucre pilé ou de la cassonade dans une saucière.

## TART-PASTE.

### PATE A TARTE.

Mettez 500 grammes de farine tamisée sur le tour.

Ajoutez une pincée de sel et deux pincées de sucre,

3 jaunes d'œufs,

250 grammes de beurre.

Travaillez le tout, en ajoutant graduellement environ 2 décilitres d'eau, pour en faire une pâte à foncer mollette.

Laissez reposer la pâte au frais ou sur la glace jusqu'au moment de vous en servir.

### NOMS DES TARTES DE FRUITS.

*Gooseberry-tart.* — Tarte de groseilles à maquereau vertes.

*Currant and rasberry tart.* — Tarte de groseilles et framboises.

*Cherry-tart.* — Tarte de cerises.

*Apricot-tart.* — Tarte d'abricots.

*Greengage-tart.* — Tarte de prunes de reine-Claude.

*Damson-tart.* — Tarte de prunes de Damas.

*Plum-tart.* — Tarte de prunes.

*Black-currant-tart.* — Tarte de cassis.

*Apple-tart.* — Tarte de pommes.

Toutes les tartes de fruits ci-dessus dénommées se font comme suit :

Remplissez un plat à tarte en faïence du fruit que vous désirez employer. Il faut que ce fruit soit bien épluché.

Couvrez le fruit d'environ un quart de sucre pilé ou de cassonade, selon le degré d'acidité du fruit.

Faites une abaisse de la pâte, mettez une bande sur le bord u plat et couvrez avec l'abaisse.

Ayez soin de bien souder les deux pâtes ensemble ; chiquetez e tour, mouillez le dessus de la tarte avec un pinceau bien trempé dans l'eau et saupoudrez largement de sucre pilé.

Mettez dans un four *papier brun clair.*

*Observation.* — Toutes ces tartes de fruits se font généralement froides, avec de la crème double dans une saucière et du sucre en poudre ou de la cassonade, également dans une saucière.

Les tartes de pommes se servent chaudes ou froides, mais toujours avec sucre et crème.

Coupez les pommes en quartiers, épluchez et remplissez le plat ; ajoutez au sucre un peu de zeste de citron haché fin et 3 clous de girofle ; couvrez de pâte et cuisez comme les autres tartes de fruits.

### CHEESE-CAKES.

#### TARTELETTES DE CRÈME A L'ANGLAISE.

Procurez-vous 1 litre de lait caillé très-fort.

Égouttez et pressez-le bien pour en entraîner tout le petit lait.

Pilez ensemble :

125 grammes de beurre frais,

Du sucre,

Du sucre de citron.

Ajoutez 10 jaunes d'œufs et un verre d'eau-de-vie.

Réservez dans une terrine et ajoutez 60 grammes de raisin de Corinthe lavé et épluché et autant de cédrat coupé en petits dés.

Foncez avec du feuilletage à gâteau de roi à 6 tours des moules à tartelettes comme pour mirlitons ; remplissez-les avec la crème et cuisez 20 minutes à four *papier brun clair*.

Servez chaud ou froid.

Cette crème peut aussi s'employer dans un plat foncé de feuilletage, avec une petite bande autour; on remplit de crème à 2 centimètres d'épaisseur et on fait cuire.

### TRIFLE.
#### MOUSSE A L'ANGLAISE.

Parez et coupez du biscuit en tranches de 1 centimètre d'é-paisseur; rangez-en deux rangs dans le fond d'un plat creux.

Mettez dessus un rang de macarons et versez sur le tout 4 décilitres de vin de Madère.

Laissez absorber par le biscuit.

Préparez une crème cuite avec 8 jaunes d'œufs, 3 décilitres de crème et lait, une cuillerée d'arrow-root ; sucre et odeur au choix.

Faites prendre sur le feu en évitant de laisser bouillir.

Lorsque la crème est refroidie, passez-la à l'étamine.

Couvrez les biscuits et les macarons à 2 centimètres d'épais-seur.

Étalez légèrement sur la crème un peu de marmelade d'abricots.

Puis couvrez le tout d'une forte couche de crème fouettée sucrée et assaisonnée.

Décorez le dessus avec de la crème fouettée.

Colorez en rose ou chocolat.

## MINCE-PIES.

### PETITS PATÉS SUCRÉS

En usage pendant tout le temps des fêtes de Noël.

Lavez et épluchez 3 kilos de raisin de Corinthe.

Épluchez 3 kilos de raisin de Malaga.

Épluchez en quartiers un demi-kilo de pommes de reinette grises.

Coupez en dés 250 grammes d'écorce de citron à demi-sucre et 250 grammes d'écorce d'orange à demi-sucre.

Hachez les raisins de Malaga avec les écorces d'orange, de citron et les pommes.

Coupez en lames minces 250 grammes de cédrat.

Épluchez et hachez fin un demi-kilo de graisse de rognon de bœuf et un demi-kilo de noix de bœuf bouillie et parée.

Mêlez le tout ensemble et ajoutez :

1 kilo de sucre pilé,

25 grammes de zeste de citron haché très-fin,

20   —   de clous de girofle en poudre,

20   —   d'épices en poudre,

15   —   de muscade en poudre.

Mêlez bien tous ces ingrédients et ajoutez-y une bouteille d'eau-de-vie.

Mettez le tout dans une terrine assez grande et couvrez ensuite celle-ci hermétiquement avec du gros papier collé.

Cette préparation doit être faite un mois avant qu'on ne l'emploie.

Pour faire les petits pâtés, foncez de grands moules à tartelettes avec du feuilletage à gâteau de roi à 6 tours.

Garnissez-les avec l'appareil ci-dessus et couvrez-les d'un couvercle de même feuilletage.

Dorez et rayez le dessus.

Cuisez 20 minutes à four *papier brun* et glacez à vif.

Servez chaud.

## GOOSEBERRY-FOOL.

### CRÈME DE GROSEILLES A MAQUEREAU VERTES.

Épluchez 500 grammes de groseilles à maquereau vertes; blanchissez-les dans de l'eau bouillante jusqu'à ce qu'elles soient cuites.

Égouttez-les sur un tamis de crin, et lorsqu'elles seront froides, passez-les en purée à l'étamine.

Ajoutez du sucre en poudre, et pour chaque demi-litre de purée ajoutez 2 décilitres de crème double fouettée bien ferme.

Servez dans de petits pots à crème ou dans un plat à tarte avec une bordure de fleurons de feuilletage, et glacez à vif.

## STRAWBERRY-FOOL.

### CRÈME DE FRAISES.

Ce mets se prépare et se cuit exactement comme le gooseberry-fool, en substituant une purée de fraises à la purée de groseilles vertes.

## COLLEGE-PUDDINGS.

### POUDINGS A LA MOELLE.

Épluchez et hachez fin 750 grammes de moelle de bœuf fraîche et mettez-la dans une terrine.

Coupez en très-petits dés 250 grammes de cédrat, d'écorce d'orange et de citron confit; ajoutez à la moelle, ainsi que 375 grammes de raisin de Corinthe épluché et lavé, 250 grammes de sucre pilé et 375 grammes de mie de pain.

Mêlez le tout avec 5 œufs entiers, 1 décilitre d'eau-de-vie et 1 décilitre de vin de Madère.

Beurrez légèrement de grands moules à darioles, remplissez-les de l'appareil et faites cuire à four *papier brun clair* pendant une demi-heure.

Démoulez sur un plat chaud et saucez avec un sabayon fait

avec 6 jaunes d'œufs, 50 grammes de sucre et 2 décilitres de Madère.

Fouettez sur le feu jusqu'à parfaite liaison ; servez le reste de la sauce dans une saucière.

*Observation.* — Cet appareil à pouding peut aussi se faire en croquettes, panées à l'œuf et frites à feu doux pour laisser le temps de cuire intérieurement. Servez la même sauce dans une saucière.

### BREAD-AND-BUTTER-PUDDING.

#### POUDING DE PAIN A L'ANGLAISE.

Coupez deux petits pains à café en tranches minces ; beurrez-les bien avec du beurre très-frais.

Rangez-les dans une casserole d'argent beurrée.

Semez entre le pain quelques raisins de Corinthe et du cédrat haché très-fin.

Remplissez ainsi la casserole à moitié.

Faites bouillir 6 décilitres de lait avec sucre et zeste de citron infusé.

Cassez 6 œufs entiers dans une terrine ; mêlez le lait quand il est un peu refroidi, puis passez sur le pain jusqu'à ce que la casserole soit pleine.

Laissez tremper pendant 10 minutes, cuisez à four *papier brun* pendant une demi-heure et servez tout de suite.

### BUNS.

500 grammes de farine,
80 — de beurre,
80 — de sucre,
3 œufs,
3 décilitres de lait,
18 grammes de levûre,
30 — de raisin de Corinthe parfaitement nettoyé,
10 — de sel.
Mettez le quart de la farine dans une terrine.

Faites dissoudre la levûre dans 1 décilitre de lait chaud à 80 degrés.

Faites le levain avec le lait et la levûre.

Laissez revenir au double du volume primitif.

Mettez dans une terrine le reste de la farine, le sel, le sucre, le beurre, un œuf, 1 décilitre de lait tiède.

Pétrissez.

Mettez un œuf.

Pétrissez de nouveau.

Ajoutez le dernier œuf, puis le lait.

Lorsque les œufs sont bien mêlés et le levain bien revenu, mêlez avec la pâte.

Ajoutez le raisin de Corinthe.

Partagez cette pâte en morceaux de 30 grammes.

Moulez et couchez sur des plaques d'office très-propres et beurrées légèrement.

Laissez revenir au double de leur première grosseur.

Dorez-les à l'œuf battu.

Faites cuire à four chaud.

Avant de retirer les buns du four, passez sur chaque pièce un pinceau trempé dans du lait.

Remettez une minute au four.

Retirez et rangez sur clayon.

Ces gâteaux sont très-bons pour le thé. On les sert indifféremment chauds ou froids.

### GELÉE DE PIEDS DE VEAU A L'ANGLAISE.

Désossez 3 pieds de veau.

Faites-les blanchir.

Rafraîchissez et faites dégorger 1 heure dans l'eau froide. Égouttez.

Ficelez-les et mettez-les dans une marmite avec 4 litres d'eau.

Faites-les cuire jusqu'à ce qu'ils fléchissent sous le doigt.

Passez la gelée à la serviette.

Mettez deux cuillerées de gelée dans un moule à darioles et à la glace pour s'assurer de la fermeté.

Si la gelée n'était pas assez forte, on la ferait réduire sur le coin du fourneau et on l'écumerait de temps en temps pour qu'elle soit parfaitement dégraissée.

Lorsque l'on peut cuire la gelée la veille et qu'elle est bien prise le lendemain, on jette de l'eau bouillante dessus ; en tenant la terrine en biais, l'eau tombe tout de suite ; on essuie la gelée, et celle-ci est parfaitement dégraissée.

Mettez dans une casserole la gelée de pieds de veau.

Pour 1 litre de gelée très-ferme, il faut :

1 décilitre de très-bon madère,

3 hectos de sucre en morceaux,

4 clous de girofle,

5 grammes de cannelle.

5 — de gingembre,

Le zeste d'un citron,

Le jus de deux citrons.

Fouettez trois blancs d'œufs avec 1 décilitre d'eau.

Mêlez à la gelée.

Tournez sur le feu avec le fouet.

Au premier bouillon, retirez du feu.

Passez à la chausse.

Laissez refroidir.

Frappez à la glace au moment de servir.

Démoulez sur une serviette.

Hachez la gelée grossièrement et servez dans des gobelets de cristal.

En Angleterre, on se sert de cette gelée pour la macédoine de fruits.

### MUFFINS.

500 grammes de farine,

30 — de sel.

30 — de levûre,

5 décilitres de lait.

Passez la farine à travers un tamis dans une terrine.

Délayez la levûre dans 3 décilitres de lait chaud à 31 degrés.

Travaillez le lait et la levûre avec la farine.

Ajoutez le sel.

Ajoutez le reste du lait.

Travaillez la pâte pour qu'elle soit bien lisse.

Laissez revenir dans un endroit chaud.

Lorsque la pâte est revenue au double de son premier volume, mettez-la sur la table.

Coupez-la en morceaux.

Moulez et mettez chaque abaisse dans des cercles à flans de 15 centimètres et sur des plaques d'office légèrement beurrées.

Faites revenir dans un endroit chaud.

Lorsque les muffins sont revenus, faites cuire à feu doux, car il faut qu'ils soient très-pâles.

Lorsqu'ils sont cuits, séparez-les en deux par le travers.

Masquez chaque partie avec du beurre fondu en creux, c'est-à-dire extrêmement mou.

Remettez les deux morceaux l'un sur l'autre et servez très-chaud sur un plat garni d'une serviette.

Ces gâteaux sont très-bons pour le café, le chocolat et surtout pour le thé.

## PATISSERIE ALLEMANDE.

### COBURGER AEPFELKUCHEN.

#### FLAN DE POMMES A LA COBOURG.

Foncez un moule à flan de 5 centimètres de profondeur, avec une pâte à foncer à 6 livres.

Épluchez 12 pommes de reinette en quartiers et garnissez-en le flan en les rangeant en miroton.

Faites cuire pendant trois quarts d'heure.

Préparez un appareil avec 50 grammes de sucre pilé et 50 grammes de macarons écrasés fin.

Mêlez le tout dans une terrine.

Ajoutez 2 œufs entiers.

Travaillez bien avec la cuiller pendant 10 minutes.

Mêlez une cuillerée de crème double à l'appareil et remplissez le flan de manière à couvrir les pommes.

Glacez à blanc et remettez au four, jusqu'à ce que le flan soit d'une couleur jaune, comme un mirliton.

Servez chaud sur une serviette.

### SCHAUMTARTE.
#### TOURTE DE CERISES A LA CRÈME.

Mettez sur le tour :

> 375 grammes de farine,
> 185 — de sucre pilé,
> 125 — de macarons écrasés fin,
> 125 — de beurre,
> 6 jaunes d'œufs durs,
> 6 jaunes d'œufs crus,
> Un grain de sel,
> Et un peu de cannelle en poudre.

Mêlez le tout pour en faire une pâte semblable à la pâte napolitaine ; laissez reposer, puis foncez sur un plafond un fond d'un demi-centimètre d'épaisseur, de la grandeur que vous désirez donner à la tourte.

Roulez une bande de la même pâte, de la grosseur du doigt, et soudez le tout autour du fond en la pinçant plus mince dans le haut ; marquez une espèce de chiqueture en dehors avec les doigts ; piquez bien le fond et faites cuire à four *papier brun clair*.

Laissez refroidir et remplissez l'intérieur de bonne confiture de cerises bien égouttées, et couvrez le tout d'une couche mince de crème fouettée assaisonnée à la vanille.

Marquez un dessin en losange avec la lame du couteau et servez sur une serviette.

### TYROLER AEPFELKUCHEN.
#### GATEAU DE POMMES A LA TYROLIENNE.

Mettez dans une terrine 500 grammes de farine.

Faites un trou dans le milieu et préparez un levain du quart de la farine avec 25 grammes de levûre et du lait tiède.

Quand le levain est fait, laissez revenir, en couvrant le levain avec le reste de la farine.

Ajoutez 250 grammes de beurre, 2 œufs entiers, sel et sucre comme pour brioche.

Mêlez le tout et ajoutez un peu de lait pour en faire une pâte mollette très-travaillée.

Laissez revenir pendant 2 heures, puis reployez la pâte, et laissez encore revenir 2 heures; enfin mettez au froid pour raffermir.

Préparez 12 pommes sautées au beurre en marmelade; ajoutez-y un peu d'abricot et mettez refroidir dans une terrine.

Écrasez 25 grammes de macarons.

Coupez en très-petits dés 25 grammes de cédrat et mêlez le cédrat avec 25 grammes de raisin de Smyrne et 25 grammes de raisin de Corinthe lavé et épluché.

Faites une abaisse avec la moitié de la pâte et mettez-la sur un plafond; mettez sur le milieu une couche de macarons écrasés, puis un lit de raisin et cédrat mêlés ensemble, et par-dessus la marmelade de pommes : le tout de 3 centimètres d'épaisseur.

Faites une abaisse avec le reste de la pâte.

Dorez le tour du fond.

Coupez la pâte en petites bandes d'un demi-centimètre de largeur et rangez-les sur la pomme; dorez le dessus et posez une autre rangée de bandes de pâte pour former un losange; videlez le bord de la pâte tout autour, dorez le tout et cuisez à four *papier jaune*.

Lorsque le gâteau est cuit, glacez à blanc et servez chaud sur une serviette.

### ZWETSCHENKUCHEN MIT HEFEN TEIG.
#### TOURTE DE PRUNEAUX A L'ALLEMANDE.

Préparez 250 grammes de pâte à la levûre, comme pour le gâteau de pommes à la tyrolienne.

Faites une abaisse sur un plafond et videlez la pâte autour pour former un bord; piquez le fond et faites-le cuire à four *papier jaune.*

Faites bouillir 500 grammes de pruneaux dans de l'eau, avec sucre et cannelle.

Quand le sirop est réduit et que les pruneaux sont à peu près cuits, ajoutez 3 décilitres de vin du Rhin.

Laissez refroidir les pruneaux dans une terrine et réduisez le sirop à 36 degrés.

Quand la tourte est froide, ôtez les noyaux des pruneaux et rangez-les l'un à côté de l'autre jusqu'à ce que toute la tourte soit couverte.

Saucez avec le sirop et servez.

### HOLLIPEN MIT RAHM.

#### GAUFRES A LA CRÈME.

Mettez dans une terrine à fond rond 125 grammes de beurre, et placez-la dans un endroit chaud pour ramollir le beurre;

136. — Gaufrier.

puis incorporez, en travaillant avec la cuiller, 5 œufs entiers l'un après l'autre.

Ajoutez 125 grammes de glace de sucre, 125 grammes de farine tamisée et une petite cuillerée à café de cannelle en poudre; mêlez bien le tout.

Faites chauffer un gaufrier à gaufres d'office ; mettez-y une cuillerée de l'appareil et faites cuire des deux côtés.

Parez le tour du gaufrier avec un couteau, en ayant le soin de ne pas le remettre sur le feu, ce qui brûlerait le bord de la gaufre.

Quand elle est cuite, tournez-la vivement en forme de cornet, servez sur une serviette avec une saucière de crème fouettée, assaisonnée de sucre et de marasquin.

### SCHWARZBRODKUCHEN MIT KIRSCHEN.

#### GATEAU DE PAIN BIS AUX CERISES.

Mettez dans une terrine à fond rond 125 grammes de beurre fin, et placez-la dans un endroit chaud pour ramollir le beurre.

Travaillez bien avec la cuiller et incorporez les jaunes de 6 œufs, l'un après l'autre, en réservant les blancs.

Ajoutez 125 grammes de glace de sucre, 1 cuillerée à café de sucre de clous de girofle (ce sucre se fait en pilant 50 grammes de sucre avec 16 clous de girofle et en le passant au tamis de soie) et une cuillerée à café de cannelle en poudre.

Mêlez bien le tout, puis ajoutez 150 grammes de pain bis réduit en mie.

Fouettez les 6 blancs et mêlez bien le tout ensemble.

Beurrez avec du beurre épongé un moule à kouglof plat et à côtes, et saupoudrez largement le beurre de mie de pain blanc.

Colorez au four *papier jaune*.

Mettez quelques cuillerées d'appareil dans le fond du moule, puis placez de bonnes cerises anglaises, sans en ôter les noyaux, aussi près les unes des autres que possible, en ayant soin que les cerises ne touchent pas les parois du moule.

Mettez encore de l'appareil et des cerises jusqu'à ce que l'appareil soit plein ; saupoudrez le dessus de mie de pain et mettez cuire dans un four *papier brun foncé*, afin que la croûte soit saisie vivement.

Après trois quarts d'heure de cuisson, démoulez le gâteau et saupoudrez-le de sucre de cannelle.

Laissez refroidir complétement sur un tamis et servez froid.

## SCHMARN MIT JOHANNISBEERMUS.

### FLAN ALLEMAND AUX GROSEILLES.

Mettez dans une terrine 250 grammes de farine tamisée, 25 grammes de sucre en poudre et un peu de muscade râpée.

Mêlez graduellement avec 3 décilitres de crème double pour obtenir une pâte très-mollette comme pâte à frire, puis ajoutez 6 blancs d'œufs fouettés très-ferme.

Beurrez un plat à sauter de 25 centimètres de diamètre et mettez-y l'appareil à une épaisseur de 5 centimètres.

Cuisez à four *papier jaune* pendant trois quarts d'heure.

Égrenez 500 grammes de belles groseilles et une poignée de framboises.

Faites cuire 300 grammes de sucre au petit cassé; jetez-y les groseilles et, après quelques bouillons, égouttez le fruit et réduisez le sirop en gelée de groseilles.

Lorsque le flan est cuit, démoulez-le et remettez les groseilles dans la gelée.

Donnez encore un bouillon, couvrez le flan d'une épaisse nappe de gelée et servez sur une serviette.

## KIRSCHENKUCHEN.

### TOURTE DE CERISES A L'ALLEMANDE.

Prenez un morceau de feuilletage à gâteau de roi à 6 tours; moulez-le et abaissez-le en rond de la grandeur désirée et d'un demi-centimètre d'épaisseur.

Mettez sur un plafond et videlez le tour pour faire un petit bord.

Rangez dessus à plat de belles cerises anglaises en y laissant les noyaux, et très-serrées les unes contre les autres.

Mettez cuire à four *papier brun.*

Préparez une purée de cerises, en les pilant et les faisant bouillir dans un poêlon d'office avec du sucre et un peu de cannelle. Quand le tout est réduit en fort sirop, passez la purée à travers un tamis de crin, et lorsque la tourte est froide, couvrez

les cerises de cette purée et saupoudrez légèrement de mie de
pain de couleur blonde et d'un peu de sucre de cannelle.

### APRIKOSENKUCHEN.
#### TOURTE D'ABRICOTS A L'ALLEMANDE.

### PFLAUMENKUCHEN.
#### TOURTE DE PRUNES A L'ALLEMANDE.

### AEPFELKUCHEN
#### TOURTE DE POMMES A L'ALLEMANDE.

Toutes ces tourtes se préparent de la même manière que la
tourte de cerises à l'allemande, en rangeant chaque fruit épluché
sur l'abaisse de feuillelage à gâteau de roi à 6 tours, les abricots
épluchés en moitiés, et les prunes et les pommes épluchées
en quartiers, et en finissant avec purée d'abricots, de prunes ou
de pommes, et mie de pain colorée au four.

### ERDBEERKUCHEN.
#### TOURTE DE FRAISES A L'ALLEMANDE.

Abaissez un morceau de feuilletage à gâteau de roi à 6 tours
comme pour la tourte de cerises à l'allemande, mettez sur un
plafond, formez le bord, piquez le fond et faites cuire sans fruit.

Épluchez de bonnes fraises; mettez-les dans une terrine et
sautez-les avec une quantité suffisante de sucre pilé.

Quand l'abaisse de pâte est froide, mettez les fraises dessus
et couvrez d'une couche de bonne crème fouettée, avec ou
sans assaisonnement, suivant le goût.

### HIMBEERKUCHEN.
#### TOURTE DE FRAMBOISES A L'ALLEMANDE.

Cette tourte se prépare exactement de la même manière que
la précédente, en substituant des framboises aux fraises et en
finissant de la même manière avec de la crème fouettée.

### JOHANNISBEERKUCHEN.
#### TOURTE DE GROSEILLES A L'ALLEMANDE.

Préparez une abaisse de pâte comme pour la tourte de fraises à l'allemande.

Épluchez les groseilles et sautez-les dans du sucre au petit cassé.

Donnez un bouillon, puis égouttez le fruit et réduisez le sirop en gelée de groseilles ; remettez-y le fruit, garnissez l'abaisse de pâte avec cette confiture quand elle est froide et couvrez d'une couche de crème fouettée.

### STACHELBEERKUCHEN.
#### TOURTE DE GROSEILLES A MAQUEREAU A L'ALLEMANDE.

Cette tourte se prépare exactement comme la précédente, en substituant de petites groseilles à maquereau vertes aux groseilles rouges, et finissant de même avec la crème fouettée.

### FURTHERREISEKUCHEN.
#### GATEAU DE VOYAGE A L'ALLEMANDE.

Mettez 250 grammes de sucre pilé dans une terrine.

Ajoutez un zeste de citron râpé et 7 jaunes d'œufs.

Réservez les blancs pour fouetter.

Travaillez bien le sucre et les jaunes, puis fouettez les blancs bien ferme et mêlez le tout en ajoutant 250 grammes de mie de pain blanc fraîche.

Couchez le biscuit sur des plaques beurrées, à une épaisseur de 1 centimètre.

Quand il est cuit, coupez avec le coupe-pâte uni des abaisses de 25 centimètres de diamètre, et étalez de la marmelade d'abricots entre chaque abaisse de biscuit. Cinq biscuits font un gâteau d'une hauteur suffisante.

Saupoudrez l'abaisse d'une couche de sucre de cannelle sans la couvrir d'abricots et servez sur une serviette.

## GAUFRES HOLLANDAISES.

Mettez sur la table 200 grammes de farine passée au tamis, 160 grammes de sucre pilé, 80 grammes de beurre, la râpure d'une orange et 1 œuf entier.

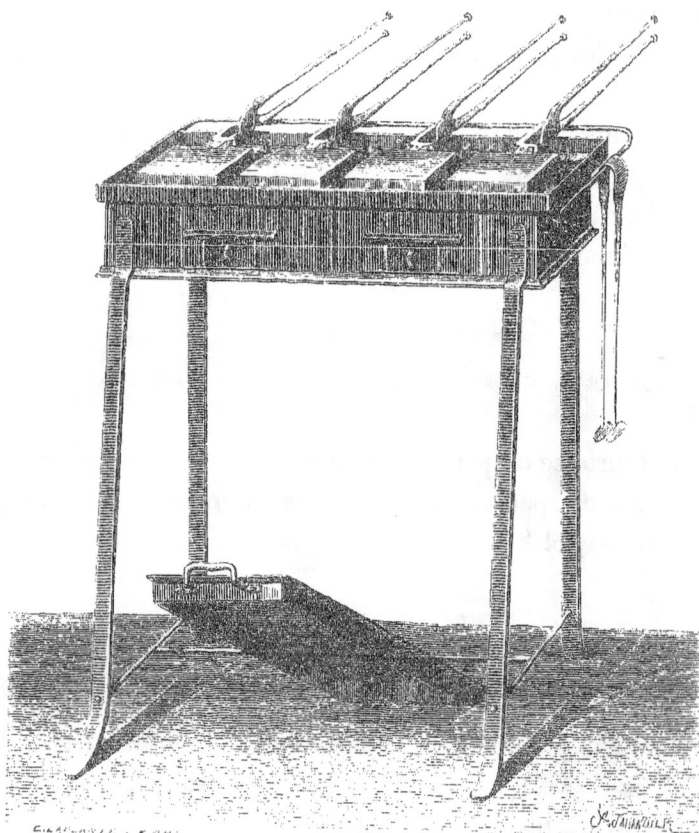

137. — Fourneau à gaufriers.

Pétrissez le tout pour former une pâte bien lisse, que vous divisez en morceaux égaux de la grosseur d'une noix.

Donnez à chaque morceau de pâte la forme d'une olive allongée.

Faites chauffer le gaufrier.

Posez un des morceaux de pâte sur le gaufrier et pressez fortement.

Faites cuire, et lorsque les gaufres sont cuites, posez-les sur un tamis.

FIN.

# I

# TABLE DES MATIÈRES.

## A

# G

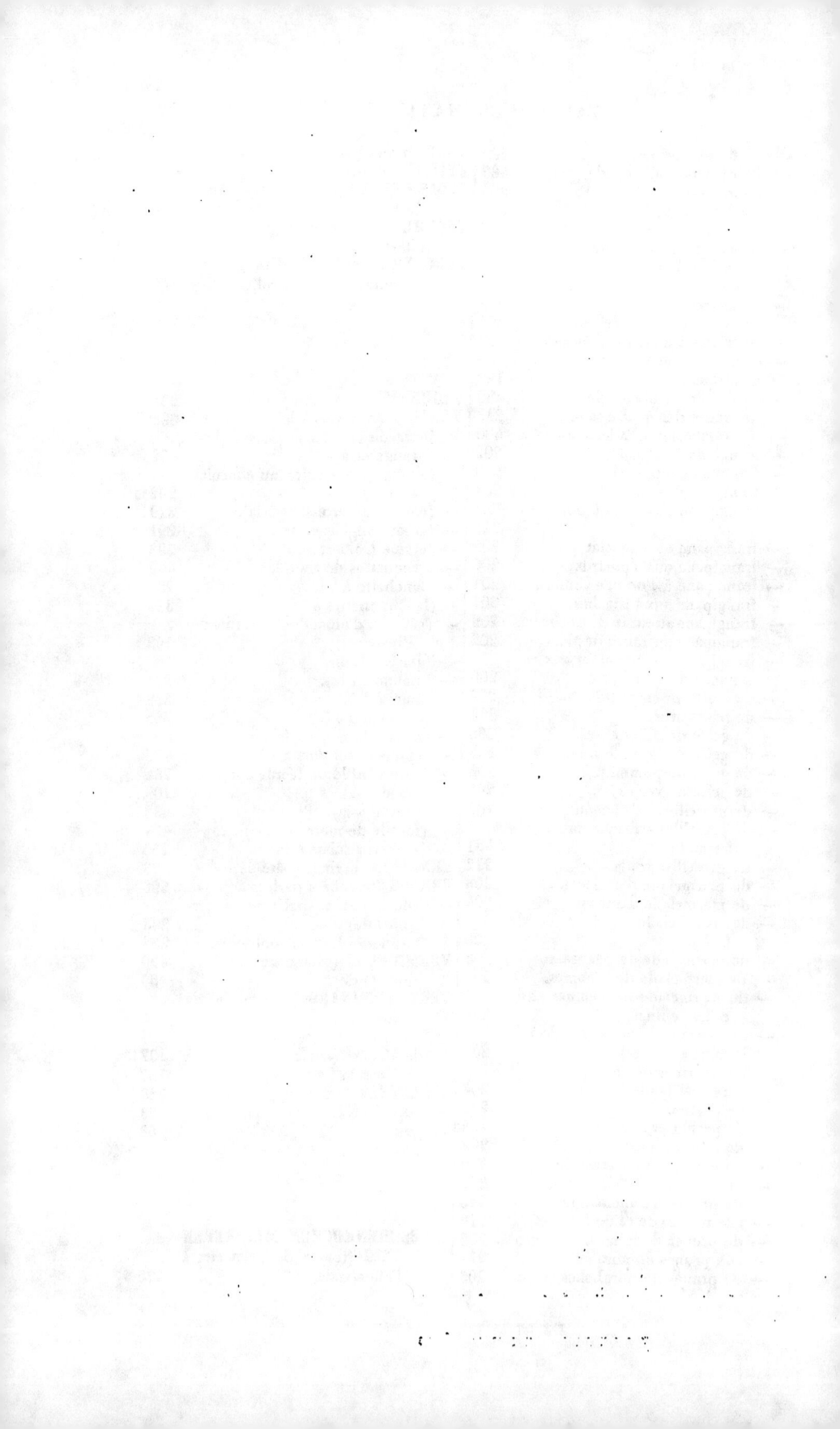

# TABLE DES GRAVURES SUR BOIS.

FIN DE LA TABLE DES GRAVURES SUR BOIS.

# III

# TABLE DES PLANCHES ET DESSINS.

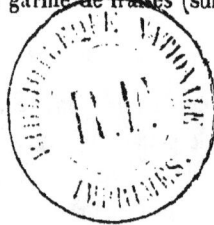

FIN DE LA TABLE DES PLANCHES ET DESSINS.

12 388. — TYPOGRAPHIE LAHURE

Rue de Fleurus, 9, à Paris

# L'ATMOSPHÈRE
## DESCRIPTION
## DES GRANDS PHÉNOMÈNES DE LA NATURE
### PAR CAMILLE FLAMMARION
DEUXIÈME ÉDITION

UN MAGNIFIQUE VOLUME IN-8 JÉSUS ILLUSTRÉ DE 228 GRAVURES SUR BOIS

PAR É. BAYARD, H. CLERGET, A. MARIE, A. DE NEUVILLE, M. RAPINE, F. SELLIER, É. TOURNOIS, ETC.

### ET DE 15 PLANCHES CHROMOLITHOGRAPHIQUES

D'APRÈS LES PEINTURES DE MM. ACHARD, BERCHÈRE, EUG. CICERI, KARL GIRARDET,
A. MARIE, SILBERMANN ET E. WEBER

Broché, 20 fr. — Relié dos en maroquin, plats en toile, tranches dorées, 26 fr.

---

## EXTRAIT DE LA TABLE DES MATIÈRES

Cet important ouvrage, qui décrit avec charme et précision les grands phénomènes de la nature, et constitue pour les savants comme pour les gens du monde la synthèse la plus complète qui ait été faite de nos connaissances positives sur l'Atmosphère, la météorologie, les saisons, les climats, la vie du globe, a été accueilli avec une vive sympathie et une profonde estime par tous les amis des sciences. Pour donner une idée des jugements que l'on a portés sur son compte et faire apprécier son vaste intérêt d'actualité, les éditeurs croient utile de reproduire ici quelques extraits des comptes rendus et des articles que lui ont consacrés les principaux organes scientifiques et littéraires.

# EXTRAITS DES JUGEMENTS ET DES COMPTES RENDUS
## PUBLIÉS SUR CET OUVRAGE

En recevant l'ouvrage des mains de M. Delaunay, directeur de l'Observatoire, le vénérable secrétaire perpétuel, M. *Élie de Beaumont*, l'a présenté à l'Académie en appelant l'attention à la fois sur son importance scientifique, sur sa forme littéraire et sur sa richesse artistique. « C'est la première fois, a dit le savant académicien, c'est la première fois qu'on cherche à présenter dans son ensemble l'Atmosphère et ses œuvres si multiples, dans ce milieu qui n'est point encore le ciel, mais qui n'est déjà plus la terre. Ce n'est pas là d'ailleurs un simple ouvrage de météorologie : le plan est plus large et n'en frappera que mieux le lecteur ; le pittoresque s'allie aux descriptions techniques, et lorsqu'on arrive à la dernière page, on a acquis un ensemble de connaissances exactes sur les plus beaux tableaux que nous offre la nature, et sur tous ces grands phénomènes dont personne ne devrait plus ignorer les secrets. »

INSTITUT DE FRANCE. (Académie des sciences.) — Séance du 4 décembre 1871. — Voir le *Journal officiel* du 8, le *Soir* du 10, le *Constitutionnel* du 5, *la France* du 8, etc.

---

*L'Atmosphère*, traité général de météorologie par M. Camille Flammarion, est un grand et bel ouvrage, qui contribuera à populariser la météorologie. Nous y puiserons de temps en temps nous-mêmes d'utiles documents, pour nous et pour nos lecteurs.

Dès aujourd'hui, nous prions M. Flammarion de vouloir bien préparer, pour notre atlas physique et statistique de la France, la carte de la répartition des personnes foudroyées depuis le commencement du siècle, qu'il a insérée dans son ouvrage. Cette carte indiquerait le rapport des accidents, avec la population et la superficie du territoire. C'est une des cartes les plus intéressantes des nombreux dessins qui illustrent cet important ouvrage.

MARIÉ DAVY. — DELAUNAY.

OBSERVATOIRE DE PARIS. — *Bulletin quotidien* du 29 décembre 1869.

---

*L'Atmosphère* est un très-beau volume de plus de 800 pages grand in-8. L'auteur, M. Flammarion, a voulu, comme il l'explique dans sa préface, y réunir tout ce que l'on sait actuellement de positif sur la science qui s'occupe du milieu dont il a pu dire sans exagération, dans la devise du livre : *In ea vivimus, movemur et sumus*. L'ouvrage se compose de six livres, partagés chacun en plusieurs chapitres, et qui ont pour titres respectifs : Notre planète et son fluide vital, la lumière et les phénomènes optiques de l'air, la température, le vent, l'eau, les nuages, les pluies, enfin l'électricité, les orages et la foudre. — Ce livre, qui est d'une utilité tout actuelle, fait honneur, par son exécution, à la maison Hachette, qui l'a édité.

CH. SAINTE-CLAIRE DEVILLE, de l'Institut.

OBSERVATOIRE MÉTÉOROLOGIQUE DE MONTSOURIS. — *Bulletin hebdomadaire* du 30 novembre.

---

Faire l'éloge du style si brillant de M. Flammarion est devenu une banalité, et j'aime mieux insister sur ses qualités d'observateur. Dans ses voyages, dans ses ascensions en ballon, ses ascensions de montagnes, l'auteur a été souvent témoin de faits qui avaient frappé les yeux de millions de personnes avant les siens ; mais le vulgaire voit et le savant observe, et c'est ainsi que M. Flammarion peut souvent raconter et expliquer une nombreuse série de phénomènes atmosphériques qu'il a étudiés *de visu*, et de l'observation scientifique, il dégage l'explication rationnelle et la généralisation philosophique.

M. Flammarion a tracé lui-même, d'après les registres de l'Observatoire, les douze roses mensuelles des vents régnants à Paris, en portant autour d'un centre des longueurs proportionnelles à la fréquence des vents soufflant de chaque direction pendant chacun des douze mois.... Les conclusions exactes, les résultats numériques et les diagrammes qui les mettent mieux encore en évidence prouveront à nos lecteurs avec quelle conscience M. Flammarion a traité la partie scientifique de son œuvre et l'a rendue digne de la beauté d'exécution et de l'élégance, je dirais presque de l'amabilité de la forme littéraire.

*Les Mondes*, par l'abbé Moigno (n°s des 30 novembre et 28 décembre 1871).

---

Nous recommandons la lecture de *l'Atmosphère* à nos agriculteurs, qui, vivant constamment au milieu des grands phénomènes de la nature, ont plus que d'autres le besoin de connaître les forces et les éléments qui président au développement des plantes et des animaux. M. Flammarion a écrit avec une admirable clarté tous les phénomènes qui se manifestent dans l'atmosphère. Après des généralités qui initient le lecteur à la connaissance de notre planète, et de la hauteur et du poids de l'atmosphère, de la composition chimique de l'air, il a consacré les divers chapitres à la lumière, à la température, aux vents, aux eaux, aux nuages, aux pluies, à l'électricité, aux orages, à la météorologie. Son livre est riche d'observations sur tous les points du globe. Il abonde en citations de faits qui sont devenus historiques.

On est captivé par ces lectures, et plus on apprend ainsi à connaître les phénomènes naturels, plus on aime cette vie rurale qui chaque jour vous appelle à les admirer. Disons que l'auteur croit en

Navire fendu en deux par la foudre.

l'avenir de la météorologie, et que, très-savant lui-même, il vit beaucoup au milieu des savants, et l'on voudra lire son livre sur l'Atmosphère, si bien étudié par les Arago, Humboldt, Gasparin, Maury, Renou, Marié Davy, Martins et tant d'autres illustrations de notre époque.

*Journal d'Agriculture pratique*, du 14 décembre 1871.

L'ouvrage de M. Flammarion sur l'Atmosphère égale, s'il ne dépasse, les plus-belles publications de ce genre. La chromolithographie tient une large place dans cet élégant volume; on a à la fois sous les yeux des peintures, des paysages avec effet de neige, des montagnes avec glaciers, des aurores boréales, des représentations de différents phénomènes météorologiques, et avec ces illustrations splendides un résumé agréable de la science de l'Atmosphère. Il faut souhaiter que ces ouvrages se répandent, ils instruisent, intéressent, ils laissent à l'esprit un fonds de connaissances solides que le lecteur trouve toujours à appliquer.

*Journal Officiel*, du 8 décembre 1871.                                    H. DE PARVILLE.

L'ouvrage de M. Camille Flammarion est le tableau le plus complet et le plus exact que l'on puisse désirer de toutes nos connaissances physiques et climatologiques sur l'Atmosphère, c'est-à-dire le milieu aérien dans lequel nous vivons et dont les moindres particularités doivent nous intéresser.

La science ne perd rien de sa précision entre les mains de l'auteur, qui sait allier le charme de la description littéraire à l'exactitude de l'exposition scientifique. Savants et gens du monde trouveront également leur profit à la lecture de ce beau volume, qui mérite des uns et des autres un accueil sympathique.

*Presse*, 26 décembre 1871.                                    LOUIS FIGUIER.

Le nouveau livre de M. Flammarion, *l'Atmosphère*, illustré de plus de 200 gravures sur bois, est le résumé de recherches considérables. L'air, la lumière, les phénomènes optiques, la température, le vent, l'eau, les nuages, la pluie, l'électricité, tels sont les principaux chapitres de ce vaste sujet. Il suffit de les énumérer pour indiquer l'étendue du programme. Voilà une belle occasion pour les curieux de bon vouloir de compléter avec plaisir et profit cette somme d'éducation scientifique que tout esprit éclairé doit aujourd'hui tenir à honneur de posséder.

*Temps*, 29 décembre 1871.                                    LEREBOULET.

On nous permettra de signaler à cette place un livre de science qui est en même temps un livre très-brillant et très-intéressant. C'est *l'Atmosphère*, de M. Camille Flammarion. Le titre indique la variété et l'étendue des sujets qu'embrasse une pareille œuvre. Et il serait malaisé de vouloir résumer les tableaux, les horizons, les vues de toutes sortes que M. Flammarion a rassemblés.

*Indépendance belge*, 30 décembre 1871.                                    FRÉDÉRIX.

Quant aux illustrations, il y aurait de quoi s'émerveiller, si l'art moderne ne nous avait habitués aux merveilles en ce genre. L'appui que le crayon et le burin de nos meilleurs artistes viennent prêter à la vulgarisation des vérités de la science est des plus précieux : tandis que la science s'adresse à la raison, l'art parle aux yeux, et fait pénétrer d'un seul coup d'œil toutes ces vérités dans l'esprit.

M. Flammarion est un des apôtres de la science qui la propagent par la parole comme par la plume ; et ses conférences ont le succès de ses livres. De tous ceux qu'il a consacrés à cette noble cause, il n'en est pas de plus complet, de plus attrayant, de plus propre à distraire les grandes personnes de nos mesquines et misérables discordes, à présenter à la jeunesse la science dans toute sa séduction, à donner à tous le goût des études sérieuses, viriles, fortifiantes et sereines.

*Constitutionnel*, 31 décembre.                                    Dr HECTOR GEORGE.

M. Flammarion, déjà connu par de nombreuses et importantes publications scientifiques, vient de réunir dans un magnifique ouvrage tout ce que les travaux de ses devanciers et les siens propres ont accumulé de documents relatifs aux grands phénomènes de la nature.

Sous un titre modeste : *l'Atmosphère*, cet ouvrage renferme les monographies séparées et complètes de tous les phénomènes dont l'air qui les environne est la cause. On peut dire, en effet, que l'atmosphère est, avec le soleil, la cause de tous les changements qui se produisent à nos yeux entre la terre et les hauteurs inconnues où flottent les inaccessibles nuages de nos beaux jours d'été.

La tâche qu'impose au savant l'étude seule de l'atmosphère est donc immense. M. Flammarion l'a remplie tout entière et avec un rare bonheur; nous voulons dire qu'il était impossible de dire plus et de dire mieux à un public peu familiarisé avec les méthodes scientifiques rigoureuses et avec les calculs arides de la physique mathématique.

*Univers*, 30 décembre 1871.                                    E. VIAL.

Typographie Lahure, rue de Fleurus, 9, à Paris.

www.ingramcontent.com/pod-product-compliance
Lightning Source LLC
Chambersburg PA
CBHW060909220326
41599CB00020B/2903